浙江省重点教材建设项目

高等职业教育园林园艺类专业系列教材

园林工程设计

主　编　吴立威
参　编　黄　艾　王清霞　张金炜　易　军　张立均
　　　　康德存　曾　科　李　刚　胡先祥　蔡鲁祥
主　审　祝志勇

机械工业出版社

本书根据行业企业工作任务要求，针对学生工程设计的特点，将园林工程设计基础知识与具体的设计项目相结合，通过相关知识、案例分析、训练评价与思考练习等内容，从园林工程具体项目结构设计的角度出发，讲述了园林地形工程设计、园路与铺地工程设计、园林水景工程设计、园林山石工程设计、园林给排水工程设计、园林供电工程设计、园林植物种植工程设计等方面的知识。

本书在内容编写上注重理论与实践的有机结合，突出实例部分的编写，图文并茂，可读性强。本书可作为高等职业教育园林类专业和相关专业教学用书，也可作为园林绿化工作者和园林爱好者阅读参考用书。

图书在版编目（CIP）数据

园林工程设计/吴立威主编．—北京：机械工业出版社，2012.1（2025.1重印）

高等职业教育园林园艺类专业系列教材

ISBN 978-7-111-34549-7

Ⅰ.①园… Ⅱ.①吴… Ⅲ.①园林设计-高等职业教育-教材

Ⅳ.①TU986.2

中国版本图书馆 CIP 数据核字（2011）第 279919 号

机械工业出版社（北京市百万庄大街 22 号　邮政编码 100037）

策划编辑：覃密道　责任编辑：王靖辉

版式设计：霍永明　责任校对：肖　琳

封面设计：马精明　责任印制：单爱军

北京虎彩文化传播有限公司印刷

2025 年 1 月第 1 版第 6 次印刷

184mm×260mm · 16.5 印张 · 404 千字

标准书号：ISBN 978-7-111-34549-7

定价：39.90 元

电话服务　　　　　　　　　网络服务

客服电话：010-88361066　机 工 官 网：www.cmpbook.com

　　　　　010-88379833　机 工 官 博：weibo.com/cmp1952

　　　　　010-68326294　金 书 网：www.golden-book.com

封底无防伪标均为盗版　机工教育服务网：www.cmpedu.com

前　　言

　　为贯彻落实浙江省教育厅、财政厅《关于实施"十一五"期间全面提升高等教育办学质量和水平行动计划》（浙教计〔2007〕77号）精神，推进普通高校教材建设，及时更新教学内容，确保高质量教材进课堂，提高人才培养水平和质量，浙江省教育厅启动了新一轮省重点教材建设工作。经申报，《园林工程设计》获准为省级重点建设教材。在省职教协会的组织下，我们按照高职高专教材要与课程建设紧密结合，与行业企业共同开发紧密结合生产实际的要求，结合技术领域和职业岗位（群）的任职条件，参照相关的职业资格标准、改革课程体系和教学内容，建立突出职业能力培养的课程标准，规范课程教学的基本要求，编写了本书。

　　在园林景观设计中，各种风格、文化都不断地深入到人们的日常生活中，人们对生存环境、景观效果的认识也越来越高，作为以服务与改造室内外环境为主的园林类专业也随之迅速发展。为了提高学生园林景观的设计能力，增强园林工程设计的规范性，本书重点突出园林工程设计过程中的结构规范与技术关键，将园林工程设计基础知识与具体的设计项目相结合，通过相关知识、案例分析、训练评价与思考练习等内容，从园林工程具体项目结构设计的角度出发，全面讲述了园林工程设计方面的知识。教材内容紧密结合企业园林工程设计员工作岗位要求与景观设计师、园林设计员岗位国家职业资格标准要求，以工作项目为导向，以具体任务和已有成果为案例，通过相关知识的渗透，充分体现了园林工程设计的规范要求、设计的可操作性与生产实际紧密联系的特点。

　　本书由宁波城市职业技术学院吴立威任主编，参加编写的人员还有宁波城市职业技术学院黄艾、王清霞、张金炜、易军、张立均；浙江茂盛园林公司康德存；丽水职业技术学院曾科；江西环境工程职业技术学院李刚；湖北生态工程职业技术学院胡先祥；宁波大红鹰学院蔡鲁祥。全书由宁波城市职业技术学院祝志勇主审。本书在编写过程中得到了浙江省教育厅、浙江省农林教指委、宁波城市职业技术学院各级领导的大力支持，同时也参考了有关资料和著作，在此谨向他们表示衷心的感谢！

　　由于时间仓促和编者水平所限，书中难免有不妥之处，敬请广大读者给予批评指正并提宝贵意见。

编　者

目　　录

园林工程设计概述

 学习目标

通过园林工程设计基本知识的学习，掌握园林工程设计的作用和意义，能结合园林工程设计的特点及原则，理解园林工程设计的不同类型及其主要内容，明确各设计部分的要求。

学习任务：

1. 园林工程设计的作用和意义
2. 园林工程设计的特点及原则
3. 园林工程设计的方法与程序
4. 园林工程设计的基本类型

园林是在一定地段范围内，利用、改造人为开辟、天然山水地貌，结合植物栽植和建筑布置，构成一个供人们观赏、游览、居住的环境。园林工程包括园林工程构件合理性研究的工程设计部分和园林环境工艺流程建造的工程施工部分。

园林工程设计是研究园林工程建设原理，设计艺术及设计方法的理论、技术和方法的一门科学。园林工程设计是一切园林工程建设的指导性技术文件。园林工程质量的高低在很大程度上取决于园林工程设计的合理与否，水平高低。

一、园林工程设计的作用和意义

1) 园林工程设计是上级主管部门批准园林工程建设的依据。我国目前正处在城镇化加快进程中，各类园林工程建设较多，而较大的园林工程施工，必须经上级主管部门批准。上级主管部门依据园林工程设计资料，组织相关专家进行分析研究，对科学的、艺术的、合理的并符合各项技术和功能要求的设计批准建设。

2) 园林工程设计是园林设计企业生存及园林施工企业施工的依据。园林设计院、设计所是专门从事园林工程设计的企业，他们通过进行园林工程设计从而求得生存和发展。园林施工企业则是依据设计资料进行施工，如果没有园林工程设计资料，施工企业则无从着手。

3) 园林工程设计是建设单位投入建设费用及施工方进行招投标预算的依据。由于园林工程本身的复杂性、艺术性和多变性，在同样地段建造园林，设计方案不同，其园林工程造价也有较大的差异。因此，只有园林工程设计方案确定后，建设单位才能依据设计费用为工

1

程注入资金，施工单位才能依据设计资料进行招投标。

4）园林工程设计是工程建设资金筹措、投入、合理使用及工程决算的依据。现阶段大型的园林工程多由国家或地方政府投资，而资金的筹措、投入必须要有计划、有目的。同时，在园林工程的实施过程中，资金能否合理使用也是保证工程质量、节约资金的关键。当工程完工后，还要进行决算，所有这些都必须以工程设计资料为依据。

5）园林工程设计是建设单位及质量管理部门对工程进行检查验收和施工管理的依据。园林工程比起一般的建设工程要复杂得多，特别在绿地喷灌、园林供电工程方面有许多地下隐蔽工程，在园林植物造景工程方面要充分表现其艺术性。一旦隐蔽工程质量不合格或植物造景不能体现设计的艺术效果，就会造成很大的损失。建设单位和监理技术人员必须进行全程监督管理，而管理的依据就是工程设计文件。

二、园林工程设计的特点及原则

构成园林的要素极其复杂，既包括地形、给排水、供电等工程方面，又包括植物的造景设计等生物方面，还包括各构成要素的布局、景观营造、色彩搭配等艺术方面。因此，园林工程设计不同于一般单纯意义上的工程设计，有其自身的特点，并应坚持其独特的原则。

1. 园林工程设计的特点

（1）园林工程设计是一门自然科学　它涉及多门自然科学知识，决定了它的自然科学属性。

1）园林植物造景工程设计必须掌握植物学的相关知识。由于树木及其他园林植物有着不同的生物学特性和生态学特性，只有掌握它们的习性才能合理选择，从而在景观设计中充分发挥其园林造景的作用。比如，在厦门、广州、三亚等南方城市绿篱多选用榕树类，在杭州、长沙等地绿篱多选用小叶女贞、瓜子黄杨，而在乌鲁木齐绿篱则选用榆树。

2）园林竖向设计、园路铺装工程设计、园林景观小品设计、园林建筑设计等必须具备相应的工程技术知识。园路、园林景观小品、园林建筑工程要求设计人员必须掌握材料学、力学，以及其他相关的工程知识，而这些都属于自然科学范畴。

（2）园林工程设计是一门艺术　园林是一个立体的艺术作品，其艺术水平高低，最主要是由设计水平决定的。

1）园林景观要素的合理利用和良好布局决定了园林工程设计的艺术性。

2）园林艺术法则及园林造景方法体现了园林工程设计的艺术性。

3）园林植物景观、园林硬质景观本身就是艺术作品。园林建筑和普通建筑最大的区别就在于其更注重造景作用，也更讲究艺术性，园林景观小品也不例外。

4）园林工程越来越注重工程本身反映的人文、历史、地理、艺术。我国古典园林很讲究意境，许多风景名胜以历史事件或历史人物闻名于世。现代园林建设也越来越重视这一点，每一个地方的园林都特别注重反映当地的历史、人文特点，从而达到突出地方特色的目的，也只有这样，园林才更具有价值，才能焕发出持久的景观效益。比如，湖南株洲的炎帝广场以炎黄文化为切入点，突出炎黄文化营造；陕西省安康市以汉江文化、龙舟文化为代表，在滨江大道公园设计中就突出了汉江、龙舟的文化特色，达到了较好的景观效果。

（3）园林工程设计具有一定的复杂性　这是由园林工程本身的特点所决定的。它不仅涉及材料学、力学、艺术学等方面的知识，还涉及生物学、气象学、土壤学、生态学等方面的知识。将这些知识进行综合运用就决定了园林工程设计的复杂性。比如，在园林景观中设计一个射击项目，就不仅需要考虑材料学、力学方面的知识，还要考虑气象学方面的知识。

2. 园林工程设计的原则

（1）科学性原则　园林工程设计的过程，必须依据有关工程项目的科学原理和技术要求进行。在园林地形改造设计中，设计者必须掌握设计区的土壤、地形、地貌及气候条件等详细资料，以便避免设计缺陷。在植物造景工程设计中，设计者必须掌握设计区的气候特点，同时详细掌握各种园林植物的生物学、生态学特性，根据植物对水、光、温度、土壤等的不同要求进行合理选配。

（2）适用性原则　园林最终的目的就是要发挥其有效功能，所谓适用性是指两个方面：一方面是因地制宜地进行科学设计；另一方面是使园林工程本身的使用功能充分发挥，即以人为本。总体来说，园林工程设计既要美观、实用，还必须符合实际，且有可实施性。

（3）艺术性原则　在科学性和适用性的基础上，园林工程设计应尽可能做到美观，也就是满足园林总体布局和园林造景在艺术方面的要求。比如，园林建筑工程，园林供电设施，园林中的假山、置石等，只有符合人们的审美要求，才能起到美化环境的功能。

（4）经济性原则　经济条件是园林工程建设的重要依据。同样一处设计区，设计方案不同，所用建筑材料及植物材料不同，其投资差异很大。设计者应根据建设单位的经济条件，使设计方案达到最佳并尽可能节省开支。

三、园林工程设计的方法与程序

园林工程设计一般遵循以下程序：

1）搜集建设工程设计所需的各种材料，这是设计的基础，一般包括图面材料和文字材料。

2）对设计区的基本情况进行现场调查。园林工程建设不是孤立的，它是存在于周围环境中的，而设计材料有时不能全面反映设计区的实际情况，因此设计人员必须在设计前进行现场调查，对设计材料有出入的地方进行修正，并搜集更多的现场资料。比如，绿地灌溉设计必须了解现场的水源、水质情况；园林供电设计必须掌握设计区的电源情况。

3）对收集到的、现场调查到的设计资料进行综合分析。

4）初步方案设计。在分析设计资料的基础上运用相应的知识和设计原理确定设计指导思想，进行方案设计，并确定初步的设计方案。

5）详细设计阶段。这一过程也称为技术设计，当初步方案确定后，根据具体要求，做出详细的技术设计。

6）施工图设计阶段。施工图设计必须根据已批准的初步设计、技术设计资料及其要求进行设计。在这一设计阶段，一般要求做出施工总图、竖向设计图及相应的园林建设工程分类设计图等。

7）完成设计成果。园林工程设计成果是指园林工程设计的文字资料和图面资料。

①图面资料因园林建设工程类别的不同而异，但一般包括总体规划图、技术设计图和施工设计图。

②文字资料主要是设计说明书，其主要内容是说明设计的意图、原理、指导思想及设计的内容，同时包括工程概预算相关表格等。

四、园林工程设计的基本类型

1. 园林地形工程设计

园林地形工程设计是整个园林工程设计的基础，地形同时也是其他园林要素附着的底界面。园林地形工程设计是根据园林性质和设计规划要求，因地制宜塑造地形，施法自然，而又高于自然的改造过程，主要包括地形竖向设计及土方工程量计算。

2. 园路与铺地工程设计

园路与铺地是园林平面构图的重要元素，系平面硬质景观，与人在园林中的活动密切相关，在园林工程设计中占有重要的地位。园路与铺地工程设计是在园林中确定园路与铺地的布局与结构的设计过程，主要包括园路与铺地的分类，园路与铺地的布局设计及结构设计。

3. 园林水景工程设计

水是生态环境中最具动感、最活跃的因素，无论是古典园林中的叠山理水还是现代造景中的山水城市，都十分注重"水"这一因素。理水是中国自然山水园林的主要造景方法，同时也是现代园林的主要造景手法之一，其充分展示水的可塑性从而达到造景的目的。园林水景工程设计主要包括溪流设计、水池设计、喷泉设计以及驳岸与护坡设计等。

4. 园林山石工程设计

假山包括假山和置石两个部分。假山是以造景游览为主要目的，充分结合其他方面的功能作用，以土、石等为材料，以自然山水为蓝本并加以艺术的提炼和夸张，人工再造的山水景物。置石是以山石为材料，展示独立性或局部的组合美。假山、置石工程设计是综合运用力学、材料学、工程学及艺术学的知识再造自然山石的过程。假山工程设计主要包括假山石材种类、假山造景设计与结构设计等。

5. 园林给排水工程设计

园林给排水工程是园林工程建设的重要组成部分，主要包括给水管网设计、排水系统设计、给排水设施设计以及喷灌工程设计等。

6. 园林供电工程设计

园林供电工程设计是园林工程设计的重要组成部分，随着园林景观夜景的开发与创新，现代园林越来越重视园林供电工程。园林供电工程主要包括园林输配电设计、园林道路照明设计及园林用电设备设计等。

7. 园林植物种植工程设计

园林植物种植工程设计阐述园林植物种植的基本原理，园林植物种植的基本形式以及各类绿地建设中的植物种植方法。

单元二

园林地形工程设计

学习目标

通过园林地形工程设计方面知识的学习，了解地形工程设计的重要性，学会应用等高线法和断面法进行地形工程设计，熟练掌握估算法、断面法及方格网法常见土方工程量计算方法，应用方格网法的计算结果进行土方的调度。

学习任务：

1. 等高线法设计地形
2. 断面法设计地形
3. 土方工程量计算及模型制作

【基础知识】

一、园林地形的相关概念

1. 园林地形和园林微地形

园林地形是指园林绿地中地表面各种起伏状况的地貌。在规则式园林中，一般表现为不同标高的地坪、层次；在自然式园林中，往往因为地形的起伏，形成平原、丘陵、山峰、盆地等地貌。园林微地形是指一定园林绿地范围内植物种植地的起伏状况。在造园工程中，适宜的微地形处理有利于丰富造园要素、形成景观层次、达到加强园林艺术性和改善生态环境的目的。

2. 园林地貌和地物

园林地貌是指园林用地范围内的峰、峦、坡、谷、湖、潭、溪、瀑等山水地形外貌。它是园林的骨架，是整个园林赖以生存的基础。地物是指地表面的固定性物体（包括自然形成和人工建造），如居民点、道路、江河、树林、建筑物等。

3. 地形设计

地形设计又称为竖向设计，是对原有地形、地貌进行工程结构和艺术造型的改造设计（图2-1）。园林地形设计不能局限于原有现状，而要充分体现总体规划的意图，作必须的工程措施。地形设计的任务就是从最大限度地发挥园林的综合功能出发，统筹安排园内各景点、设施和地貌景观之间的关系，使地上设施和地下设施之间、山水之间、园内与园外之间在高程上有合理的关系。

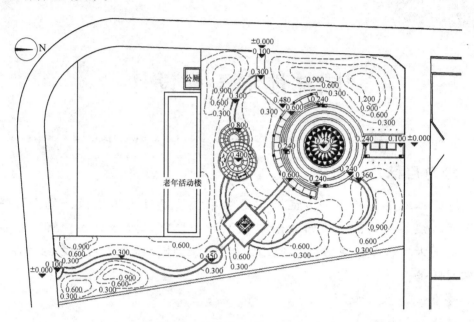

图 2-1　某园林地形竖向设计图

4. 地形图

地形图是按一定比例尺表示地貌、地物平面位置和高程的一种正射投影图（图2-2）。其基本特征是：

1）以大地测量成果作为平面和高程的控制基础，并印有经纬网和直角坐标网，能准确表示地形要素的地理位置，便于目标定位和图上量算。

2）以航空摄影测量为主要手段进行实地测绘或根据实测地图编绘而成，内容详细准确。

3）地貌一般用等高线表示，能反映地面的实际高度、起伏状态，具有一定的立体感，能满足图上分析研究地形的需要。

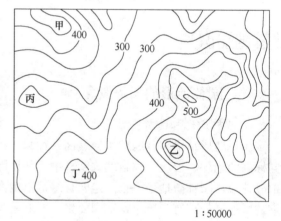

1 : 50000

图 2-2　等高线表示地形图

4）有规定的比例尺系列。

5）有统一的图式符号，便于识别使用。

5. 等高线

等高线是一组垂直间距相等、平行于水平面的假想面，与自然地貌相切所得到的交点在平面上的投影（图2-3）。给这组投影线标注上数值，便可用它在图样上表示地形的高低陡缓、峰峦位置、坡谷走向及溪池的深度等内容。

等高线是表示地势起伏的等值线。它是地面上高程相同的各相邻点连接成的封闭曲线，垂直投影到平面上的图形。一组等高线不仅可以显示地面的高低起伏，而且还可以根据等高线的疏密和图形判断地貌的形态类型和斜坡的坡度陡缓。因此，熟悉等高线的特性对测绘和应用地形图是非常重要的。等高线的特征，通常可以归纳为以下几点：

1）在同一条等高线上的所有点，其高程都相等。

2）每一条等高线都是闭合的。由于设计区域或图框的限制，在图样上不一定每条等高线都能闭合，但实际情况它们还是闭合的。

3）等高线水平间距的大小，表示地形的陡缓。如密则陡，疏则缓。等高线的间距相等，表示该坡面的角度相同，如果该组等高线平直，则表示该地形是一处平整过的同一坡度的斜坡。

4）等高线一般不相交或重叠，只有在悬崖处等高线才可能出现相交情况。在某些垂直于地平面的峭壁、地坎或挡土墙驳岸处等高线才会重合在一起。

5）等高线在图样上不能直接横过河谷、地坎和道路等。由于以上地形单元或构筑物在高程上高出或低于周围地面，所以等高线在接近低于地面的河谷时转向上游延伸，而后穿越河床，再向下游走出河谷；如遇高于地面的堤岸或路堤时等高线则转向下方，横过堤顶再转向上方而后走向另一侧。

6. 土壤的自然倾斜面和安息角

土壤自然堆积，经沉落稳定后，会形成一个稳定的、坡度一致的土体表面，此表面即称为土壤的自然倾斜面。自然倾斜面和水平面的夹角称为土壤的自然倾斜角，即安息角（图2-4）。

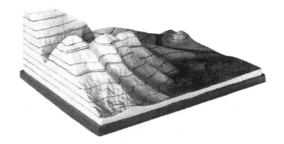

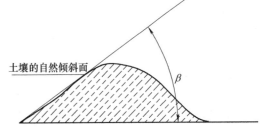

图2-3 等高线地貌示意图   图2-4 土壤的自然倾斜面和安息角

二、园林地形的功能

1. 生态功能

（1）温度差异 地表的形态变化丰富，形成了不同方位的坡地，从而其接受太阳辐射长短不同，温度差异也很大。另外，坡度越缓，辐射时间相对越长，坡度越陡，辐射时间相对较短。

（2）风向　每个地区在各个季节的主导风向一定，但坡向不同，所受风的影响也不相同。凸面地形可用来阻挡冬季强大的寒风，因此，土壤必须堆积在场所中面向冬季寒风的那一边。在园林环境中，通常选择在当地冬季常年主导风向的上风地带，堆积一些较高的山体。相反，地形也可被用来收集和引导夏季风。夏季风可以被引导穿过两高地之间形成的谷地或洼地、马鞍形的空间，通过这种"漏斗效应"或"集中作用"使风力得到增强，从而引起冷却效应。

（3）生物多样性　在进行园林工程建设时，加大地形的处理会有效地增加绿地面积，并且由于地形产生的不同坡度的场地，为不同习性的植物提供了生存空间，提高了人工群落生物的多样性，从而加强了人工群落的稳定性。

（4）地表排水　地形影响地表径流的流量、方向以及速度等，因此地形过于平坦则不利于排水而易积水，而地形坡度太陡又易引起地面的冲刷和水土的流失。因此，创造一定的地形起伏，合理安排地形的分水、汇水线，使地形具有较好的自然排水条件，又不造成水土流失，是充分发挥地形排水工程作用的有效措施。

2. 美学功能

（1）主景或者背景作用　园林创作中，在蜿蜒起伏的山地一角以山石的堆叠和瀑布相结合形成主景，是园林构景中常见的方式。另外，起伏的地形，尤其结合植物配植时，常常成为水体、建筑、雕塑或构筑物的背景。

（2）视觉特性　在平地绿化面积受限制的情况下，利用地形的斜坡进行绿化是一种增加绿地面积的行之有效的方法。此外，设计中通过塑造地形，不仅可以增加一定地表面积，还可以使三维空间变化多端，界定出更多的角落，形成动态的轮廓线，从而丰富人们的空间场所体验。

地形同时能够影响人们对户外空间范围和气氛的感受。比如，平坦的地区在视觉上缺乏空间限制，而斜坡和地面较高点则占据了垂直面的一部分，能够限制和封闭空间。斜坡越陡越高，户外空间感就越强烈。因此，可以挖掘或填充现有平面来创造空间，也可以改变原有凸形地貌或水平面来营建空间，不同的地形可以创造出雄、奇、险、幽等不同的空间，在某种程度上也表达了不同的情感。比如：地形相对高程高——雄伟感、崇高感；地形坡度急——险峻感、陡峭感；地形坡度变化大——奇特感、丰富感；地形高程变化多——旷奥感。

3. 游憩功能

（1）丰富活动界面　利用地貌的变化，能创造出不同类型的活动场地，丰富活动界面。其地貌的主要变化通常发生在基地的范围之内，直接影响基地的空间变化。如对于同样底面积大小的园林场地而言，地形比较平坦的园林活动场地往往比较单一，一般都是给人空旷平坦的感觉。而地形复杂的园林空间类型也就相应地增加，趣味性大大增强。为此，必须采用强化处理手段改造地貌，利用地形分隔空间，给人更多的空间感受，提供更多的活动场所。

（2）控制游览速度与游览路线　地形可被用在外部环境中，影响行人和车辆运行的方向、速度和节奏。运行总是在阻力最小的道路上进行。如果设计的某一部分，要求人们快速通过的话，那么在此就应使用水平地形。相反，如果设计的目的是要求人们缓慢地走过某一空间的话，那么，斜坡地或一系列水平高度变化，就应在此加以使用。当需要完全留下来时，那么就再一次需要使用水平地形。如在古典园林的入口处，就经常采用假山障景的手法，使游人只能绕过假山，起到组织游览路线的作用。这种控制和制约的程度所限定的坡度大小，随情形由小到大规则变化。

三、园林地形塑造的原则

园林地形也可分为陆地及水体两部分。地形处理的好坏直接影响园林空间的美学特征和人们的空间感受，影响园林的布局方式、景观效果、排水设施等要素。因此，园林地形的塑造必须遵循一定的原则。

1. 地形外观轮廓设计要主宾分明

地形之间的交接部位或景观形态较复杂的边界区域如坡顶、坡地边缘和水陆交接的岸边等往往是景观设计的重点区域，轮廓控制成为地形与周围环境相协调的关键要素之一。

2. 以小见大，适当造景

地形在高度、大小、比例、尺度、外观、形态等方面的变化可以形成丰富的地表特征。在较大的场景中需要宽阔的绿地、大型草坪等来展现宏伟壮观的场景，在较小的区域内，可以分别从水平空间和竖直进行适当的地形处理，创造更多的层次。

3. 注意视点的变化

视点的控制应从多方位、多角度加以考虑，分析每一处地形由远到近的途径特点，不仅是水平距离的运动，还应考虑视点垂直高度的变换，才能处理好不同位置的建筑、园林小品、植被、水面等景物与地形之间相互重叠所形成的景观层次。

4. 与其他造园要素相辅相成

园林地形设计要结合水、植物、构筑物等其他景观要素来增强地形的特点，提高地形的景观质量，从而提升整体景观形象。地形与植物结合设计，通过乔木、灌木和地被的合理搭配，修正、调整和强化地形在视觉上的景观形象。水景也离不开地形的烘托，地形为创造具有吸引力的水景提供很好的基础，如瀑布、跌水、溪流和水幕等特色水景。

四、园林地形工程设计的任务

园林地形工程设计的目的是改造和利用地形，使确定的设计标高和设计地面能够满足园林道路、场地、建筑及其他建设工程对地形的合理要求，保证地面水能够有组织地排除，并力争使土石方量最小。园林地形工程设计的基本任务主要有下列几个方面。

（1）园林地形工程设计的资料收集 其任务一是详细了解整个园基的情况，据此检查地形图的精确度；二是观察地貌，审形度势，把有利用价值有特征的点标记在图上以备参考，根据地形特点和建园要求，综合考虑园中景物的安排。主要资料如下：

1）园林用地及附近地区的地形图，比例1:500或1:1000。

2）当地水文地质、气象、土壤、植物等的现状和历史资料。

3）城市规划对该园林用地及附近地区的规划资料，市政建设及其地下管线资料。

4）园林总体规划初步方案及规划所依据的基础资料。

5）所在地区的园林施工队伍状况和施工技术水平、劳动力素质与施工机械化程度等方面的参考材料。

（2）对地形进行竖向设计　应用设计等高线法、纵横断面设计法等，对园林内的湖区、土山区、草坪区等进行改造地形的竖向设计，使这些区域的地形能够适应各自造景和功能的需要。设计中既要考虑拟定园林各处场地的排水组织方式，确立全园的排水系统，保证排水通畅，保证地面不积水，不受山洪冲刷，同时还要注意根据有关规范要求，确定园林中道路、场地的标高和坡度，使之与场地内外的建筑物、构筑物的有关标高相适应，使场地标高与道路连接处的标高相适应。

（3）计算土石方工程量　计算过程中进行设计标高的调整，使挖方量和填方量接近平衡；并做好挖、填土方量的调配安排，尽量使土石方工程总量达到最小。为了方便土方量的计算和施工图的制作，地形设计图应单独编制，其比例尺与其他图样相同；地形较复杂的图样比例应适当放大。对于地形较简单、土方工程量不大的园林，地形设计也可与其他设计内容表达在同一张设计图上。土方量计算是园林地形设计工作不可缺少的一个内容，要求计算挖方和填方的具体数量，力求做到园内挖方量和填方量就地平衡。常用的计算方法有断面法（等高面法和垂直断面法）和方格网法，前者适用于自然山水园的土方量计算，后者适用于大面积场地平整的土方量计算。

任务1　等高线法设计地形

一、相关知识

1. 等高线法介绍

丘陵、低山区进行园林竖向设计时，大多采用等高线法。这种方法能够比较完整地将任何一个设计用地或一条道路与原来的自然地貌作比较，随时一目了然地判别出设计的地面或路面的挖填方情况。用设计等高线和原地形的自然等高线，可以在图上表示地形被改动的情况。绘图时，设计等高线用细实线绘制，自然等高线用细虚线绘制。在竖向设计图上，设计等高线低于自然等高线之处为挖方，设计等高线高于自然等高线处为填方。

等高线法是指用相互等距的水平面切割地形，所得的平面与地形的交线按一定比例缩小，垂直投影到水平面上得到水平投影图来表示设计地形的方法。水平投影图上标注高程，成为一组等高线。平面间的垂直距即为等高距 h，相邻等高线间的水平距离即为等高线的平距 L（图2-5）。

2. 等高线法特点

在绘有原地形等高线的底图上用设计等高线进行地形改造创作，可以将原地形标高、设计地形标高、施工标高及园林用地的平面布置、各部分的高程协调关系在同一张图样上表达出来。等高线法可以较准确地勾画出地形、地物、地貌的整个空间轮廓。等高线、标高数值、平面图三者结合在一起，便于进行设计方案的比较与

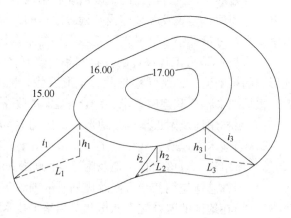

图2-5　等高线及其元素示意图

修改，也有利于土方的计算和模型的制作。因此，等高线法已成为园林地形设计及表达的一种重要方法，适用于自然山水园林的地形设计和土方计算。

3. 等高线法公式

此法经常要用到的两个公式，一是用插入法求相邻两等高线之间任意点高程的公式（详见本单元任务 3 的方格网法）；二是坡度公式（图 2-6），即

$$i = h/L$$

式中　i——坡度系数（%）；

　　　h——高差（等高距）（m）；

　　　L——平距（m）。

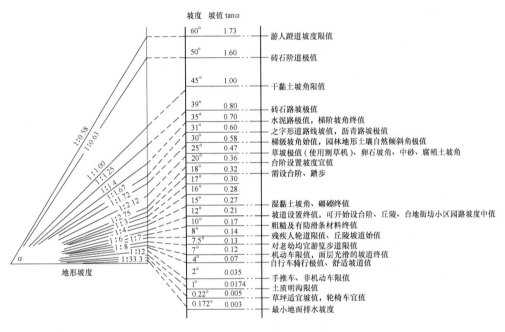

图 2-6　地形设计（道路、土坡、明沟等）的坡度、斜率、倾斜角

与此公式法有关的还有边坡系数 m，它是坡度系数的倒数，多用于施工设计图中，即：

$$m = l/i$$

等高线在地形设计中可应用于陡坡变缓坡或缓坡变陡坡（图 2-7），有时也应用于平整场地。

平整场地多应用于园林工程中的铺装广场、建筑基址、大面积种植地及较宽的种植带等，目的是垫洼平凸，将坡度理顺。非铺装场地对坡度要求不严格，坡面任其自然起伏，保证排水通畅即可。铺装地面坡度则要求严格，坡度设计要注意排水、行走、活动、水土保持等。地形设计中坡度值的取用见表 2-1。

平整场地的排水坡度可以是两面坡，也可以是三面坡，这取决于周围环境条件。

一般铺装地面都采用规则的坡面，即在一个坡面上纵横坡均各保持一致。平整场地的等高线设计如图 2-8 所示。另外，平整场地还可以使用方格网法。

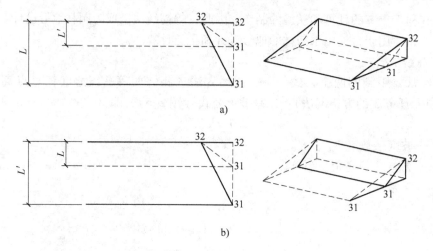

图 2-7 调节等高线的平距改变地形坡度
a) 缩短水平距离来改变坡度（陡坡） b) 扩大水平距离来改变坡度（缓坡）

表 2-1 地形设计中坡度值的取用

项 目 ＼ 坡度值 i	适宜的坡度（%）	极值（%）
游览步道	≤8	≤12
散步步道	1～2	≤4
主园路（通机动车）	0.5～8	0.3～10
次园路（园务便道）	1～10	0.5～15
次园路（不通机动车）	0.5～12	0.3～20
广场与平台	1～2	0.3～3
台阶	33～50	25～50
停车场地	0.5～3	0.3～8
运动场地	0.5～1.5	0.4～2
游戏场地	1～3	0.8～5
草坡	≤30	≤50
种植场地	≤50	≤100
理想的自然草坪（有利机械修剪）	2～3	1～5
明沟　自然土	2～9	0.5～1.5
明沟　铺装	1～50	0.3～100

二、实例分析

1. 项目设计概况分析

该小区位于浙江省××市，小区规划用地 35.35 公顷，由五个组团和中心区组成，地上

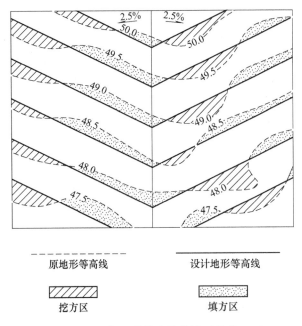

图 2-8　平整场地的等高线设计（单位：m）

建筑面积约 44 万 m^2，地下建筑面积约 6 万 m^2，小区绿地率 45.1%，中心绿地面积为 3.7 万 m^2（含水面）。根据小区的整体规划布局，形成相应的绿地结构。该小区绿地可分为中心绿地（居住区公园）、集中绿地（组团交往空间）、院落绿地（邻里交往空间）、宅旁绿地及各公共设施的专用绿地。小区中心公园设计鸟瞰图如图 2-9 所示。

图 2-9　某小区中心公园设计鸟瞰图

2. 项目基地地形分析

小区基地地形主要特点为北临万泉路，路北为城市水网公园；西接城市河流，河两岸为城市滨河绿带，再向西是城市主干道体育场路；南靠南屏路；东倚东环路。小区基地呈不规则长条形，地势平坦，尽端式河网分布较多，水质良好。

3. 中心公园地形设计要点

（1）初步设计布局分析（图2-10） 中心公园是小区内最开放的空间，集中体现小区的景观特质。因此，中心公园设计中一般的常规标准变的模糊。中心公园的布局不仅与最终目的以及客观功能有关，还赋予主观因素，因此应通过动态体系展开设计。在主轴线上串接两条动态轴线，一条是在地上延伸的曲折的浅水溪，另一条是在空中伸长的一组膜结构小亭。这一动态规划实现的前提一方面是表层空间规划的可变性与灵活性，另一方面是空间的可用性与识别性。人的行为在不同地形变化中产生不同心理，这也体现了人与环境之间的动态关系。

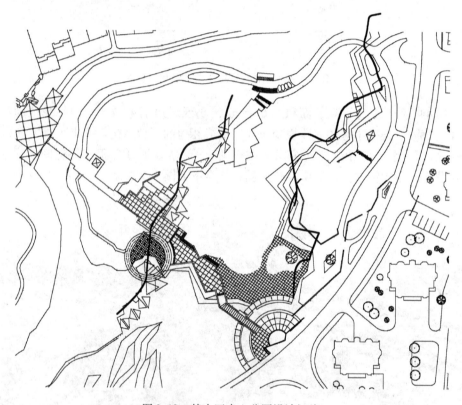

图2-10 某小区中心公园设计初稿

（2）描绘中心公园地形设计初稿（图2-11） 该中心公园在设计时因地制宜，注重利用微地形设计来营造一种高程变化丰富的景观，这同时为人们欣赏景观提供了不同的观赏点，丰富了公园的空间形态，活跃了空间气氛并改善了公园的小气候。该中心公园主要地形设计特点为：

1）道路系统地形处理。在中心公园道路系统中主要有两种结合方式：顺应等高线和垂直等高线。这两种方式均体现了在对环境尊重的基础上与地形的紧密结合。中心公园园路在

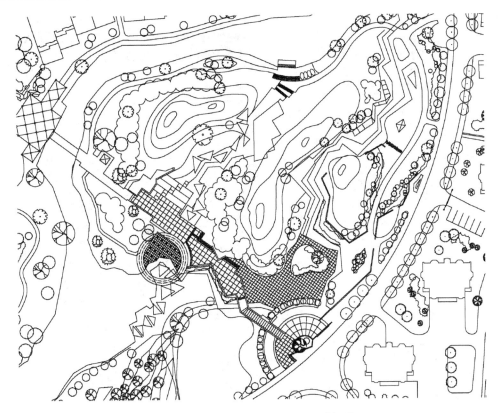

图 2-11　某小区中心公园地形设计初稿

水平与垂直方向上同时进行，发展出了多层次的交通系统，给人的活动增加了多样的可能性。

2）滨水地带地形设计。地形可加强水景的曲线美或者强化水面上空间的围合与收放效果，也可成为柔性空间水面与刚性空间建筑物之间过渡空间的主景。

3）山体地形改造处理。立足于地域内原有的大湖面、水道的地形地貌进行展开，改造原则是顺应地形设计等高线，扩大地形特征，集约地形使用率。

4）硬质地形处理。考虑住区居民户外交通使用的需求，利用台阶在较短的水平距离内改变较多的高差变化，并借此形成一处向外观赏的景观平台地形。

5）植物地形处理。人工坡地一般都控制在视平线以下，并循着连排住宅之间的狭长空间布局，但并没有让此狭长空间的视线贯通，为避免人的视线过多触及建筑形体，在一些凸起的地形上通过植物栽植来达到遮蔽视线和限制空间的目的。

（3）中心公园地形设计完成图（图 2-12）。

（4）等高线绘制中常见问题

1）对等高线的性质不熟悉，出现表示性错误，如等高线不闭合、空间尺度不恰当等。

2）对坡度公式及边坡系数的使用不熟悉，使等高线过密或过疏。

3）标高标注方法不正确或漏标。一般建筑地基、水体水位线（常水位、设计水位、湖底等）、道路交叉及转弯处、特殊变坡点等均要标注标高，首曲线（采用等高线法设计地形时，最初基面上绘出的等高线）、计曲线（从首曲线开始，每隔四条等高线必须加粗绘出的

图 2-12　某小区中心公园地形设计完成图

第五条等高线）也要在同向标出高程。

4）在同一图样中表现同一个园林地形设计时，平面设计不按园林制图要求进行，图面排版不整洁。

5）排水设计与地形变化不符。

6）地形设计的一个重点就是其效果必须为设计要素（如建筑物、植物等）创作框架式空间，但往往与"山水"地形组合不合理，或者过于闭合，或者过于开敞，整个地形空间给后期要素处理造成困难。

7）对一些特殊的地形，如塌方点、地质突变处重视不够，忽略了这些地方的景观设计。

三、训练与评价

1. 目的要求

1）掌握园林地形等高线法设计的原则、任务、内容、步骤、要点，地形设计表示的方法。

2）掌握园林地形等高线法的各种园林地貌在园林中的应用、山水关系的处理。

3）完成所给园林工程项目的园林地形竖向设计任务，将原地形标高、设计地形标高、施工标高及园林用地的平面布置、各部分的高程协调关系表达出来。

2. 设计内容

给出指定的设计平面图（图 2-13），根据现状地形条件分析并绘制出等高线及标高。

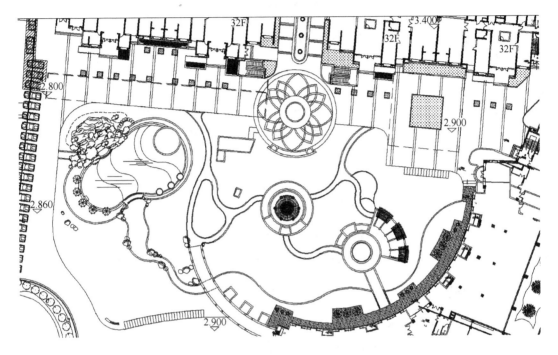

图 2-13　某小区设计平面图

3. 要点提示

1）地形在高度、大小、比例、尺度、外观、形态等方面的变化可形成丰富的地表特征，在较大的场景中需要宽阔的绿地、大型草坪或疏林草地来展现宏伟壮观的场景；在较小的区域内，可以从水平和垂直两位空间打破整齐划一的感觉，通过适当的地形处理，创造更多的层次。

2）铺装地面的坡度要求严格，各种场地因使用功能的不同对坡度的要求也各异。通常为了排水，最小坡度大于 0.5%，一般集散广场坡度在 1% ~ 7% 之间，这类场地的排水坡度可以是沿长轴的两面坡或沿横轴的两面坡，也可以设计成四面坡、环行坡，这取决于周围环境条件。一般情况下，铺装场地采取规则的坡面（即同一坡度的坡面）。

3）大多数道路的路拱为曲线，路面上的等高线也为曲线而非直线和折线。曲线等高线应按实际勾画。同时，道路设计等高线也会同道路弯曲、弯坡、交叉等情况作相应变化。

4）为创造优美舒适的园林绿化空间，必须规划设计坡、谷等丰富多彩、性质各异的景观地形，构成一个水平流动的空间。

4. 自我评价

序 号	评价内容	评价标准	自我评定
1	等高线空间设计	1. 空间感较为丰富，地形利于改善植物种植条件，易于植物造景（10分） 2. 地形设计应根据绿地面积、空间大小和立地环境、种植品种进行（20分） 3. 组织良好的地面排水，绿地竖向变化、地形变化应和谐统一（20分）	
2	等高线表示方法	1. 一般建筑地基、水体水位线（常水位、设计水位、湖底等）、道路交叉及转弯处、特殊变坡点等均要标注标高（20分） 2. 从首曲线开始，每隔四条等高线（含计曲线）必须加粗绘出的第五条等高线，也要在同向标出高程（20分） 3. 等高线过密或过疏要根据环境需要设计（10分）	

四、思考练习

1. 地形设计中怎么表达原始等高线和设计等高线？
2. 坡地等高线设计如何体现美感和排水功能？
3. 等高线绘制时应该注意哪些问题？
4. 植物地形工程设计中根据植物的习性和视觉关系如何进行合理的地形布置？

任务2　断面法设计地形

一、相关知识

1. 断面法的介绍

断面法是指用许多断面表达设计地形以及原有地形状况的方法。断面图表示地形按比例在纵向和横向的变化。此种方法立面效果强，层次清楚，同时还能体现地形上地物的相对位置和室内外标高的关系；特别是对植物分布及林木空间轮廓，垂直空间内地面上不同界面处理效果（如水体岸形变化等）表现得很充分。

2. 断面法的表示方法

断面法的关键在于断面的取法，断面一般根据用地主要轴线方向，或地形图绘制的方格网线方向选取，其纵向坐标为地形与断面交线各点的标高，横向坐标为地形水平长度，如图2-14a 所示。在各式断面上也可同时表示原地形轮廓线（用虚线表示），如图2-14b 所示。

3. 断面法注意的问题

采用断面法设计地形竖向变化时，如对尺度把握不准或者空间感不强，会使图面变化不能很好地反映设计效果。同时，对立面上要反映的地物，如树木、建筑物、雕塑、山石等要

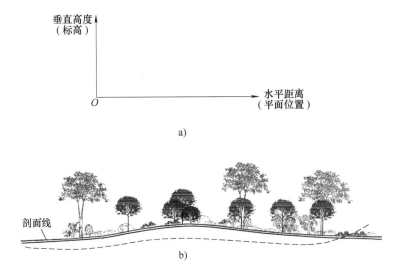

图 2-14 用剖面图表示地形

a）坐标示意图 b）断面透视图

能表现出来；对于水体的表现要到位，如需上色时，色彩运用必免过杂不简明。

二、实例分析

1. 断面法表示道路地形

1）根据设计平面图选择典型位置（图 2-15）。

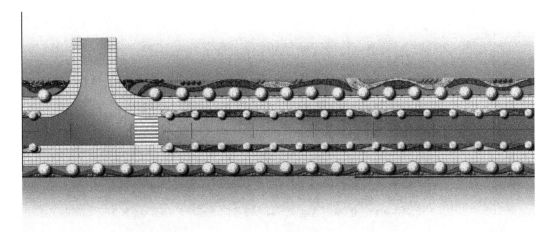

图 2-15 典型道路地形平面图

2）根据典型平面图设计断面图（图 2-16）。

3）道路地形断面设计要点：

① 纵断面地形设计应参照城市规划控制标高并适应临街建筑立面布置及沿路范围内地面水的排除。

② 为保证行车安全、舒适，纵坡宜缓顺，起伏地形不宜频繁。

图 2-16　典型道路地形断面图

③ 山城道路纵断面设计应综合考虑土石方平衡、汽车运营经济效益等因素，合理确定路面设计标高。

④ 机动车与非机动车混合行驶的车行道，宜按非机动车爬坡能力设计纵坡度。

⑤ 山城道路应控制平均纵坡度。越岭路段的相对高差为 200～500m 时，平均纵坡度宜采用 4.5%；相对高差大于 500m 时，平均纵坡度宜采用 4%；任意连续 3000m 长度范围内的平均纵坡度不宜大于 4.5%。

2. 断面法表示山体地形

1）根据设计平面图选择典型位置（图 2-17）。

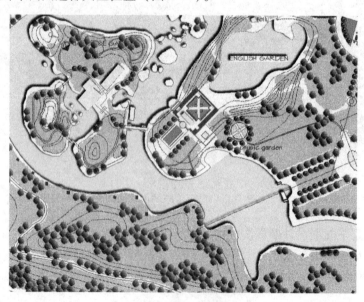

图 2-17　典型山体地形平面图

2）根据典型平面图设计断面图（图2-18）。

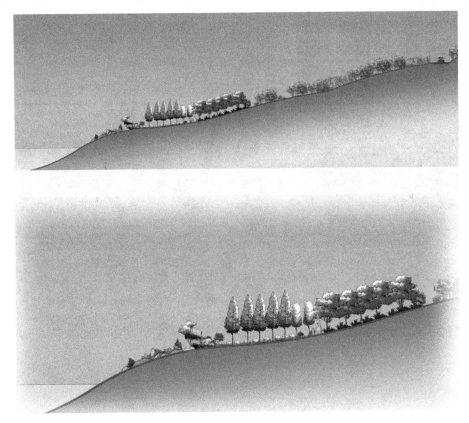

图2-18　典型山体地形断面图

3）山体地形断面设计要点：

① 山与水形成立面方向上的对比；地形空间开合对比；山体受光面与背光面的光线明暗对比；山体曲线的曲直对比；山体远近的虚实对比；远山近水的动静对比；地形上的材质对比。这些对比给人们带来丰富的视觉感受，使山地景观比平原景观具有更加丰富的层次和悦人的景色。

② 地形地势有高有低、有曲有直、有隐有显、起伏变化，自然空间层次丰富，空间环境存在仰视、俯视、纵深探视等特殊的视觉效应，构成了山地不同于其他地形条件的空间层次。

③ 山体地形一般处于真山真水之中，一个优秀的秩序组织会使原本杂乱无章的自然环境空间变为节奏明晰、景观丰富、曲折动人、趣味无限的完整的景观秩序。景观秩序的建立需要遵循相应的艺术原则。

3. 断面法表示水体地形

1）根据设计平面图选择典型位置（图2-19）。

2）根据典型平面图设计断面图（图2-20）。

3）水体地形断面设计要点：

① 人工水体地形，面积狭窄，但却与地形紧密结合，自然跌落，时而收为溪，时而放

图 2-19　某小区局部水体平面图

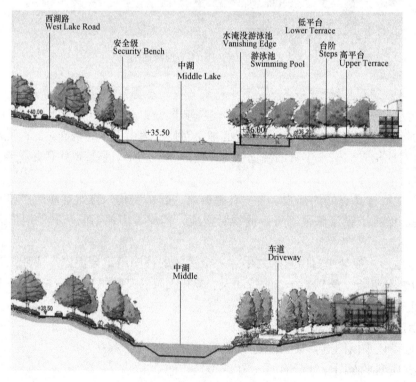

图 2-20　局部断面图

为池，水体的聚散开合与四周景物相互辉映。

② 当水体的设计标高高于所在地常水位标高时，该处土质疏松（砂质土）不易持水，这时必须构筑防水层，以保持水体有一个较为稳定的标高，达到景观设计的要求。

③ 断面表示中要注意和自然水体相吻合。自然界的水体类型有溪、河、瀑布、池塘、湖泊、泉水等类型。只有深刻领会这些自然水体的形态内在规律，才能创造出优秀的人工模拟水系。

④ 断面表示中沿水边的植物种植应高于水位以上，以免被水淹没。植物的整体风格要与水景的风格相协调。水生植物对水位深度的要求不一样：莲藕、菱角、睡莲等要求水深在30～100cm之间；荸荠、慈姑、水芋、芦苇、千屈菜等要求浅水沼泽地；金鱼藻、苦草等沉于水中；凤眼莲、小浮萍、满江红等则要浮于水面上。为保证水生植物的良好生长，在挖掘水池、湖塘时，要预留出适于水生植物生长的水底空间，并要有富含腐殖质的土壤。

三、训练与评价

1. 目的要求

1）掌握分析平面地形图的方法，提出设计地形断面图的要素，断面上要反映的地物，如树木、建筑物、雕塑、山石等。

2）学会根据等高线表示断面图，断面上基本与等高线高程相符。

3）层次清楚，同时还能体现地形上地物相对位置和室内外标高的关系。

2. 设计内容

给出指定设计平面图样，按要求设计断面图（图 2-21）。

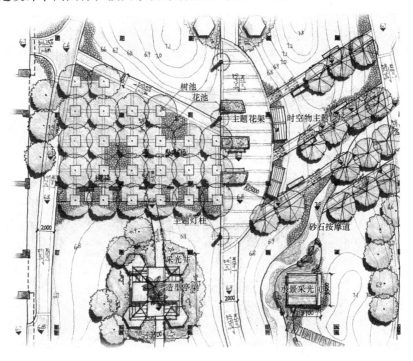

图 2-21　设计平面图

3. 要点提示

1）地形设计应以总体设计确定的各控制点的高程为依据。

2）断面的取法可以沿所选定的轴线取设计地段的横断面，断面间距视所要求的精度而定，也可以在地形图上绘制方格网，方格边长可依设计的精度确定，设计方法是在每一方格角点上，求出原地形标高，再根据设计意图求取该点的设计标高。

3）确定原有地形的各处坡地、平地标高和坡度是否继续适用，如不能满足规划的功能要求，则确定相应的地面设计标高和场地的整平标高。

4. 自我评价

序　号	评价内容	评价标准	自我评定
1	断面表示方法	1. 地形断面选择是否需要具有代表性（10分） 2. 地形断面根据地形平面图正确表示（15分） 3. 断面图上各个园林要素表达完整（15分）	
2	断面图中要素关系	1. 地形地势有高有低、有曲有直、有隐有显、起伏变化，自然空间层次丰富（20分） 2. 地形与植物、园林小品等要素比例协调（30分） 3. 因地制宜，保证排水通畅，地面不积水、不受山洪冲刷（10分）	

四、思考练习

1. 什么是断面法？

2. 断面图中地形表示的方法是什么？

3. 如何协调地形和各园林要素的关系？

任务3　土方工程量的计算方法

一、相关知识

土方工程量的计算一般是根据原地形等高线的设计地形图来进行的，计算所得资料是基本建设投资预算和施工组织设计等技术文件编制的重要依据。在规划阶段，土方工程量的计算无需过分精细，只要估算即可；而在施工图设计阶段，土方工程量则要求比较精确。

计算土方工程量的方法很多，常见的有以下三种方法：估算法、断面法和方格网法。

1. 估算法

山丘、池塘等，形状比较规则，可用相近的几何体体积公式来快速计算，表2-2中所列公式可供选用。此法简便，但精确度较差，多用于估算。

2. 断面法

断面法是以一组等距（或不等距）的相互平行的截面将拟计算的地块、地形单体（如山、溪涧、池、岛、堤、沟渠、路槽等）分截为"段"，分别计算这些"段"的体积。再将各段体积累加，以求得该计算对象的总土方量。

表 2-2　几何体体积公式表

序　号	几何体形状	体　积
1	圆锥	$V = \dfrac{1}{3}\pi r^2 h$
2	圆台	$V = \dfrac{1}{3}\pi h(r_1^2 + r_2^2 + r_1 r_2)$
3	棱锥	$V = \dfrac{1}{3}Sh$
4	棱台	$V = \dfrac{1}{3}h(S_1 + S_2 + \sqrt{S_1 + S_2})$
5	球缺	$V = \dfrac{\pi h}{6}(h^2 + 3r^2)$

式中　V——体积；r——半径；S——底面积；h——高；r_1、r_2——上、下底半径，S_1、S_2——上、下底面积

断面法根据其截取断面的方向不同可分为垂直断面法和水平断面法（等高面法）两种。

（1）垂直断面法　设每段均为棱台，则每段的体积计算公式如下：

$$V = \frac{S_1 + S_2}{2}L$$

式中　S_1——棱台的上底面积；

　　　S_2——棱台的下底面积；

　　　L——棱台的高（两相邻断面间的距离）。

此法适用于带状地形单体或土方工程（如带状山体、水体、沟、堤、路槽等）土方量计算，如图 2-22 所示。

计算中，如 S_1 和 S_2 的面积相差较大或两相临断面之间的距离大于 50m 时，用算术平均值法计算的结果误差较大，此时可在 S_1 和 S_2 间插入中间断面，然后改用拟棱台公式计算：

$$V = \frac{L}{6} \times (S_1 + S_2 + 4S_0)$$

式中　S_0——插入的中间断面面积，S_0 的求法有两种，如图 2-23 所示。

其一，求棱台中间的断面面积公式。

$$S_0 = \frac{1}{4}(S_1 + S_2 + 2\sqrt{S_1 S_2})$$

其二，用 S_1 和 S_2 各相应边的算术平均

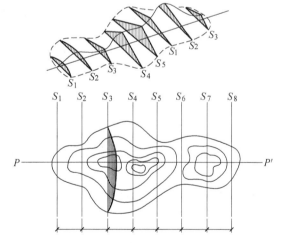

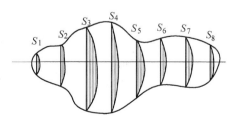

图 2-22　带状山体垂直断面取法

25

值求 S_0。

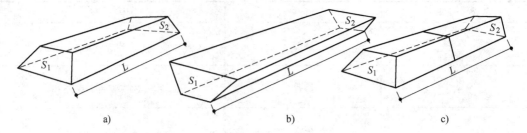

图 2-23　中间断面面积的求法

例：设有一个土堤，计算段两端断面呈梯形，各边数值如图 2-24 所示。两断面之间的距离为 60m，试比较用算术平均法和拟棱台公式计算所得的结果。

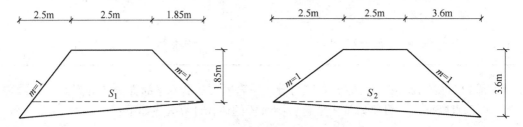

图 2-24　梯形各边平均值计算

先求 $S_1 S_2$：

$$S_1 = \frac{1.85 \times (3 + 6.7) + (2.5 - 1.85) \times 6.7}{2} \text{m}^2 = 11.15 \text{m}^2$$

$$S_2 = \frac{2.5 \times (3 + 8) + (3.6 - 2.5) \times 8}{2} \text{m}^2 = 18.15 \text{m}^2$$

1）用算术平均值法求土方量。

$$V = \frac{S_1 + S_2}{2} L$$

$$V = \frac{11.15 + 18.15}{2} \times 60 \text{m}^2 = 879 \text{m}^2$$

2）用拟棱台公式求土方量。

① 用该棱台中间断面面积公式求 S_0。

$$S_0 = \frac{1}{4} \times \left(11.15 + 18.15 + 2\sqrt{11.15 \times 18.15} \right) \text{m}^2$$

$$V = \frac{60}{6} \times (11.15 + 18.15 + 4 \times 14.465) \text{m}^3 = 870.6 \text{m}^3$$

② 用 S_1 及 S_2 各对应边的算术平均值求得 S_0。

$$S_0 = \frac{21.75 \times (3 + 7.35) + (3.05 - 2.18) \times 7.35}{4} \text{m}^2 = 14.465 \text{m}^2$$

$$V = \frac{(11.15 + 18.15 + 4 \times 14.465)}{6} \times 60 \text{m}^3 = 871.6 \text{m}^2$$

由上述计算可知，两种计算 S_0 的方式，其所得结果相差无几，而两者与算术平均值法所得结果相比较，则相差较多。

垂直断面法也可以用于平整场地的土方量计算，如某公园有一地块，地面高低不平，拟整理成一块 10% 坡度的场地，用垂直断面法求挖填土方量的计算（图 2-25）。

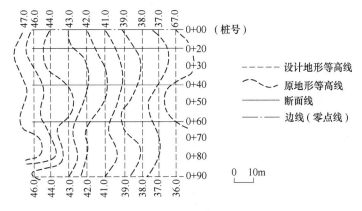

图 2-25　垂直断面法求场地土方量

由此可见，用垂直断面法求土方体积，比较繁琐的工作是断面面积的计算。断面面积的计算方法多种多样，对形状不规则的断面既可用求积仪求其面积，也可用"方格纸法"、"平行线法"或"割补法"等方法进行计算。

（2）水平断面法　水平断面法（等高线法）是沿等高线取断面，等高距即为两相临断面的垂直距离，如图 2-26 所示。

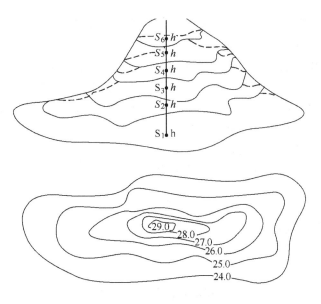

图 2-26　水平断面法图示（单位：m）

计算公式如下：

$$V = \frac{S_1 + S_2}{2} \times h + \frac{S_2 + S_3}{2} \times h + \cdots + \frac{S_{n-1} + S_n}{2} + \frac{S_n + h}{3}$$

$$= \left(\frac{S_1 + S_n}{2} + S_2 + \cdots + S_{n-1} \right) \times h + \frac{S_n + h}{3}$$

式中　V——土方体积（m^3）。

　　　S——断面面积（m^2）。

　　　h——等高距（m）。

最后，将计算结果填入表2-3中，即成工程土方汇总表。

表 2-3　土方汇总表

截　　面	填方面积/m^2	挖方面积/m^2	截面间距/m	填方体积/m^3	挖方体积/m^3
合计					

　　水平断面法最适于大面积的自然山水地形的土方计算。由于园林设计图样上的原地形和设计地形均用等高线表示，因而此法在园林工程中是很好的土方量计算方法。

3. 方格网法

　　方格网法是把平整场地的设计工作和土方量计算工作结合在一起进行的，适于如停车场、集散广场、体育场、露天演出场等的土方量的计算。

　　（1）划分方格网　在有等高线的地形图（图样常用比例为1:500）上作方格网，方格各边最好与测量的纵、横坐标系统对应，并对方格及各角点进行编号。方格边长一般为20m×20m或40m×40m。然后，将各点设计标高和原地形标高分别标注于方格桩点的右上角和右下角，再将原地形标高与设计地面标高的差值（也即各角点的施工标高）填于方格点的左上角，挖方为"＋"、填方为"－"。其中，原地形标高用插入法求得。方法是：设 H_x 为欲求角点的原地面高程（图2-27），过此点作相邻两等高线间最小距离 L，则

$$H_x = H_a \pm \frac{x \cdot h}{L}$$

式中　H_a——低边等高线的高程；

　　　x——角点至低边等高线的距离；

　　　h——等高差。

　　（2）计算零点位置　零点是指不挖不填的点，零点的连线即为零点线，它是填方与挖方的界定线，因而零点线是进行土方计算和土方施工的重要依据之一。要识别是否有零点存在，求出方格的零点并标于方格网上，再将零点相连即可分出填挖方区域，该连线即为零点线。

　　零点可通过下式求得（图2-28）：

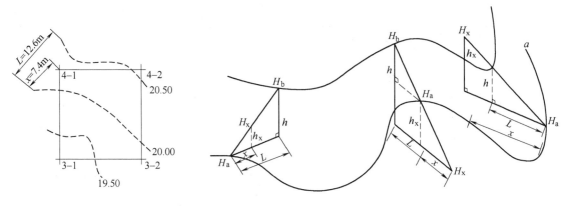

图 2-27　插入法求任意点高程图示（单位：m）

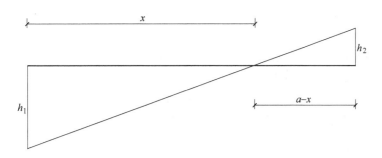

图 2-28　零点的求法

$$x = \frac{h_1}{h_1 + h_2} \times a$$

式中　x——零点距；

　　　h_1——一端的水平距离（m）；

　　　$h_1 + h_2$——方格相邻二角点的施工标高绝对值（m）；

　　　a——方格边长（m）。

（3）计算土方工程量　根据各方格网底面积图形以及相应的体积公式（表2-4），逐一求出方格内的挖方量或填方量。

表 2-4　方格网计算土方量公式

序号	挖填情况	平面图式	立体图式	计算公式
1	四点全为填方（或挖方）时			$\pm V = \dfrac{a^2 \times \sum h}{4}$
2	两点填方两点挖方时			$\pm V = \dfrac{a(b+c) \times \sum h}{8}$

（续）

序号	挖填情况	平面图式	立体图式	计算公式
3	三点填方（或挖方）时，一点挖方（或填方）时			$\pm V = \dfrac{(b+c)\times \sum h}{6}$ $\pm V = \dfrac{(2a^2 - b\times c)\times \sum h}{10}$
4	相对两点为填方（或挖方），余两点为挖方（或填方）时			$\pm V = \dfrac{(b+c)\times \sum h}{6}$ $\pm V = \dfrac{d+e\times \sum h}{6}$ $\pm V = \dfrac{(2a^2 - b\times c - d\times e)}{12}$

注：计算公式中的："＋"表示挖方，"－"表示填方。

（4）计算土方总量　将填方区所有方格的土方量（或挖方区所有方格的土方量）累加汇总，即得到该场地填方和挖方的总土方量，最后填入汇总表。

二、实例分析

某公园局部地形土方工程量的计算流程如图 2-29 所示。

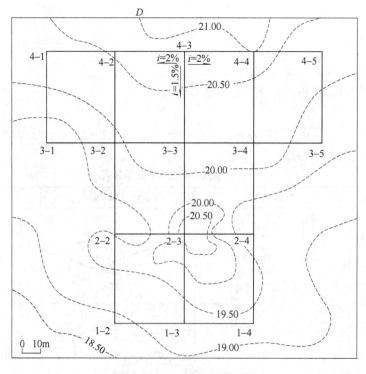

图 2-29　某公园地形平面图

（一）作方格网

按正南北方向作边长为20m的方格制网，将各方格角点测设到地面上，同时测量角点的地面标高并将标高标志在图样上，这就是该点的原地形标高。

设 H_x 为欲求角点的原地形高程，过此点作相邻等高线间最小距离 L。

则 $H_x = H_a \pm xh/L$

式中　H_a——位于低边等高线的高程；

　　　x——角点至低边等高线的距离；

　　　h——等高差。

（1）待求点标高 H_x 在等高线之间

H_x；$h = x$；L，　$H_x = xh/L$，　$H_x = H_a + xh/L$

（2）待求点标高 H_x 在等高线下方

H_x；$h = x$；L，　$H_x = xh/L$，　$H_x = H_a - xh/L$

（3）待求点标高 H_x 在等高线上方

H_x；$h = x$；L，　$H_x = xh/L$，　$H_x = H_a + xh/L$

根据图2-30，过点4-1作相邻两个等高线之间的距离最短线。得 $L = 12.6\text{m}$，$x = 7.4\text{m}$，等高线高差 $h = 0.5\text{m}$。

$H_{4-1} = (20.00 + 7.4 \times 0.5/12.6)\text{m}$
$= 20.29\text{m}$

$H_{4-2} = (20.00 + 13 \times 0.5/12)\text{m} = 20.54\text{m}$

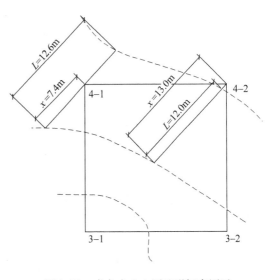

图2-30　求角点4-1原地形标高图示

同理得：$H_{4-3} = 20.89\text{m}$，$H_{4-4} = 21.00\text{m}$，$H_{4-5} = 20.23\text{m}$，$H_{3-1} = 19.37\text{m}$，$H_{3-2} = 19.91\text{m}$，$H_{3-3} = 20.21\text{m}$，$H_{3-4} = 20.15\text{m}$，$H_{3-5} = 19.64\text{m}$，$H_{2-2} = 19.50\text{m}$，$H_{2-3} = 20.50\text{m}$，$H_{2-4} = 19.39\text{m}$，$H_{1-2} = 18.90\text{m}$，$H_{1-3} = 19.35\text{m}$，$H_{1-4} = 19.32\text{m}$。

（二）求平整标高

设平整标高为 H_0

$$V = H_0 \times N \times a^2$$

$$H_0 = V/N \times a^2$$

式中　N——方格数；

　　　a——方格边长。

$V' = V_1' + V_2' + V_3' + \cdots + V_8'$

$V_1' = (a^2/4)(h_{4-1} + h_{4-2} + h_{3-1} + h_{3-2})$

　　　……

$V_8' = (a^2/4)(h_{2-3} + h_{2-4} + h_{1-3} + h_{1-4})$

因为 $V = V'$

简化为 $H_0 = (1/4N)(\Sigma h_1 + 2\Sigma h_2 + 3\Sigma h_3 + 4\Sigma h_4)$

式中　h_1——计算时使用一次的角点高程；

　　　h_2——计算时使用二次的角点高程；

　　　h_3——计算时使用三次的角点高程；

　　　h_4——计算时使用四次的角点高程。

根据题意

$$\Sigma h_1 = h_{4-1} + h_{3-1} + h_{1-2} + h_{1-4} + h_{3-5} + h_{4-5}$$
$$= (20.29 + 19.37 + 18.90 + 19.32 + 19.64 + 20.23)\text{m}$$
$$= 117.75\text{m}$$
$$2\Sigma h_2 = 2(20.54 + 19.50 + 19.35 + 19.39 + 20.89 + 21.00)\text{m}$$
$$= 241.34\text{m}$$
$$3\Sigma h_3 = 3(19.91 + 20.15)\text{m}$$
$$= 120.18\text{m}$$
$$4\Sigma h_4 = 4(20.01 + 20.50)\text{m}$$
$$= 162.84\text{m}$$

所以 $H_0 = \dfrac{1}{32} \times (117.75 + 241.34 + 120.18 + 162.84)\text{m}$

$\approx 20.07\text{m}$

（三）确定 H_0 的位置，求各点的设计标高

按图 2-31 所给条件画成立体图。

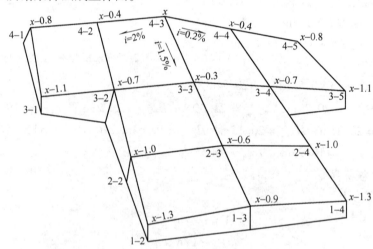

图 2-31　数学分析法求 H_0 的位置图示

图中 4-3 点最高，设其设计标高为 x，则依据给定的坡向、坡度和方格边长计算。

例：点 4-2 在点 4-3 的下坡，平距为 $L = 20\text{m}$，设计坡度 $i = 2\%$，则点 4-2 和 4-3 间的高差为 $h = i \cdot L = 0.02 \times 20\text{m} = 0.4\text{m}$。

点 4-2 的假定设计标高为 $x - 0.4\text{m}$，而在纵向方向的点 3-3，其设计坡度为 1.5%，所以该点较 4-3 点底 0.3m，其假定设计标高则为 $x - 0.3\text{m}$，依此类推便可将角点假定标高求出。

$$\Sigma h_1 = x - 0.8\text{m} + x - 0.8\text{m} + x - 1.1\text{m} + x - 1.1\text{m} + x - 1.3\text{m} + x - 1.3\text{m} = 6x - 6.4\text{m}$$
$$2\Sigma h_2 = 2(x - 0.4\text{m} + x - 0.4\text{m} + x - 1.0\text{m} + x - 1.0\text{m} + x - 0.9\text{m} + x)$$

$$= 12x - 7.2m$$

$$3\sum h_3 = 3(x - 0.7m + x - 0.7m) = 6x - 4.2m$$

$$4\sum h_4 = 4(x - 0.3m + x - 0.6m) = 8x - 3.6m$$

$$H_0 = 1/32(6x - 6.4m + 12x - 7.4m + 6x - 4.2m + 8x - 3.6m)$$

$$= x - 0.675m$$

$$H_0 = H_0' = 20.07m$$

$$20.07 = x - 0.675m$$

$$x \approx 20.75m$$

所以, 各点的设计标高为: $H_{4-1} = 19.95m$, $H_{4-2} = 20.35m$, $H_{4-3} = 20.75m$, $H_{4-4} = 20.35m$, $H_{4-5} = 19.95m$, $H_{3-1} = 19.65m$, $H_{3-2} = 20.04m$, $H_{3-3} = 20.45m$, $H_{3-4} = 20.05m$, $H_{3-5} = 19.65m$, $H_{2-2} = 19.75m$, $H_{2-3} = 20.15m$, $H_{2-4} = 19.75m$, $H_{1-2} = 19.45m$, $H_{1-3} = 19.85m$, $H_{1-4} = 19.45m$。

(四) 求施工标高

施工标高 = 原地形标高 - 设计标高, 得数为 "+" 号为挖方, "-" 号为填方。

各点的施工标高为: $H_{4-1} = +0.34$, $H_{4-2} = +0.19$, $H_{4-3} = +0.14$, $H_{4-4} = +0.65$, $H_{4-5} = +0.28$, $H_{3-1} = -0.28$, $H_{3-2} = -0.14$, $H_{3-3} = -0.24$, $H_{3-4} = +0.10$, $H_{3-5} = 0$, $H_{2-2} = -0.25$, $H_{2-3} = -0.35$, $H_{2-4} = -0.36$, $H_{1-2} = -0.55$, $H_{1-3} = -0.50$, $H_{1-4} = -0.13$。

(五) 求零点线 (图2-32)

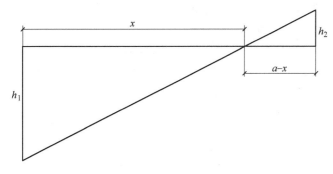

图 2-32 某零点位置图示

因为 $x/h_1 = a - x/h_2$ 所以 $x = h_1 \times a/h_1 + h_2$

式中　x——零点距;

　　　h_1——一端的水平距离, m;

$h_1 + h_2$——方格相邻二角点的施工标高绝对值, m。

以方格 I 的点 4-1 和 3-1 为例, 求其零点 4-1 施工标高为 +0.34m, 3-1 点的施工标高为 -0.28m, 取绝对值代入公式

$$H_1 = 0.34, \quad h_2 = 0.28, \quad a = 20$$

$$x_1 = 0.34/(0.34 + 0.28)m \times 20 = 10.97m$$

零点位于距点 4-1 的 10.97m 处 (或距点 3-1 的 9.03m 处)

同理:

$x_2 = 0.19/(0.19 + 0.14)\text{m} \times 20 \approx 11.52\text{m}$，所以零点距点 4-2 的 11.52m 处。

$x_3 = 0.14/(0.14 + 0.24)\text{m} \times 20 \approx 7.36\text{m}$，所以零点距点 4-3 的 7.36m 处。

$x_4 = 0.24/(0.24 + 0.1)\text{m} \times 20 \approx 14.12\text{m}$，所以零点距点 3-3 的 14.12m 处。

$x_5 = 0.10/(0.10 + 0.36)\text{m} \times 20 \approx 4.35\text{m}$，所以零点距点 3-4 的 4.35m 处。

$x_6 = 0.24/(0.24 + 0.35)\text{m} \times 20 \approx 8.14\text{m}$，所以零点距点 3-3 的 8.14m 处。

$x_7 = 0.25/(0.25 + 0.35)\text{m} \times 20 \approx 8.33\text{m}$，所以零点距点 2-2 的 8.33m 处。

$x_8 = 0.35/(0.35 + 0.36)\text{m} \times 20 \approx 9.86\text{m}$，所以零点距点 2-3 的 9.86m 处。

$x_9 = 0.35/(0.35 + 0.50)\text{m} \times 20 \approx 8.24\text{m}$，所以零点距点 1-3 的 11.76m 处。

（六）土方计算

在例题中方格Ⅳ四个角点的施工标高为"＋"号，是挖方用公式 1（表 2-4 方格网计算土方量公式 1）计算：

$$V_{Ⅳ} = \frac{a^2 \times \Sigma h}{4} = [20 \times 20 \times (0.65 + 0.10 + 0.28 + 0)/4]\text{m}^3 = 103.00\text{m}^3$$

方格Ⅰ中两点为挖方，两点为填方

$\pm V = a(b + c)\Sigma h/8$， $a = 20\text{m}$， $b = 10.97\text{m}$， $c = 11.52\text{m}$， $\Delta = \Sigma h/4 = 0.53/4$

$+V = [20 \times (10.97 + 11.52) \times 0.53/8]\text{m}^3 \approx 29.80\text{m}^3$

$-V = [20 \times (9.03 + 8.48) \times 0.42/8]\text{m}^3 \approx 18.39\text{m}^3$

方格Ⅱ

$$+V = [20 \times (11.52 + 7.37) \times 0.33/8]\text{m}^3 \approx 11.58\text{m}^3$$

$$-V = [20 \times (8.48 + 12.63) \times 0.38/8]\text{m}^3 \approx 20.05\text{m}^3$$

方格Ⅲ，三点挖方，一点填方

$\pm V = (2a^2 - b \times c)\Sigma h/10$， $\pm V = bc \times \Sigma h/6$

$+V = [(2 \times 20 \times 20 - 7.37 \times 5.88) \times (0.14 + 0.65 + 0.10)/10]\text{m}^3 \approx 67.34\text{m}^3$

$-V = [(12.63 \times 14.12) \times 0.24]\text{m}^3 \approx 7.13\text{m}^3$

方格Ⅴ

$$-V = (2a^2 - bc)\Sigma h/10$$
$$= [(2 \times 400 - 8.33 \times 8.14) \times (0.14 + 0.24 + 0.25)/10]\text{m}^3$$
$$= 46.13\text{m}^3$$

$$+V = bc \times \Sigma h/6$$
$$= [(11.67 \times 11.86) \times 0.35/6]\text{m}^3$$
$$\approx 8.07\text{m}^3$$

方格Ⅶ

$$-V = [(2 \times 400 - 8.33 \times 11.76) \times (0.25 + 0.55 + 0.36)/10]\text{m}^3$$
$$\approx 91.27\text{m}^3$$

$$+V = [(11.67 \times 8.24) \times 0.35/6]\text{m}^3 \approx 5.61\text{m}^3$$

方格Ⅷ

$$-V = [(2 \times 400 - 11.76 \times 10.14) \times (0.50 + 0.13 + 0.36)]\text{m}^3$$
$$\approx 67.39\text{m}^3$$

$$+V = [(8.24 \times 9.86) \times 0.35]\text{m}^3$$

$$\approx 4.74 \text{m}^3$$

方格Ⅵ相对两点为挖方，其余为填方时

$$+ V = bc\Sigma h/6$$
$$= \left[5.88 \times 4.35 \times 0.10/6\right] \text{m}^3$$
$$\approx 0.43 \text{m}^3$$
$$+ V = \left[11.86 \times 9.86 \times 0.35\right] \text{m}^3$$
$$\approx 6.82 \text{m}^3$$
$$- V = (2a^2 - bc - de)\Sigma h/12$$
$$= \left[(2 \times 400 - 14.12 \times 15.65 - 8.14 \times 10.14) \times 0.6/12\right] \text{m}^3$$
$$\approx 24.82 \text{m}^3$$

（七）绘制土方平衡表及土方调配表（表2-5、表2-6）

表2-5　土方量计算表

方 格 编 号	挖方/m³	填方/m³	备　注
V_{I}	29.80	18.39	
V_{II}	15.58	20.05	
V_{III}	67.34	7.13	
V_{IV}	103.00	32.2	
V_{V}	8.07	46.13	
V_{VI}	7.25	24.82	
V_{VII}	5.61	91.27	
V_{VIII}	4.74	67.39	
合计	241.39	275.18	缺土 33.79m³

表2-6　土方调配表

挖方及进土		填方及弃土	填方区 体积/m³	Ⅰ	Ⅱ	Ⅲ	Ⅳ	弃土	总计
挖方区	体积/m³			84.57	31.95	91.27	67.39		275.18
A	45.38			13.57		31.81			
B	170.34			71.00	31.95		67.39		
C	25.67					25.67			
进土	33.79					33.79			
总计	275.18								

三、训练与评价

1. 目的要求

1）了解土方工程在建园工作中的作用和意义。

2）通过某具体项目中土方工程量的计算，掌握用方格网法计算土方工程量的方法。

3）了解等高面法、断面法的计算公式；弄清方格法计算过程的基本原理及内容。

4）通过制作地形模型，更深入了解地形对于园林整体设计的重要性。

2. 设计内容

1）制定边长为20m的方格控制网。

2）用插入法求原地形标高并记录。

3）求平整标高（土方就地平衡）H_0。

4）确定 H_0 的位置（假定某点设计标高为 x，依给定的坡向、坡度和方格边长，根据坡度公式可以算出各角点的假定设计标高）。

5）确定设计标高（依设计意图，如地面形状、坡向、坡度值等）。

6）求施工标高（原地形标高 – 设计标高）。

7）求零点线 $[x = ah_1/(h_1 + h_2)]$。

8）根据角点挖填方土方计算公式求土方。

9）根据地形图制作模型。

3. 要点提示

1）根据图样作出边长为20m的方格控制网。

2）将场地设计标高和自然地面标高分别标注在方格角上，场地设计标高与自然地面标高的差值即为各角点的施工高度（挖或填），习惯以"–"号表示填方，"+"号表示挖方。

3）将施工高度标注于角点上，然后分别计算每一方格地填挖土方量，并算出场地边坡的土方量。将挖方区（或填方区）所有方格计算的土方量和边坡土方量汇总，即得场地挖方量和填方量的总土方量。

4）为了解整个场地的挖填区域分布状态，计算前应先确定"零线"的位置。零线即挖方区与填方区的分界线，在该线上的施工高度为零。

4. 自我评价

序　　号	评价内容	评价标准	自我评定
1	网格及地形标高的确定	1. 方格各边最好与测量的纵、横坐标系统对应，并对方格及各角点进行正确编号（20分） 2. 能将各点设计标高和原地形标高分别标注于方格桩点的右上角和右下角，正确计算原地形标高与设计地面标高的差值（20分）	
2	零线的确定	1. 能正确在相邻角点施工高度为一挖一填的方格边线上，用插入法求出零点的位置（20分） 2. 零点计算准确，零点线绘制正确（20分）	
3	土方量计算	能正确根据各方格网底面积图形以及相应的体积公式来逐一求出方格内的挖方量或填方量（20分）	

四、思考练习

1. 怎样灵活运用插入法求角点原地形标高？

2. 怎样求角点设计标高和施工标高？

3. 零点线如何确定？

单元二

园路与铺地工程设计

学习目标

通过园路与铺地工程设计，掌握园路设计的功能要求，并能根据园路的设计要求进行园路布局设计，明确线形要求，根据实际确定园路的结构设计内容。针对较宽广的铺装工程能设计不同的功能空间，并结合功能要求做好铺装结构设计。

学习任务：

1. 园路的线形设计

2. 园路的结构设计

3. 园林铺地设计

【基础知识】

一、园路的功能

1. 组织交通

园路承担游客的集散、疏导，满足园林绿化、建筑维修、建筑养护、建筑管理的运输工作，满足安全、防火、职工生活、公共餐厅、小卖部等园务工作的运输任务，承担组织交通的功能。对于小型公园，这些任务可以综合考虑；对于大型公园，由于园务工作交通量大，有时可以设置专门的路线和出入口。

2. 引导游览

园路具有引导游人游览观赏，展示园林风景画面的功能。园路中的主路和部分次路，被赋予明显的导游性，能够引导游人按照预定路线有序地进行游览，这部分园路就成为导游线，从某种意义上说，园路其实就是园林中游客的"导游者"。如图3-1所示，滨河绿地中的道路从不同的角度引导游览，创造步移景异的景观效果。

3. 划分空间，构成园景

园林中常常利用地形、建筑、植物或道路把全园分隔成各种不同的空间，同时又通过道路把各个景区联系成一个整体。园路本身是一种线性狭长空间，同时由于园路的穿插划分，

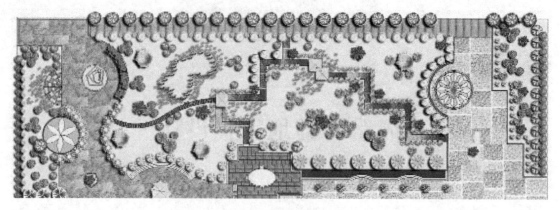

图 3-1　滨河绿地中的道路布局

又将园林划分成不同形状、不同大小的一系列空间，通过大小、形式的对比，形成丰富的园景空间，增强了空间的艺术性表现。如图 3-2 所示，登高步行园路构成了立面变化的空间景观，同时又将上部景观空间与下部景观空间联系在一起，起到了既划分空间又联系空间的作用。在园林绿地中，一方面，园路将绿地分割成不同的空间，或开敞、或私密，或起伏、或平坦；另一方面，园路本身或放为广场形式，或收为线性狭长空间，通过大小、形式的对比，形成绿地丰富的园林空间，如图 3-3 所示。如图 3-4 所示，园路以卵石青砖路面铺装，与周围的建筑、花草、树木、石桌凳等景物紧密结合，构成独立的园景空间。

图 3-2　登高步行园路形成立面空间

图 3-3　园路分割绿地空间

二、园路的分类

园路按等级和性质的不同可分为主园路、次园路、游步道、专用道，见表 3-1。

1. 主园路

主园路是园林景区内的主要道路，从入口通向全园各主景区、广场、公共建筑、后勤管理区，形成全园的骨架和环路，组成游览的主干路线，并能满足园区内管理车辆的通行要求。

2. 次园路

次园路是主园路的辅助道路，呈支架状连接各景区内景点和景观建筑，车辆可单向通行，为园内生产管理和园务提供运输服务。次园路的路宽为主园路的一半，自然曲度大于主园路，其以优美舒展的曲线线条构成有层次的风景画面。

图 3-4　园路与其他景物要素形成的园景空间

表 3-1　园路分类与技术标准

园路分类	路面宽度/m	游人步道宽（路肩）/m	车道数/条	路基宽度/m	红线宽（含明沟）/m	车速/(km/h)	备注
主园路	6.0~7.0	≥2.0	2	8~9		20	
次园路	3.0~4.0	0.8~1.0	1	4~5		15	
游步道	0.8~1.5						
专用道	3.0	≥1.0	1	4	不定		防火、园务、拖拉机道等

3. 游步道

游步道是园路系统的末梢，供游人休憩、散步、游览，可到达园林绿地的各个角落，是通达广场、园景的捷径，宽度一般为 0.5~1.5m。游步道常结合园林植物小品和起伏的地形而自然形成。

园路类型的具体形式如图 3-5 所示。

三、园路系统的布局形式

常见的园路系统布局形式有套环式、条带式和树枝式，如图 3-6 所示。

1. 套环式园路系统

套环式园路系统的特征是：由主园路构成一个闭合的大型环路或一个"8"字形的双环

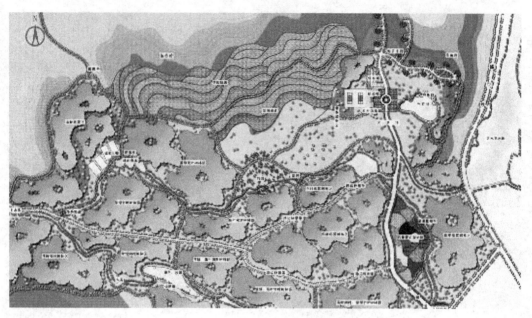

图 3-5 园路类型

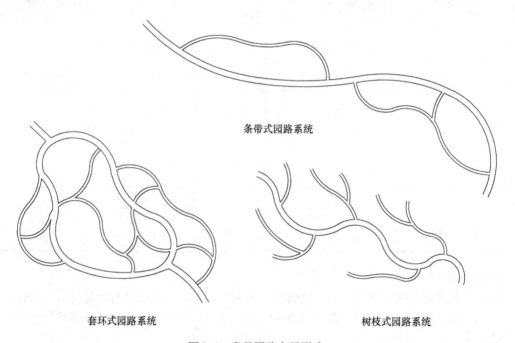

条带式园路系统

套环式园路系统   树枝式园路系统

图 3-6 常见园路布局形式

路,再由许多次园路和游步道从主园路上分支,相互穿插连接或闭合,构成较小的环路。主园路、次园路和游步道之间是环环相套、互通互连的关系,其中少有尽端式道路。套环式园路系统是最能适应公共园林环境,应用较广泛的一种回路系统,如图 3-7 所示。但是,狭长地带一般都不宜采用这种园路系统布局形式。

图 3-7　套环式园路系统

2. 条带式园路系统

地形狭长的园林绿地中常采用条带式园路系统。这种园路系统的特征是：主园路呈条带状，始端和尽端各在一方，并不闭合成环；在主路的一侧或两侧，穿插一些次园路和游步道，次园路和游步道之间可以局部闭合成环路，如图 3-8 所示。

3. 树枝式园路系统

树枝式园路系统的特征是：在山谷地形为主的风景区和市郊公园中，主园路布置在谷底，沿河沟从下往上延伸，两侧山坡上的多处景点都是从主路上分出一些支路，甚至再分出一些小路加以连接，支路和小路多数是尽端式道路，如图 3-9 所示。树枝式园路系统是游览性最差的一种园路布局形式，只有在受到地形限制时才会采用。

图 3-8　条带式园路系统　　　　　　　图 3-9　树枝式园路系统

任务 1　园路的线形设计

园路设计包括线形设计与结构设计，线形设计关系到园路的功能要求与工程要求，线形设计包括横断面设计、纵断面设计和平面线形设计。

一、相关知识

1. 园路横断面设计

垂直于园路中心线方向的断面称为园路的横断面，它能直观地反映路宽、道路和横坡及地上地下管线位置等情况。园路横断面设计的内容主要包括：依据规划道路宽度和道路断面形式，结合实际地形确定合适的横断面形式，确定合理的路拱横坡，综合解决路与管线及其他附属设施之间的矛盾。

（1）园路横断面形式的确定　道路的横断面形式依据车行道的条数通常可分为"一块板"（机动与非机动车辆在一条车行道上混合行驶，上行下行不分隔）、"二块板"（机动与非机动车辆混驶，但上下行由道路中央分隔带分开）。

园路宽度根据交通种类确定，应充分考虑所承载的内容。游人及各种车辆的最小运动宽度见表3-2。园路的横断面形式最常见的为"一块板"形式，在面积较大的公园主路中偶尔也会采用"二块板"的形式。园林中的道路不像城市中的道路那样具有一定的程式化，有时道路的绿化带会被路侧的绿化所取代，形式变化灵活。

表3-2　游人及各种车辆的最小运动宽度

车 辆 种 类	最小宽度/m	车 辆 种 类	最小宽度/m
单 人	0.75	小轿车	2.00
自行车	0.60	消防车	2.06
三轮车	1.24	中小型货车	2.50
拖拉机	0.84 ~ 1.50	大型货车	2.66

（2）园路路拱设计　为能使雨水快速排出路面，道路的横断面通常设计为拱形、斜线形等形状，称为路拱，其设计主要是确定道路横断面的线形和横坡坡度。园路路拱基本设计形式有抛物线形、折线形、直线形和单坡形，如图3-10所示。

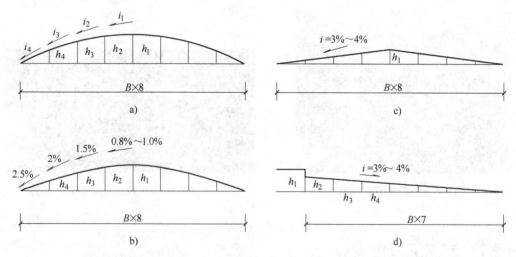

图3-10　园路路拱的设计形式

a）抛物线形　b）折线形　c）直线形　d）单坡形

1）抛物线形路拱。抛物线形路拱是最常用的路拱形式，其特点是路面中部较平，越向外侧坡度越陡，横断路面呈抛物线形。这种路拱对游人行走、行车和路面排水都很有利，但不适用于较宽的道路以及低级的路面。抛物线形路拱路面各处的横坡度一般宜控制在：$i_1 \geq 0.3\%$，$i_4 \leq 5\%$，且横坡度平均为2%左右。

2）折线形路拱。折线形路拱是将路面做成由道路中心线向两侧逐渐增大横坡度的若干短折线组成的路拱。这种路拱的横坡度变化比较徐缓，路拱的直线较短，近似于抛物线形路拱，对排水、行人、行车也都有利，一般适用于比较宽的园路。

3）直线形路拱。直线形路拱适用于双车道或多车道并且路面横坡坡度较小的双车道或多车道水泥混凝土路面。最简单的直线形路拱是由两条倾斜的直线组成的。为了行人和行车方便，通常可在横坡度为1.5%的直线形路拱的中部插入两段横坡度为0.8%～1.0%的对称连接折线，使路面中部不至于呈现屋脊形。在直线形路拱的中部也可以插入一段抛物线或圆曲线，但曲线的半径不宜小于50m，曲线长度不应小于路面总宽度的10%。

4）单坡形路拱。单坡形路拱可以看做是以上三种路拱各取一半所得的路拱形式，其路面单向倾斜，雨水只向道路一侧排除。在山地园林中，常常采用单坡形路拱。但这种路拱不适用于较宽的道路，道路宽度一般都不大于9m；并且夹带泥土的雨水总是从道路较高一侧通过路面流向较低一侧，容易污染路面，所以在园林中采用这种路拱要受到很多限制。

园路横坡坡度的设计受园路路拱的平整度、铺路材料的种类以及路面透水性能等条件的影响。根据我国交通部的道路技术标准，不同路面面层的横坡度见表3-3。

表3-3　不同路面面层的横坡度

道路类别	路面结构	横坡度（％）
人行道	砖石、板材铺砌	1.5～2.5
	砾石、卵石镶嵌面层	2.0～3.0
	沥青混凝土面层	3.0
	素土夯实面层	1.5～2.0
自行车道		1.5～2.0
广场行车路面	水泥混凝土	0.5～1.5
汽车停车场		0.5～1.5
车行道	水泥混凝土	1.0～1.5
	沥青混凝土	1.5～2.5
	沥青结合碎石或表面处理	2.0～2.5
	修整块料	2.0～3.0
	圆石、卵石铺砌，以及砾石、碎石或矿渣（无结合料处理）、结合料稳定土壤	2.5～3.5
	级配砂土、天然土壤、粒料稳定土壤	3.0～4.0

（3）园路横断面综合设计　园路横断面的设计必须与道路管线相适应，综合考虑路灯的地下线路、给水管、排水管等附属设施，采取有效措施解决矛盾。

在自然地形起伏较大的地方，园路横断面设计应和地形相结合，当道路两侧的地形高差较大时可以采取以下几种布置形式。

1）结合地形将人行道与车行道设置在不同高度上，人行道与车行道之间用斜坡隔开，或用挡土墙隔开。

2）将两个不同行车方向的车行道设置在不同高度上。

3）结合岸坡倾斜地形，将沿河一边的人行道布置在较低的不受水淹的河滩上，供游人散步休息之用。车行道设在上层，以供车辆通行。

（4）当道路沿坡地设置，车行道和人行道同在一个高度上，横断面布置应将车行道中线的标高接近地面，并靠近土坡。这样可避免出现多填少挖的不利现象，以减少土方和护坡工程量。

2. 园路纵断面设计

园路纵断面是指路面中心线的竖向断面。路面中心线在纵断面上为连续相折的直线，为使路面平顺，在折线的交点处要设置成竖向的曲线状，这就叫做园路的竖曲线。竖曲线的设置，使园林道路多有起伏，视线俯仰变化，路景生动。

（1）园路纵断面设计的主要内容

1）确定路线各处合适的标高。

2）设计各路段的纵坡及坡长。

3）保证视距要求，选择各处竖曲线的合适半径，设置竖曲线并计算施工高度等。

（2）园路纵断面设计的要求

1）根据造景的需要，应随形就势，随地形的变化而起伏变化，并保证竖曲线线形平滑。

2）在满足造景艺术要求的情况下，尽量利用原地形，以保证路基稳定，减少土方量。行车路段应避免过大的纵坡和过多的折点，使线形平顺。

3）园路与相连的城市道路及广场、建筑入口等处在高程上应有合理的衔接。

4）园路应配合组织园内地面水的排除。

5）纵断面控制点应与平面控制点一并考虑，使平、竖曲线尽量错开，注意与地下管线的关系，达到经济、合理的要求。

（3）园路竖曲线设计

1）确定园路竖曲线合适的半径，两条不同坡度的路段相交时，必然存在一个变坡点。为使车辆安全平稳通过变坡点，须用一条弧曲线把相邻两个不同坡度线连接，这条曲线因位于竖直面内，故称为竖曲线。当圆心位于竖曲线下方时，称为凸形竖曲线。当圆心位于竖曲线上方时，称为凹形竖曲线。园路竖曲线的允许半径范围比较大，其最小半径比一般城市道路要小得多。半径的确定与游人游览方式、散步速度和部分车辆的行驶要求相关，但一般不作过细的考虑。园路竖曲线最小半径建议值见表3-4。

表3-4 园路竖曲线最小半径建议值 （单位：m）

园路级别	风景区主干道	主 园 路	次 园 路	游 步 道
凸形竖曲线	500～1000	200～400	100～200	<100
凹形竖曲线	500～600	100～200	70～100	<70

2）园路纵向坡度设定。为了保证雨水的排除，一般园路的路面应有8%以下的纵坡，最小纵坡为0.3%~0.5%。但纵坡坡度也不宜过大，否则不利于游人的游览和园务运输车辆的通行。园路纵向坡度设定可参考表3-5。

表3-5　园路纵向坡度设定参考表

功能要求	适宜坡度	最大坡度
供自行车骑行的园路	2.5%以下	不超过4%
供轮椅、三轮车的园路	2%左右	不超过3%
不通车的人行游览道		不超过12%
必须设计为梯级道路		12%以上
一般的梯道纵坡（专门设在悬崖峭壁边的梯级磴道除外）		不要超过100%

园路纵坡较大时，其坡面长度应有所限制，见表3-6。当道路纵坡较大而坡长又超过限制时，则应在坡路中插入坡度不大于3%的缓和坡段，或者在过长的梯道中插入一个或数个平台，供游人暂停小憩并起到缓冲作用，如图3-11所示。

表3-6　园路纵坡与限制坡长

道路类型	车　道			游　览　道				梯　道
园路纵坡（%）	5~6	6~7	7~8	8~9	9~10	10~11	11~12	>12
限制坡长/m	600	400	300	150	100	80	60	25~60

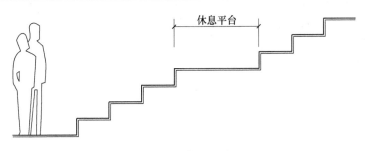

图3-11　休息平台

（4）弯道与超高　当汽车在弯道上行驶时，产生横向推力叫离心力。这种离心力的大小，与车行速度的平方成正比，与平曲线半径成反比。为了防止车辆向外侧滑移，抵消离心力的作用，就要把路的外侧抬高。这种为了平衡汽车在弯道上行驶所产生的离心力所设置的弯道横向坡度而形成的高差称为弯道超高。

3. 园路平面线形设计

平面线形即园路中心线的水平投影形态。园路的平面线形设计，其基本内容是结合规划定出道路中心线的位置，确定直线段，选择平曲线半径，合理解决曲线与直线衔接等。

（1）园路平曲线设计　园路根据类型不同可分为规则式和自然式两大类。规则式采用严谨整齐的几何式道路布局，突出人工的痕迹，此类型在西方园林中应用较多；自然式崇尚自然，园路常为流畅的线条。近年来，随着东西方造园艺术交流的日渐增进，规则与自然相结合的园路布局手法逐渐增多。

园林道路的平面是由直线和曲线组成的。规则式园路以直线为主，自然式园路以曲线为主。曲线形园路是由不同曲率、不同弯曲方向的多段弯道连接而成，其平面的曲线特征十分明显；就是在直线形园路中，其道路转折处一般也应设计为曲线的弯道形式。园路平面的这些曲线形式，就叫园路平曲线。

1）平曲线线形设计。在设计自然式曲线道路时，道路平曲线转弯要平缓自如，弯道曲线要流畅，曲率半径要适当，不能过分弯曲，不得矫揉造作，如图3-12所示。

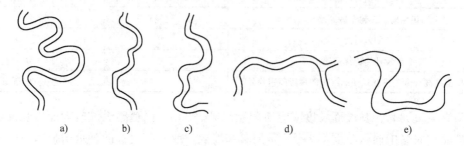

图 3-12　园路平曲线线形比较

a）园路过分弯曲　b）弯曲不流畅　c）宽窄不一致　d）正确的平行曲线园路
e）特殊的不平行曲线园路

2）平曲线半径的选择。当道路由一段直线转到另一段直线上去时，其转角的连接部分均采用圆弧形曲线，该圆弧的半径称为平曲线半径，如图3-13所示。

自然式园路曲折迂回，在平曲线变化时主要由下列因素决定：园林造景的需要；当地地形、地物条件的要求；在通行机动车的地段上，要注意行车安全。

一般园路的弯道平曲线半径可以设计得比较小，仅供游人通行的游步道，平曲线半径还可更小。园路内侧平曲线半径参考值见表3-7。

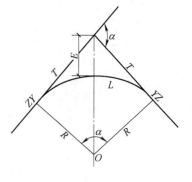

图 3-13　平曲线图

表 3-7　园路内侧平曲线半径参考值　　　　　　　　（单位：m）

园 路 类 型	一般情况下	最 小
主园路	10.0～50.0	8.0
次园路	6.0～30.0	5.0
游步道	3.5～20.0	2.0

（2）园路转弯半径的确定　通行机动车辆的园路在交叉口或转弯处的平曲线半径要考虑适宜的转弯半径，以满足通行的需求。转弯半径的大小与车速和车类型号（长、宽）有关，个别条件困难地段也可以不考虑车速，采用满足车辆本身的最小转弯半径。园路转弯半径的确定如图3-14所示。

（3）曲线加宽　汽车在弯道上行驶，由于前后轮的轨迹不同，前轮的转弯半径大，后轮的转弯半径小。因此，弯道内侧的路面要适当加宽，如图3-15所示。

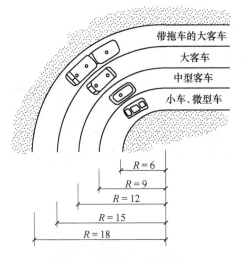

图 3-14 园路转弯半径的确定

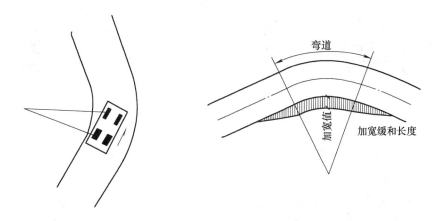

图 3-15 弯道行车道后轮轮迹与曲线加宽

二、实例分析

1. 园路横断面设计实例分析（图 3-16、图 3-17）

从图 3-16 中可以看出，在园林工程中，园路的横断面都以"一块板"形式为主，一般不分上下行方向，园路两侧都以植物景观适当分割。园林中园路横断面设计形式根据实际地形采取不同的路拱形式，由于园路的功能具有排水功能，所以园路路拱设计以排水最快为原则。图 3-16a 中采取块石与卵石相结合的形式，形成中间高两侧低的抛物线形路拱形式，提高了景区的排水速度；图 3-16b 为自然式园路，其横断面设计完全根据实际地形因地制宜。图 3-16c 为公园主入口区，采取由两条倾斜的直线所组成的直线形路拱设计，便于车辆的行驶与整体施工；图 3-16d 作为游步道横断面多设计为单坡形式，既利于工程施工，又利于园林绿地的排水要求。

从图 3-17 中可以看出，沿河园林景观设计中，园路多以单坡形式进行横断面设计，人行路与车行道分别设计在不同的高程上；在自然地形起伏较大的地方，园路横断面设计应和

a)   b)

c)   d)

图 3-16　园路横断面设计形式分析

地形相结合，既考虑工程要求，又因地制宜促进景观的形成。

图 3-17　园路横断面设计与地形结合

2. 园路平面线形设计实例分析

在园路设计中，平面直线设计多为规则式道路，图 3-18 中园路为直线形式，较整齐，全为直线段联系，人工建造痕迹明显。采取规则式园路在转角处也应该作圆角处理。

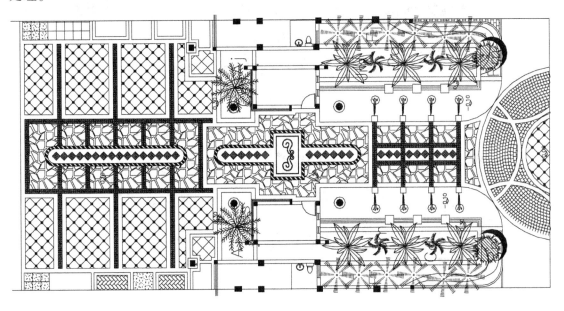

图 3-18 规则式园路设计

在设计自然式曲线道路时，道路平曲线的形状应满足游人平缓自如转弯的习惯，不能过分弯曲，不得矫揉造作，如图 3-19 所示。

a)

图 3-19 园路平曲线线形比较

a) 园路过分弯曲

图 3-19　园路平曲线线形比较（续）

b）弯曲不流畅　c）宽窄不一致　d）正确的平行曲线园路

e）特殊的不平行曲线园路

图 3-19a 中园路平曲线设计在很短的距离内弯曲过于频繁，游人行进中感觉疲劳，也给施工增加了难度与工作量。图 3-19b 中道路平曲线转角的连接部分未采取圆弧形曲线，有的圆弧线半径太小，使道路连接不流畅不自然，既影响了园路景观，又给施工放样带来不便。图 3-19c 中道路宽窄不一致，园路整体性差，道路不流畅，施工随意性较大。图 3-19d 中当道路由一段直线转到另一段直线上去时，其转角的连接部分均采用圆弧形曲线，园路曲折迂回，既满足园林造景的需要，又符合当地地形、地物条件的要求。图 3-19e 中规律性变化的园路，展现出不同区域的独特个性。

三、训练与评价

1. 目的要求

如图 3-20 所示为南昌市某住宅小区地形图，请根据地形图，设计各入户的连接道路。要求：

1）平曲线线形设计时，道路平曲线的形状应既满足使用要求，又满足功能要求：道路转角的连接部分均采用圆弧形曲线，既考虑造景的需要，又要考虑当地地形、地物条件的要求。

2）园路设计结合实际地形确定合适的横断面形式，综合考虑雨水排除要求、路与管线及其他附属设施之间的关系等。园路宽度根据交通种类确定，同时应充分考虑所承载的内容。人行道采取砖石、板材铺砌的路面结构形式。设计时尽量避免出现多填少挖的不利现

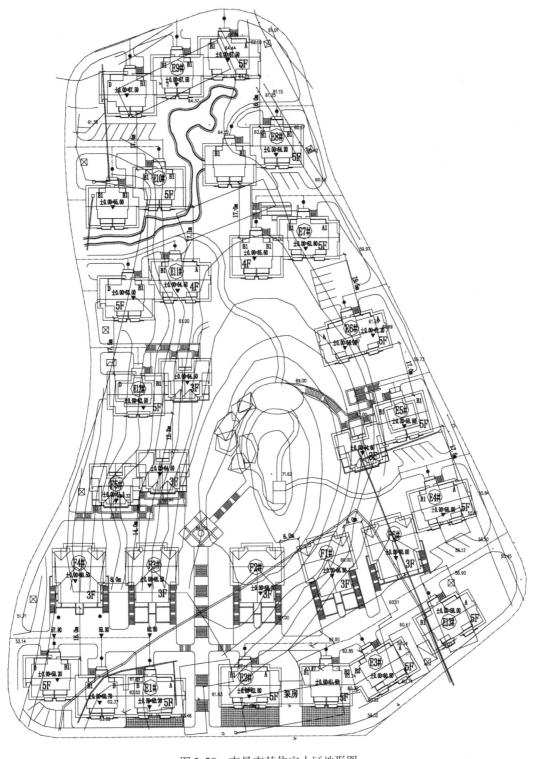

图 3-20　南昌市某住宅小区地形图

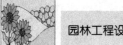
象，以减少土方和护坡工程量。

3）园路纵断面设计要使园林道路有起伏，路景生动，视线俯仰变化。根据造景的需要，应随形就势，随地形的变化而起伏变化，并保证竖曲线线形平滑。在满足造景艺术要求的情况下，尽量利用原地形，以保证路基稳定，减少土方量。行车路段应避免过大的纵坡和过多的折点，使线型平顺。园路与相连的城市道路及广场、建筑入口等处在高程上应有合理的衔接。园路应配合组织园内地面水的排除，使平、竖曲线尽量错开，注意与地下管线的关系，达到经济、合理的要求。

2. 设计内容

设计区域道路平面曲线设计、横断面设计、纵断面设计等。

3. 要点提示

1）园路平面线形设计要符合游人行走习惯，线条要流畅自如。

2）园路设计既要突出景观功能又要突出实用功能。

3）园路平面设计、纵断面设计要与地形地物紧密结合，充分考虑因地制宜的要求。

4）园路横断面设计要综合考虑土方工程及工程附属设施要求等。

4. 自我评价

序号	评价内容	评价标准	自我评定
1	园路的平面线形设计	1. 能满足游人平缓自如转弯的习惯（10分） 2. 弯道曲线要流畅（10分） 3. 园路造景功能与当地地形、地物条件的要求联系紧密，设计合理（10分）	
2	园路的横断面设计	1. 园路宽度和横断面形式的选择与地形结合紧密（10分） 2. 园路宽度和横断面形式的选择与现场情况联系紧密（10分） 3. 道路的横断面设计满足功能要求（5分） 4. 综合考虑路灯的地下线路、给水管、排水管等附属设施（10分） 5. 土方工程量考虑仔细，做到因地制宜（5分）	
3	园路的纵断面设计	1. 纵断面设计随形就势，随地形的变化而变化（10分） 2. 竖曲线线形平滑（5分） 3. 在满足造景艺术要求的情况下，尽量利用原地形，以保证路基稳定，减少土方量（10分） 4. 园路与相连的城市道路及广场、建筑入口等处在高程上衔接合理（5分）	

四、思考练习

园路线形设计包括哪些内容，请分别说明地形变化对各种线形设计的要求。

任务2 园路的结构设计

一、相关知识

1. 园路结构简介

从构造上看，园路是由上部的路面和下部的路基两大部分组成（图3-21、图3-22）。路基是路面的基础，为园路提供一个平整的基面，承受地面上传来的荷载，是保证路面具有足够强度和稳定性的重要条件之一。

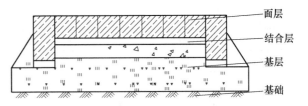

图 3-21　园路路面构造图

根据园路路面的力学性能不同，可以将园路路面分为刚性路面和柔性路面两类。现浇的水泥混凝土面常称为刚性路面。这种路面在受力后发生混凝土板的整体作用，具有较强的抗弯强度，其中又以钢筋混凝土路面的强度最大。一般在公园、风景区的主园路和最重要的道路上采用刚性路面，其特点是坚固耐久，保养翻修少，但造价较高。柔性路面是用黏性、塑性材料和颗粒材料做成的路面，也包括使用土、沥青、草皮和其他结合材料进行表面处理的粒料、块料加固的路面。柔性路面在受力后抗弯强度很小，

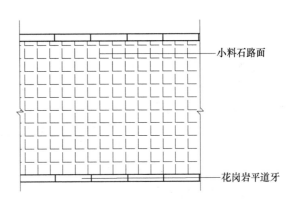

图 3-22　园路路面平面图

路面强度在很大程度上取决于路基的强度。园林中人流量不大的游步道、散步小路、草坪路等，适宜采用柔性路面。这种路面的特点是铺路材料种类较多，适应性较强，易于就地取材，造价相对较低。

园林中园路路面构造通常包括面层、结合层、基层和垫层。

（1）面层　路面最上的一层。它直接承受人流、车辆的荷载和风、雨、寒、暑等气候作用的影响。因此要求其坚固、平稳、耐磨，有一定的粗糙度，少尘土，便于清扫。

（2）结合层　采用块料铺筑面层时在面层和基层之间的一层，用于结合、找平、排水。

（3）基层　在路基之上。它一方面承受由面层传下来的荷载，一方面把荷载传给路基。因此，其要有一定的强度，一般用碎（砾）石、灰土或各种矿物废渣等筑成。

（4）垫层　在路基排水不良或有冻胀、翻浆的路线上，为排水、隔温、防冻的需要，用煤渣土、石灰土等筑成。在园林中可以用加强基层的办法，而不另设此层。

各类型路面结构层的最小厚度见表3-8。

表 3-8　各类型路面结构层最小厚度表

序号	结构层材料	层位	最小厚度/cm	备注
1	水泥混凝土	面层	6	
2	水泥砂浆表面处理	面层	1	1:2 水泥砂浆用粗砂
3	石片、釉面砖表面铺贴	面层	1.5	水泥砂浆做结合层
4	石板、预制混凝土板	面层	6	预制板加Φ6~Φ8钢筋
5	整齐石板、预制砌块	面层	10~12	

（续）

序号	结构层材料	层 位	最小厚度/cm	备 注
6	砖铺地	面层	6	用 1:2.5 水泥砂浆或 4:6 石灰砂浆做结合层
7	砖石镶嵌拼花	面层	5	
8	级配砾（碎）石	基层	5	
9	石灰土	基层或垫层	8 或 15	老路上为8cm，新路上为15cm
10	砂、砂砾或煤渣	垫层	15	仅作平整用不限厚度

2. 园路结构设计

（1）路基和附属工程　路基为园路提供一个平整的基面，承受路面传下来的荷载，并保证路面有足够的强度和稳定性。如果土基的稳定性不良，应采取措施，以保证路面的使用寿命。路基应有足够的强度和稳定性，一般黏土或砂性土经夯实后可直接做路基。对于未压实的下层填土，经过雨季被水浸润后能使其自身沉陷稳定，其密度为 $180g/cm^3$ 可以用于路基。

1）道牙。道牙一般分为平道牙和立道牙两种形式，其构造如图 3-23 所示。它们安置在路面两侧，使路面与路肩在高程上起衔接作用，并能保护路面，便于排水。道牙一般用砖或混凝土制成，在园林中也可以用瓦、大卵石、条石等做成。

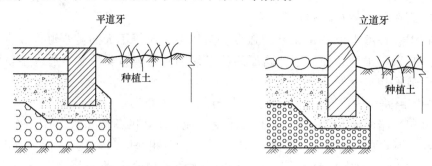

图 3-23　道牙结构图

2）台阶。当路面坡度超过 12°时，为了便于行走，在不通行车辆的路段上，可设台阶。台阶的宽度与路面相同，每级台阶的高度为 12～17cm，宽度为 30～38cm。

台阶高度和宽度比例关系的原则是：高度（H）×2＋宽度（W）＝66cm。

一般台阶不宜连续使用，如地形许可，每 10～18 级后应设一段平坦的地段，使游人稍作休息。为了防止台阶积水、结冰，每级台阶应有 1%～2% 向下的坡度，以利排水。在园林中根据造景的需要，台阶可以用天然山石、预制混凝土做成木纹板、树桩等各种形式，以装饰园景。为了夸张山势，造成高耸的感觉，台阶的高度也可增至 15cm 以上，以增加趣味。台阶可以作为非正式的休息处，同时可以在道路的尽头充当焦点物并能在外部空间中构成醒目的地平线。

3）礓磜。在坡度较大的地段上，一般纵坡超过 15% 时，本应设台阶，但为了能通行车辆，所以将斜面做成锯齿形坡道，称为礓磜。礓磜的形式和尺寸如图 3-24 所示。

4）蹬道和梯道。在园林土山或石假山及其他一些地方，为了与自然山水园林相协调，梯级道路不采用砖石材料砌筑成整齐的阶梯，而是采用顶面平整的自然山石，依山随势，砌

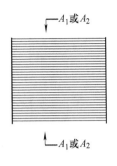
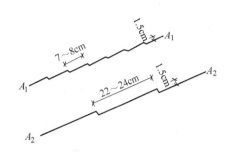

图 3-24　礓礤的形式和尺寸

成山石磴道。山石材料可根据各地资源情况选择，砌筑用的结合材料可用石灰砂浆，也可用
1:3 水泥砂浆。踏步石踏面的宽窄允许有些不同，可在 30~50m 之间变动；踏面高度一般为
12~20cm。当其纵坡大于 60% 时应做防滑处理，并设扶手栏杆等。

梯道是在风景区山地或园林假山上最陡的崖壁处设置的攀登通道。一般是从下至上在崖
壁凿出一道道横槽作为梯步，如同天梯一样。梯道旁必须设置铁链或铁管矮栏杆固定于崖壁
壁面，作为登攀时的扶手。

5）种植池、明沟和雨水井。种植池是为满足绿化而特地设置的，规格依据相关规范而
定，一般为 1.5m×1.5m。明沟和雨水井是为收集路面雨水而建的构筑物，园林中常以砖块
砌成。

（2）基层的选择　基层的选择应视路基土壤的情况、气候特点及路面荷载的大小而定，
并应尽量利用当地材料。园路基层设计宜采用透水透气的砂、石等材料，除机动车行车道外
尽量不采用混凝土基层。园路基层必须压实并符合设计要求。如遇软土地基，应进行补强
处理。

在季节性冰冻地区，当地下水位较高时，为了防止发生道路翻浆，基层应选用隔温性较
好的材料。据调查研究，砂石的含水量少，导温率大，故该结构的冰冻深度大，如用砂石做
基层，需要做得较厚，不经济。石灰土的冰冻深度与土壤相同，石灰土结构的冻胀量仅次于
亚黏土，说明密度不足的石灰土（压实密度小于 85%）不能防止冻胀，压实密度较大时可
以防冻；煤渣石灰土或矿渣石灰土做基层，用 7:1:2 的煤渣、石灰、土混合料，隔温性较
好，冰冻深度最小，在地下水位较高时，能有效地防止冻胀。

（3）结合层的选择

1）水泥干砂。施工时操作简单，遇水后会自动凝结，密实性好。

2）净干砂。施工简便，造价低。经常遇水会使砂子流失，造成结合层不平整。

3）混合砂浆。由水泥、石灰、砂组成，整体性好，强度高，黏结力强，适用于铺块料
路面，造价较高。

3. 园路路面铺装设计

园林中的路不同于一般的城市道路，不但要求基础稳定、基层结实、经久耐用，同时还
要考虑景观效果，因此对路面铺装有一定的要求。园路路面应耐磨、平整、防滑、适用、美
观。除起装饰、点缀作用的线条等部位，不应使用光滑面层。面层材料宜选用当地材料，充
分体现自然特色，面层图案应丰富多样，避免单调乏味。

由于现代园林服务对象增多，人流量增大和行车的需要，要求路面的承载力增大，讲求

既实用又有艺术性。在进行路面铺装艺术设计时应把握以下几点。

1）路面应有装饰性，纹样设计要求色彩协调，考虑质感对比和尺度划分，同时图案设计讲求个性。

2）园路路面应有柔和的光线和色彩，减少反光、刺眼感觉，如可用各种条纹水泥混凝土砖按不同方向排列，以产生很好的光彩效果，使路面既朴素又丰富，并且减少了路面的反光强度。

3）路面应与地形、植物、山石等配合。在进行路面设计时，应与地形、置石等很好地配合，共同构成景色。园路与植物的配合，不仅能丰富景色，使路面变得生机勃勃，而且嵌草的路面可以改变土壤的水分和通气状态，为绿化创造有利条件，并能降低地表温度，对改善局部小气候有利。

4）在进行路面图案设计时，应与景区的意境相结合，既要根据园路所在的环境选择路面的材料、质感、形式、尺度，同时还要研究路画图案的寓意、趣味，使路面更好地成为园景的组成部分。例如儿童公园或游戏场的空间环境设计要求活泼、明朗、稚气、单纯、明快，故铺地地纹设计则应以简单的几何图形来组合，再以图案艺术墙面分隔空间，以求协调相配；再如寺庙空间环境以古朴、淡雅、清静为主，故铺地地纹则以淡雅青板（条）石或仿方砖、斩假石、青黛色砖瓦铺地自然形成为宜。

二、实例分析

1. 园路结构设计实例分析

某园路为黄锈石与654花岗岩石板组合型园路面层，其园路结构如图3-25所示。该园路路面为刚性路面，其特点是坚固耐久，保养翻修少，但造价较高。设计图中园路路面构造包括面层、结合层、基层和垫层。

1）面层采用黄锈石与654花岗岩板组合铺设而成。面层坚固、平稳、耐磨，有一定的粗糙度，少尘土，便于清扫。

2）结合层采用水泥砂浆，用于结合、找平和排水。

3）在路基上采用100mm厚碎石垫层与100mm厚混凝土垫层来承受由面层传下来的荷载，同时又起到了排水、隔温、防冻的作用。

2. 园路路基及附属结构设计实例分析

1）如图3-26所示为混凝土道牙。该道牙安置在人行道与车行道之间，使人行路面与车行路面在高程上起衔接作用，并能保护路面，便于排水。图中条石将用于道路与绿化地的高程衔接，用于保护人行道路面，防止道路病害发生。

2）如图3-27所示在游步道纵向坡度超过12°时，为了便于行走，在此路段上设置多级台阶。台阶的宽度与路面相同，每级台阶的高度为12~17cm，宽度为30~38cm。根据地形，为使游人稍作休息，台阶和一段缓坡的地段交替使用。台阶采用自然面的天然山石形式，使道路与周围景观协调一致。同时每级台阶设有1%~2%向下的坡度，以利排水，防止台阶积水和结冰。在自然山水园林中设置的攀登通道，沿山崖一侧可设扶手栏杆等，增强了景区游览线路的安全性。在台阶内侧与护坡可组成排水明沟，充分发挥收集路面雨水和道路排水的作用。

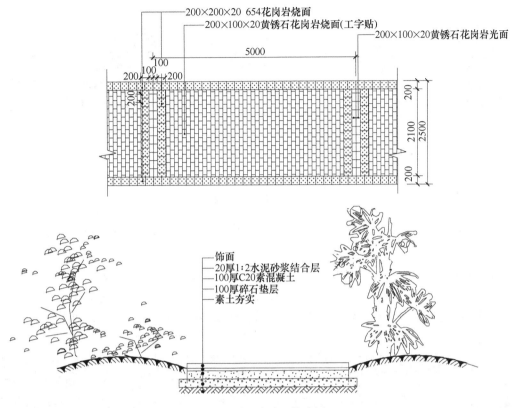

图 3-25 园路路面构造图

图 3-26 园路道牙

图 3-27 园路台阶设计

3）从图 3-28 中可以看出园路基层的选择应视路基土壤的情况、气候特点及路面荷载的大小而定，并应尽量利用当地材料。园路基层设计宜采用透水透气的砂、石等材料。园路基层必须压实并符合设计要求。为了防止发生道路翻浆，设计选用碎石与素混凝土做基层，能有效地防止冻胀与道路沉降。结合层选择水泥砂浆，整体性好，强度高，黏结力强，适用于花岗岩路面。

3. 园路路面铺装设计实例分析

如图 3-29 所示为园路路面与地形、植物、山石的配合。铺装路面与起伏地形、置石等很好地配合，共同构成景色。园路与造型的常绿植物相配合，不仅丰富了景色，而且改变了

园林工程设计

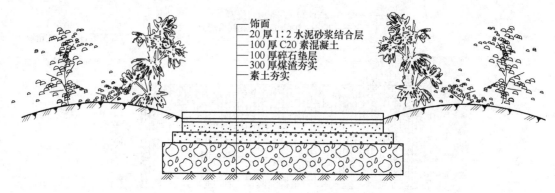

```
——饰面
——20 厚 1:2 水泥砂浆结合层
——100 厚 C20 素混凝土
——100 厚碎石垫层
——300 厚煤渣夯实
——素土夯实
```

图 3-28　园路路基设计

路缘土壤的水分和通气状态，为绿化创造有利条件，并能降低地表温度，对改善局部小气候有利。

如图 3-30 所示为竹径通幽的园路，园路路面铺装设计与景区的意境相结合，路面的材料、质感、形式、尺度根据园路所在的环境选择，路面图案与周围竹子的搭配，使路面更好地成为园景的组成部分，再以镂空景墙墙面分隔空间，阳光、竹影、铺装构成光影迷离的景观效果。

图 3-29　园路路面与地形、植物、山石的配合

图 3-30　铺装材料与意境的结合

如图 3-31 所示，在园路铺装施工设计时，铺装的结构层要与雨水井、排水管线统一起来进行设计，综合进行考虑。

三、训练与评价

1. 目的要求

如图 3-32 所示为某滨水区带状绿地长 1.2km，宽 60m，请结合实际进行该滨水区绿地园路景观设计，设计中要突出主园路、次园路与游步道的关系，明确园路的功能，作出园路的详细结构图，并说明该园路布局形式及其设计要求。

总体设计应满足园林工程要求，满足使用功能和景观要求。

具体要求：道路系统明确，主次分明；符合条带式园路系统布局要求。园路结构规范合理具有可操作性。

图 3-31 铺装与工程结构的结合

图 3-32 滨水区绿地

2. 设计内容

1）滨水区园路景观设计，突出条带式园路系统布局设计特点。

2）设计园路的详细结构及附属结构图。

3. 要点提示

1）明确条带式园路布局的基本特点。

2）园路结构设计合理，保证路面具有足够强度和稳定性。

3）根据园路的类型及功能要求，设计适合的园路构造。

4）园路路基和附属工程满足功能要求，并具有一定的景观作用。

5）园路材料选用因地制宜。

6）园路路面铺装设计应符合耐磨、平整、防滑、适用、美观等要求。

4. 自我评价

序号	评价内容	评价标准	自我评定
1	园路的布局形式	1. 能结合现场环境进行园路布局形式的选择（10分） 2. 条带式园路布局形式明显（10分） 3. 园路布局造景与当地地形、地物条件的实际联系紧密，设计合理（10分）	
2	园路结构设计	1. 园路结构合理，能结合现场条件进行设计，保证路面的强度与稳定性（15分） 2. 园路路基稳定，附属设施设计合理，满足功能要求（10分） 3. 因地取材，所用材料能与实际环境相一致，景观协调统一（15分）	
3	园路路面铺装设计	1. 园路铺装材料选择符合耐磨、平整、防滑要求（10分） 2. 铺装材料与园路功能要求相结合，经济适用（10分） 3. 园路铺装自然美观，具有一定的造景功能等（10分）	

四、思考练习

园路结构由哪几部分组成？各层的功能是什么？相应的材料选择应考虑哪些问题？

任务3 园林铺地设计

一、相关知识

1. 园林铺地的平面形状

园林铺地是指园林中除道路以外提供人流集散、休闲娱乐、车辆停放等功能的硬质铺装地。室外园林空间中，地面通常被几种材料所覆盖：植被、水和铺装材料。铺装材料是硬质结构要素，它是指具有任何硬质的自然或人工的铺地材料，主要包括石、砖、瓷砖、水泥、沥青、木材等。

园林铺地包括园景广场、集散场地及园林中公共建筑附属铺装地等几种类型。

园林铺地的平面形状实际即为广场的平面形状，一般园景广场有封闭式，也有开放式；其平面形状多为规则的几何形，通常以长方形为主。长方形广场较易与周围地形及建筑物相协调，所以被广泛采用。正方形广场的空间方向性不强，空间形象变化少，因此不常被采用。从空间艺术上的要求来看，广场的长度不应大于其宽度的3倍；长宽比在4∶3、3∶2或2∶1时，艺术效果较好。平面形状在工程设计之前的规划阶段一般已经明确，在实际操作中着重应该把握的是与实际地形相结合，必要时在细部进行微调。

2. 园林铺地的种类

园林铺地的实用功能不同，其设计形式也不会相同，因此就出现了不同的类别。

（1）园景广场（图3-33） 园景广场是将园林景观集中汇聚、展示在一处，并突出表现宽广的园林地面景观（如装饰地面等）的一类园林铺装地。园林中常见的门景广场、纪念广场、中心花园广场、音乐广场等，都属于这类广场。一方面，园景广场在园林内部留出一片开敞空间，增强了空间的艺术表现力；另一方面，它可以作为季节性的大型花卉园艺展览或盆景艺术展览等的展出场地；再一方面，它还可以作为节假日大规模人群集会活动的场所。

图 3-33　园景广场

（2）集散场地　集散场地设在主体性建筑前后、主路路口、园林出入口等人流频繁的重要地点，以人流集散为主要功能。其表现形式主要为园林出入口广场和建筑附属铺装地等。

（3）停车场和回车场　其主要指设在公共园林内外的汽车停放场、自行车停放场和扩宽路口形成的回车场地。停车场多布置在园林入口内外，回车场则一般在园林内部适当地点灵活设置。

（4）其他铺装地　其为附属于公共园林内外的场地，如旅游小商品市场、滨水观景平台、泳池休闲铺装地、露台等。

3. 园林铺地的功能

（1）提供活动和休憩场所　游人在园林中的主要活动空间是园路和各种铺装地。园林中硬质地面的比例控制，规划时会按照相关因素给予确定。大型的活动场地需要一定面积的铺装地支持，当铺装地面以相对较大并且无方向性的形式出现时，它会暗示着一个静态停留感（图3-34），无形中创造出一个休憩场所。

（2）引导和暗示地面　铺装地能提供方向性，引导视线从一个目标移向另一目标（图3-35）。铺装材料及其他不同空间中的变化，都能在室外室内中表示出不同的地面用途和功能。改变铺装材料的色彩、质地或铺装材料本身的组合，空间的用途和活动的区别也由此得到明确（图3-36）。

（3）影响空间的比例　在外部空间中，铺装地面的另一功能是影响空间的比例，每一块铺料的大小，以及铺砌的形状和间距等，都能影响铺面的视觉比例。形体较大、较舒展，会使空间产生宽敞的尺度感；而较小、较紧缩的形状，则使空间具有压缩感和亲密感。

（4）统一协调和背景　铺装地面有统一协调设计的作用。铺装材料的这一作用，是利用其充当与其他设计要素和空间相关联的公共因素来实现的。即使在设计中，其他因素在尺

图 3-34　暗示静态停留的铺装　　　　　　　　　图 3-35　引导空间

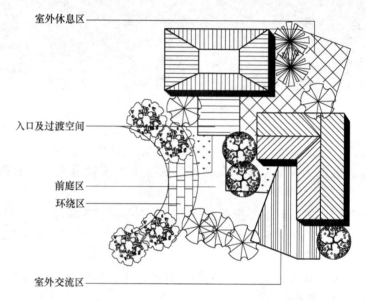

图 3-36　铺装材料暗示不同的空间

度和特性上也有很大的差异，但在总体布局中，因处于共同的铺装之中，相互之间便连接成一个整体。当铺装地面具有明显或独特的形状，易被人识别和记忆。在景观中，铺装地面还可以为其他引人注目的景物作中性背景。在这一作用中，铺装地面被看做是一张空白的桌面或一张白纸，为其他焦点物的布局和安置提供基础。铺装地面可作为这样一些因素的背景，如建筑、雕塑、盆栽植物、陈列物、休息椅等。

（5）构成空间个性，创造视觉趣味　铺装地面具有构成和增强空间个性的作用。用于设计的铺装材料及其图案和边缘轮廓，都能对所处的空间产生重要影响，不同的铺装材料和图案造型，产生不同的空间感，如细腻感、粗犷感、宁静感、喧闹感等。就特殊的材料而言，方砖能赋予空间温暖亲切感，有角度的石板会形成轻松自如、不拘谨的气氛，而混凝土则会产生冷清的感受。

4.园林铺地设计的原则

（1）整体统一原则　如同使用任何其他设计因素一样，在特定设计区段的铺装材料，要以确保整个设计统一为原则，材料的过多变化或图案的烦琐复杂，都易造成杂乱无章的视觉感受。地面铺装的材料、质地、色彩、图纹等，都要协调统一，不能有割裂现象，要突出主体，主次分明。在设计中至少应有一种铺装材料占有主导地位，以便能与附属材料在视觉上形成对比，以及暗示地面上的其他用途。这一种占主导地位的材料，还可贯穿于整个设计的不同区域，以便建立统一性和多样性。

（2）简洁实用原则　铺装材料、造型结构、色彩图纹的采用不要太复杂，应适当简单一些，以便于施工。在没有特殊目的的情况下，不能任意变换相邻的铺装材料及形式。同时，要使游人游览舒适，光滑质地的材料一般来说应占较大比例，以较朴素的色彩衬托其他设计要素。

（3）形式与功能统一原则　地面之间铺装材料的变化，通常象征着铺装地面用途的变化，或在有些场合中，代表所有权和支配权的更换。如果没有明确的目的，那么铺装地面的变化对于使用者来说，则象征着场所环境的变化。铺地的平面形式和透视效果与设计主题相协调，烘托环境氛围。透视与平画图存在着许多差异性，在透视中，平行于视平线的铺装线条（图3-37a），强调了铺装面的宽度，而垂直于视平线的铺装线条（图3-37b），则强调了其深度。

a)　　　　　　　　　　　　　　　　　　　b)

图3-37　铺装方向与环境的关系

5. 常见园林铺地装饰手法

（1）图案式地面装饰　用不同颜色、不同质感的材料以及不同的铺装方式，在地面上做出简洁的图案和纹样。图案和纹样应规则对称，在不断重复的图形线条排列中创造生动的韵律和节奏。

采用图案式手法铺装时，应注意图案线条的颜色要偏淡偏素，决不能浓艳。除了黑色以外，其他颜色都不要太深太浓。对比色的应用要适度，色彩对比不能太强烈。在地面铺装中，路面质感的对比可以比较强烈，如磨光的地面与露骨料的粗糙路面，就可以相互靠近，形成强烈对比。

（2）色块式地面装饰　地面铺装材料可选用3~5种颜色，表面质感也可以有2~3种表现。广场地面不做图案和纹样，而是铺装成大小不等的方、圆、三角形及其他形状的颜色块面。色块之间的颜色对比可以强一些，所选颜色也可以比图案式地面浓艳一些。但是，路面的基调色块一定要明确，在面积、数量上一定要占主导地位。

（3）线条式地面装饰 地面色彩和质感处理，是在浅色调、细质感的大面积底色基面上，以一些主导性的、特征性的线条造型为主进行装饰。这些造型线条的颜色比底色鲜艳，质地也比基面粗。线条的造型有直线、折线，也有放射状、旋转形、流线形，还有长短线组合、曲直线穿插、排线宽窄渐变等富于韵律变化的生动形象。

（4）阶台式地面装饰 将广场局部地面做成不同材料质地、不同形状、不同高差的宽台形或宽阶形，使地面具有一定的竖向变化，又使某些局部地面从周围地面中独立出来，在广场上创造出一种特殊的地面空间。例如，在广场上的雕塑位点周围，设置具有一定宽度的凸台形地面，就能够为雕塑提供一个独立的空间，从而可以很好地突出雕塑作品。又如，在座椅区、花坛区、音乐广场的演奏区等地方，通过设置凸台式地面来划分广场地面，突出个性空间，还可以很好地强化局部地面的功能特点。将广场水景池周围地面，设计为几级下行的阶梯，使水池设计成为下沉式，水面更低、观赏效果将会更好。总之，宽阔的广场地面中如果有一些竖向变化，则广场地面的景观效果一定会有较大的提高。

6. 园林铺地竖向设计

园林铺地竖向设计要有利于排水，保证铺地地面不积水。因此，任何铺地在设计中都要有不小于 0.3% 的排水坡度，而且在坡面下端要设置雨水口、排水管或排水沟，使地面有组织的排水，组成完整的地上地下排水系统。铺地地面坡度也不要过大，坡度过大则影响使用。一般坡度在 0.5% ~5% 较好，最大坡度不得超过 8%。

竖向设计应当尽量做到减少土石方工程量，节约工程费用。最好要做到土石方就地平衡，避免二次转运，减少土方用工量。竖向设计中要注意兼顾铺地的功能作用，有利于功能作用的充分发挥。例如，广场的休息区，其地坪设计高出周围 20 ~30cm，呈低台状，能够保证下雨时地面不积水，雨后可马上使用。广场中央设计为大型喷泉水池时，采用下沉式广场形式，降低广场地坪，能够最大限度地发挥喷水池的观赏作用。

二、实例分析

1. 园林铺地的平面形状

园林铺地的实用功能不同，其设计形式也不会相同，因此就出现了不同的类别。如图 3-38 所示为九江"98"抗洪广场，广场将纪念碑、纪念墙、抗洪精神等景观集中汇聚、展示在一处，形成方形的铺装广场，通过地面铺装设计突出表现宽广的园林地面景观。宽广的广场在园林内部留出一片开敞空间，增强了空间的艺术表现力；同时为节假日大规模人群集会活动提供了场所。

图 3-38 园林铺地的平面形状

2. 园林铺地的种类

如图 3-39 所示园林铺地由多种不同的材料构成，防腐木铺设的园路引导游人进入空间，花岗岩铺装为游人提供人流集散、休闲娱乐等功能，由坐凳组成的半围合空间通过地面深色铺装的边界强调，形成了特定的交流空间。

3. 园林铺地的功能

（1）提供活动和休憩场所　如图
3-40a所示，该广场设计中通过多色花岗
岩铺装、黑色与白色卵石流线型铺装和单
色花岗岩铺装将空间分割为观赏空间、分
割空间与主要活动空间。不同的铺装提供
了各种活动和休憩场所。如图 3-40b 所
示，铺装材料由花岗岩到防腐木，高程逐
渐降低延伸到水体中，通过材料与空间的
变化突出该区域不同的地面用途和功能。
铺装提供了亲近水体的方向性，也明确了
靠近水体的安全警示性。

图 3-39　多种材料构成的园林铺地

a)

b)

图 3-40　暗示不同空间与景观的铺装

（2）引导和暗示地面　如图 3-41 所示，铺装材料采取不同形状和不同颜色进行铺设，
从而暗示地面的不同用途，外围黑色花岗岩采取矩形，喷泉喷头隐于其中；圆形铺装采取多
边形浅色花岗岩；中心区的黑色花岗岩图案则暗示了它的特殊用途——旱喷喷头的位置。

图 3-41　铺装材料暗示地面的不同用途

（3）影响空间的比例　如图 3-42 所示，方形花岗岩、席纹花岗岩和黄色洗米石三种不
同形体大小的铺装材料形成不同的空间感。图 3-42a 中花岗岩形体较大，较舒展，使空间产

生宽敞的尺度感；图 3-42b 中花岗岩形体较小，席纹铺设，使空间产生压缩感和亲密感；图 3-42b中黄色洗米石铺装，则使空间具有一定的私密性。

a)   b)

图 3-42　铺装材料形体大小形成不同的空间感

（4）统一协调和背景作用　如图 3-43 所示由植物、雕塑、座椅、花坛、台阶等各种要素组成的空间中，铺装地面起到了统一协调设计的作用。环境中，植物、雕塑、座椅、花坛、台阶等其他因素在尺度和特性上也有着很大的差异，但在总体布局中，因处于共同的铺装中，相互之间连接成一个整体。同时在景观中，铺装地面也可以为植物、雕塑、座椅、花坛、台阶等景物作背景，为这些景物的布局和安置提供基础。

图 3-43　铺装的统一协调与背景作用

4. 常见园林铺地装饰手法

1）如图3-44所示用不同颜色、不同质感的材料，采用图案式手法，在地面做出简洁的图案和纹样。图3-44a中采用浅色卵石为边界，中间深色卵石使图案线条的颜色明显，图案纹样规则，在不断重复的图形线条排列中创造生动的韵律和节奏。图3-44b中，地面铺装材料选用3种颜色，表面质感也有2种表现；不同材料铺装成大小不等的方、圆及其他形状的颜色块面。但是该设计中的颜色对比可以强一些，所选颜色也可以比图案式地面更加浓艳一些。路面铺装的基调色块一定要明确，在面积、数量上要占主导地位。

a)　　　　　　　　　　　　　　　　　　　　b)

图3-44　铺装图案与纹样

2）如图3-45所示，通过地面色彩和质感处理，在浅色调、细质感的大面积底色基面上，黑色卵石铺筑的圆形与直线的相切造型，形成一种长短组合、曲直穿插、宽窄渐变的富于韵律变化的生动形象，引人注意。

3）如图3-46所示，小区入口广场铺装采取不同材料、不同高差的台阶式地面装饰，使地面具有一定的竖向变化，又使某些局部地面从周围地面中独立出来，在广场上创造出一种特殊的地面空间。在广场上的孤植树景观周围，设置具有一定宽度的凸台形地面，为孤植树景观提供了一个独立的空间，从而可以很好地突出植物景观。

图3-45　线条式地面装饰铺装　　　　　　　　图3-46　铺装的竖向变化

5. 园林铺地竖向设计

如图 3-47 所示，广场一侧设计为大型喷泉水池时，采用下沉式广场形式，降低广场地坪，能够最大限度地发挥喷水池的观赏作用。同时在喷泉景观正前方采取逐级下降的设计方法，提高了游人亲水的体验。铺地设计向四周倾斜，周围设置排水沟，这种设计既兼顾了铺地的使用功能，使地面有组织的排水，组成完整的地上地下排水系统，又有利于景观作用的充分发挥。

图 3-47　下沉式广场铺装设计

三、训练与评价

1. 目的要求

图 3-48 所示为某滨水区亲水平台广场，请根据图中功能的划分完成各铺装设计。要求：

1）结合原有的园路平面形状，选择适当的铺装材料，通过园林铺地设计明确各区域的功能要求。在实际操作中着重应该把握的是与实际地形相结合，必要时在细部进行微调。

2）亲水平台广场铺装要明确园林铺地的实用功能，设计形式要突出其特色。

3）在充分理解园林铺地的主要功能基础上，确定该区域的功能要求，要求选择不少于三种铺装材料和铺装形式。

4）在外部空间中，铺装地面能影响空间的比例，每一块铺料的大小以及铺砌形状的大小和间距等，都能影响铺面的视觉比例。要求能结合设计区域的环境特点创造一种私密的景观空间。

5）设计区域高程相差 2m 以上，要求各铺装设计区域之间相互衔接，通过铺装的统一协调设计的作用，将设计区域的建筑、地形、植物等连接成一个整体。

6）要求采取多种铺装手法，增强地面铺装的装饰性。

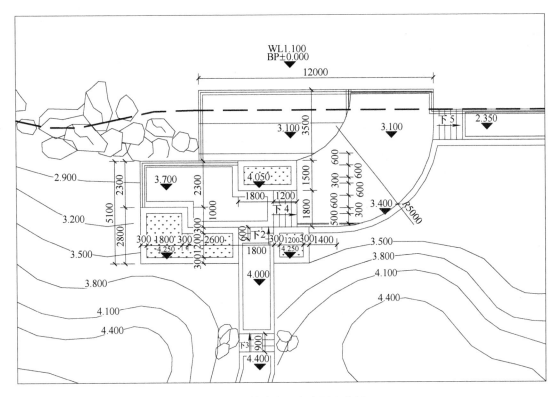

图 3-48 某滨水区亲水平台广场

7）园林铺地竖向设计要有利于排水，保证铺地地面不积水。为此，任何铺地在设计中都要有不小于 0.3% 的排水坡度，而且在坡面下端要设置雨水口、排水管或排水沟，使地面有组织的排水，组成完整的地上地下排水系统。

2. 设计内容

铺装材料的选择、结构设计、使用功能和景观功能的表现。

3. 要点提示

1）明确设计区域平面形式，选择适当的铺装材料，突出功能要求。

2）通过铺装的统一协调设计的作用，将各铺装设计区域之间相互衔接，使设计区域的建筑、地形、植物等连接成一整体。

3）采取多种铺装手法，增强地面铺装的景观功能。

4）园林铺装满足工程技术要求。

4. 自我评价

序号	评价内容	评价标准	自我评定
1	设计区域功能及景观的分析	1. 能结合现场环境进行设计区域功能分析（10分） 2. 选择铺装材料符合设计要求，三种以上材料具有一定的统一性（15分） 3. 材料选择与周围原有景观协调统一，与当地地形、地物条件的实际联系紧密（10分）	

（续）

序号	评价内容	评价标准	自我评定
2	铺装结构设计	1. 铺装结构设计合理，可操作性强（10分） 2. 亲水平台广场铺装材料特色鲜明，能起到空间暗示作用（10分） 3. 园林铺装满足工程技术要求（15分）	
3	铺装设计的整体性	1. 各铺装设计区域之间相互衔接，使设计区域的建筑、地形、植物等连接成一整体（10分） 2. 采取多种铺装手法，地面铺装景观特色明显（10分） 3. 整体感明显，过渡自然，施工可操作性强（10分）	

四、思考练习

1. 举例说明常用的铺地装饰手法。
2. 简述铺装设计中竖向设计的关键内容。

单元四

园林水景工程设计

 **学习目标**

　　了解园林水景的常见类型，掌握人工湖、溪流工程设计的要点，会进行不同类型的驳岸工程和护坡工程的设计。熟练掌握水池工程设计的技巧要点，会进行水池的平面、立面、剖面设计以及管线安装设计。熟悉常见的几种喷嘴的喷水形式，能进行喷泉工程的造型设计。

学习任务：

1. 自然式静水工程设计
2. 规则式水池工程设计
3. 瀑布、跌水工程设计
4. 喷泉工程设计

【基础知识】

1. 园林水景的作用

　　1）园林水景可以调节城市小气候，具有调节空气湿度和温度净化空气的作用。而且水体面积越大，这种作用就越明显。

　　2）大多数园林中的水体都具有蓄存园内的自然排水作用，可以蓄水排洪、疏水防涝；有的还具有对外灌溉、消防的作用，有的又是城市水系的组成部分。

　　3）园林中的大型水面是进行水上活动的理想场所，除供游人划船游览外，还可作为水上运动训练和比赛的场所。

　　4）园林水体是水生植物的生长地域，可增加绿化面积和园林景色，还可结合生产发展水产事业。

　　5）园林水体有扩大空间景观的作用。水边的山石、桥、建筑等均可在水中形成倒影。很多私家园林为克服小面积的园地给视觉带来的阻塞，常采用较大的水面集中布置在建筑周边，用水面扩大视域感。

2. 园林水体种类和水景形式

　　园林中常见的水体种类分为动、静两大类。静态水体如波光粼粼的湖水、幽潭静池，或平静明快、或深远迷离。动态水体是指流水，如涌射的喷泉、飞流的瀑布、湍流的溪涧，或气势磅礴、或生动有趣。

园林水体还有大小之别，大者如江河湖海，辽阔壮观；小者如池潭溪瀑，小巧秀美。它们能使园林产生丰富多样、婀娜多姿、清闲明静、生动活泼的景观。

园林水体根据其布局形式又可分为规则式和自然式，规则式园林的水体类型主要有河（运河式）、水池、喷泉、规则式瀑布和跌水。自然式园林水体的类型有河、湖、溪、涧、泉、瀑布及自然式池。设计时必须采用合适的形式、恰当的比例，因地制宜地创造出符合场地特征的水景。

3. 园林水景的设计原则

（1）与环境统一协调　水景的统一协调是指水景营建时需与所在环境空间的景观特质相互依存、相互衬托。水景设计必须要根据它所处的环境氛围、功能要求进行设计，并要和园林设计的风格协调统一。在设计中，要先研究环境的要素，从而确定水景的形式、形态、平面及立体尺度，实现与环境相协调，形成和谐的量、度关系，构成主景、辅景、近景、远景的丰富变化，这样才可能做出一个好的水景设计。

（2）满足功能要求　水景有很多应用形式，也相应产生不同的景观功能，有的纯粹对空间起着装饰作用，有的则具有明确的主题。所以在营建水景时，要明确营建的目的，满足不同的功能需求。即营建水景时，应考虑水景设置的意义、水景设计的场所位置、使用对象，水景是作为环境中的主要景观焦点还是仅仅是连接景观中各类构筑物的纽带等。

（3）技术可靠　水景设计涉及的专业面很广，包括土建结构（池体及表面装饰）、给排水（管道阀门、喷头水泵）、电气（灯光、水泵控制）、水质的控制等。各专业都要注意实施技术的可靠性，为统一的水景效果服务。水景最终的效果不是单靠艺术设计就能实现的，它必须依靠每个专业具体的工程技术来保障。

（4）运行的经济性　在水景设计中，不仅要考虑最佳效果，同时也要考虑系统运行的经济性。不同的景观水体、不同的造型、不同的水势，所需提供的能量是不一样的，即运行经济性是不同的。通过优化组合与搭配、动静结合、按功能分组等措施都可以降低运行费用。所以，水景营建前要通过仔细的分析，考虑各方面因素及财力后，进行营建水景的可行性分析，在各方面条件适宜的情况下，才能开始进行水景的营建。

任务1　自然式静水（湖、塘）工程设计

自然式静水的特点是水面宽阔平静，有较好的湖岸线及天际线。自然式静水应根据环境空间的大小进行不同的设计，水面宜有聚有分，大型静水辽阔平远，小型水面则清新小巧。

一、相关知识

1. 自然式静水形式及设计要点

（1）自然式静水水景形式

1）小型自然式静水。小型静水形状宜简单，周边宜点缀山石、花木，池中宜养鱼植莲。应该注意的是，小型自然式静水的点缀不宜过多，过多则拥挤落俗，失去意境。

2）较大的自然式静水。较大的自然式静水有近于天然湖泊的景观特质，应以聚为主，

聚散结合,通过堤、岛、桥等划分出不同的水面形态,活泼自然,主次分明。

3)狭长自然式静水。狭长自然式静水主要包括溪涧等,在园林中应选适当之处设置,溪涧应左右弯曲,萦回于岩石山谷间,或环绕亭榭、或穿岩入洞,有分有合、有收有放,形成大小不同的水面或宽窄各异的水流。

(2)自然式静水设计要点

1)自然式静水的形状、大小、材料与构筑方法,因地势、地质的不同而有很大的差异,设计灵感多来自于大自然,强调一种天然的景观效果。

2)在设计时应多模仿自然湖海,池岸的构筑、植物的配置以及其他附属景物的运用,均需非常自然,切忌僵化死板。

3)自然式水池的深度,在面积较小时,以50~100cm为宜;在面积较大时,则可酌情加深。

4)自然式水池可作水上运动、休息、眺望、娱乐等场所,在设计时,应一并加以考虑,配置相应的设施及器械。

2. 人工湖水景工程设计

(1)人工湖的平面设计

1)人工湖平面的确定。根据造园者的意图确定湖在平面图上的位置,是人工湖设计的首要问题。我国许多著名的园林均以水体为中心,四周环以假山和亭台楼阁,环境幽雅,园林风格突出,充分发挥了人工湖在工程建设中的作用,如北京颐和园(图4-1)、苏州拙政园(图4-2)等。人工湖的方位、大小、形状均与园林工程建设的目的、性质密切相关。在以水景为主的园林中,人工湖的位置居于全园的中心,面积相对较大,湖岸线变化丰富,并应占据园中的某半部,如北京圆明园、宁波月湖公园(图4-3)、日湖公园、杭州花港观鱼(图4-4)等。

图4-1 北京颐和园　　　　　　　　　　图4-2 苏州拙政园

2)人工湖水面性质的确定。人工湖水面的性质依湖面在整个园林的性质、作用、地位而确定。以湖面为主景的园林,往往使大的水面居于园的中心,沿岸为假山和亭台楼阁,或在湖中建小岛,以园桥相连,空间开阔,层次深远,如苏州拙政园小飞虹(图4-5)。而以地形山体或假山建筑为主景,以湖为配景的园林,往往使水面小而多,即假山或建筑把整个湖面分成许多小块,绿水环绕着假山或建筑,其倒影映在水中,更显得秀丽和妩媚,环境更加清幽,如承德避暑山庄烟雨楼(图4-6)等。

图4-3　宁波月湖公园

图4-4　杭州花港观鱼

图4-5　苏州拙政园小飞虹

图4-6　承德避暑山庄烟雨楼

3）人工湖的平面构图。人工湖的构图主要是进行湖岸线的平面设计，它将直接影响水景的风格和景观效果。通常人工湖岸线形设计以自然曲线（图4-7）为主，其驳岸也多用自然山石砌筑或是平缓的草坡，在建筑附近或根据造景的需要也有部分用条石砌成直线或折线的驳岸。自然式水体的驳岸线曲折优美，变化丰富，其水面通过堤、岛等园林要素的分割与围合，形成开合聚散、大小不同的空间。一个水面往往划分为多个大小不同、形状各异的小水面，以便形成不同的景区，使水景呈现迷离、幽深、多变的空间效果。如苏州拙政园的水面（图4-8），因堤岛的分隔，水面回环萦绕，变化丰富。苏州留园水体（图4-9）靠建筑一侧为直线驳岸线，另一侧因与山体相接，采用了自然曲折的驳岸线，山水相映，极富自然情趣。

4）人工湖平面设计应注意的问题。

①岸线处理要具有艺术性，有自然的曲折变化。宜借助岛、半岛、堤、桥、汀步、矶石等形式进行空间分割，以产生收放、虚实的变化。

②设计时，不要单从造景上着眼，而要密切结合地形的变化。要充分考虑实际地形，从而极大程度的降低工程造价。

③现代园林中，较大的人工湖设计要考虑到水上运动和赏景的要求。

④湖面设计必须和岸上景观相结合。

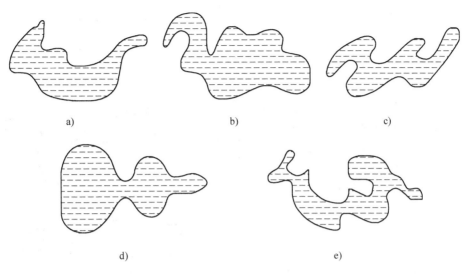

图4-7 人工湖岸线型设计形式

a）心字形 b）云形 c）流水形 d）葫芦形 e）水字形

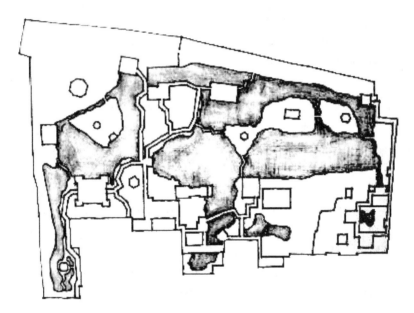

图4-8 苏州拙政园——自然式水体

（2）人工湖的选址要求 平面设计完成后，对拟挖湖所及的区域进行土壤探测，为施工技术设计做准备。实际测量漏水情况时，首先在挖湖前应对拟挖湖的基础进行钻探，要求钻空之间的最大距离不超过100m，待土质情况探明后，决定是否适合挖湖，或施工时应采取的工程措施。人工湖基址对土壤的要求如下：

1）黏土、砂质黏土、壤土、土质细密、土层深厚或渗透力小的黏土夹层是最适合挖湖的土壤类型。

2）以砾石为主，黏土夹层结构密实的地段，也适宜挖湖。

3）砂土、卵石等容易漏水，应尽量避免在其上挖湖。如漏水不严重，要探明下面透水层的位置，采取相应的截水墙或人工铺垫隔水层等工程措施。

4）当基土为淤泥或草煤层等松软层时，必须全部将其挖出。

5）湖岸立基的土壤必须坚实。黏土透水性虽小，但在湖水到达低水位时，容易开裂，湿时又会形成松软的土层、泥浆，故单纯黏土不能作为湖的驳岸。

（3）人工湖湖底及防渗层设计　部分湖的土层渗透性极小，基本不漏水，因此无须进行特别的湖底处理，适当夯实即可。但是大部分的人工湖都有渗漏问题，湖底需要做防渗透处理，常规湖底从下到上一般可分为基层、防水层、保护层、覆盖层等。

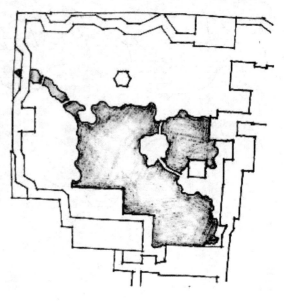

图 4-9　苏州留园——混合式水体

1）基层的设计。一般土层经碾压平整即可。砂砾或卵石基层经碾压平整后，其上须再铺厚度为 15cm 的细土层。如遇有城市生活垃圾等废物应全部清除，用土回填压实。

2）防水层的设计。用于湖底防水层的材料很多，主要有聚乙烯防水毯、聚氯乙烯防水毯、三元乙丙橡胶、膨润土防水毯、赛柏掺合剂、土壤固化剂等。

3）保护层的设计。在防水层上平铺 15cm 过筛细土，以保护塑料膜不被破坏。

4）覆盖层的设计。在保护层上覆盖 50cm 回填土，防止防水层被撬动，其寿命应保持 10~30 年。

（4）人工湖水体岸壁设计　人工湖要求有稳定、美观的水岸以维持陆地和水面的面积比例，防止陆地被淹或水岸坍塌而改变水面形状，因此在水体边缘必须建造驳岸与护坡。否则长期的水体冲刷、侵蚀、冻胀或超重荷载造成塌陷，会使岸线变位、变形，水的深度减小，破坏原有设计意图，影响园林景观，甚至造成事故。

1）驳岸工程设计。驳岸是一面临水的挡土墙，是支持陆地和防止岸壁坍塌的水工构筑物，能保证水体岸坡不受冲刷；同时还可以强化岸线的景观层次。因此，驳岸工程设计必须在实用、经济的前提下注意外形的美观，并使之与周围景色相协调。

① 驳岸的类型。驳岸是亲水景观中应重点处理的部位。驳岸与水线形成的连续景观线是否能与环境相协调，不但取决于驳岸与水面间的高差关系，还取决于驳岸的类型及用材。

按照驳岸的造型形式将驳岸可分为规则式驳岸、自然式驳岸和混合式驳岸三种。

规则式驳岸（图 4-10）是指用块石、砖、混凝土砌筑的比较规整的岸壁，如常见的重力式驳岸、半重力式驳岸、扶壁式驳岸等。园林中用的驳岸以重力式驳岸为主，其要求较好的砌筑材料和较高的施工技术。规则式驳岸特点是简洁明快，但缺少变化。

自然式驳岸是指外观无固定形状或规格的岸坡处理，如常见的假山石驳岸、卵石驳岸、树桩驳岸、仿树桩驳岸等。自然式驳岸的特点是自然亲切，景观效果好。

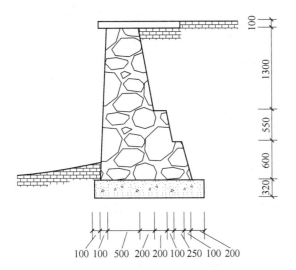

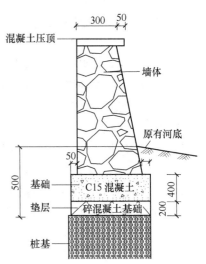

图 4-10 两种规则式驳岸结构图

混合式驳岸是规则式驳岸与自然式驳岸相结合的驳岸造型，一般为毛石岸墙，自然山石岸顶。混合式驳岸易于施工，具有一定的装饰性，园林工程中较为常用。

按照驳岸的材料和基础不同可分为砌石驳岸、桩基驳岸和竹篱、板墙驳岸。

砌石驳岸是园林水景工程中最为主要的护岸形式，是指在天然地基上直接砌筑的驳岸，埋设深度不大，但基址坚实稳固。如块石驳岸中的虎皮石驳岸、条石驳岸、假山石驳岸等。此类驳岸的选择应根据基址条件和水景景观要求确定，既可以做成规则式，也可以做成自然式。

当地基表面为松土层且下层为坚实土层或基岩时宜用桩基。基础桩的主要作用是增强驳岸的稳定，防止驳岸的滑移或倒塌，同时可加强土基的承载力。桩基驳岸一般由桩基、卡挡石、盖桩石、混凝土基础、墙身和压顶等几部分组成。卡当石是桩间填充的石块，主要作用是保持木桩的稳定。盖桩石为桩顶浆砌的条石，作用是找平桩顶以便浇灌混凝土基础。基础以上部分与砌石驳岸相同。桩基的材料有木桩、石桩、灰土桩和混凝土桩、竹桩、板桩等。木桩要求耐腐、耐湿、坚固、无虫蛀，如柏木、松木、橡树、榆树、杉木等。桩木的规格取决于驳岸的要求和地基的土质情况，一般直径为 10～15cm，长 1～2m，弯曲度小于 1%。桩木的排列常布置成梅花桩、品字桩或马牙桩。灰土桩是先打孔后填灰土的桩基做法，常配合混凝土用，适用于岸坡水淹频繁而木桩又容易腐蚀的地方，混凝土桩坚固耐久，但投资比木桩大。

竹桩、板桩驳岸是另一种类型的桩基驳岸。驳岸打桩后，基础上部临水面墙身由竹篱或板片镶嵌而成，适于临时性驳岸。竹篱驳岸造价低廉、取材容易，施工简单，工期短，能使用一定年限。施工时，竹桩、竹篱要涂上一层柏油，目的是防腐。竹桩顶部由竹节处截断以防雨水积聚，竹片镶嵌直顺紧密牢固。由于竹篱很难做的密实，这种驳岸不耐风浪冲击、淘刷和游船撞击，岸土很容易被风浪淘刷，造成岸篱分开，最终失去护岸功能。因此，此类驳岸适用于风浪小，岸壁要求不高，土壤较黏的临时性护岸地段。

② 驳岸平面位置的确定。驳岸的平面位置可在平面图上以造景要求确定，技术设计图上以常水位显示水面位置。整形驳岸，岸顶宽度一般为 30～50cm。如果设计驳岸与地面夹

角小于90°，那么可根据倾斜度和岸顶高程求出驳岸线平面位置。驳岸多为一级到底，但在水位变化大的地方，一般将驳岸分层多级布置，并用植物等予以装饰，以避免枯水期露出过多的驳岸壁面。如果水边种植水生植物，考虑到水生植物需要适宜的水深条件，可在湖底以石挡土控制水生植物种植范围内的水深。

③ 驳岸高程的确定。岸顶的高程应比最高水位高出一段距离，以保证水体不致因风浪冲击而涌入岸边陆地面，一般情况下岸顶比最高水位应高出 25～100cm。水面大、风大、空间开阔的地方可高出 50～100cm；反之则小一些。从造景的角度讲，深潭和浅水面的要求也不一样，深潭的驳岸要高一些，显出假山石的外形之美；而浅水面的驳岸要低一些，以便水体回落后露出一些滩涂与之相协调。一般湖面驳岸以贴近水面为好，游人可亲近水面，并显得水面丰盈饱满。在地下水位高、水面大、岸边地形平坦的情况下，对于游人量小的次要地带可以考虑短时间被最高水位淹没，以降低由于大面积垫土或加高驳岸的造价。

④ 驳岸横断面的设计。驳岸的横断面图是反映其材料、结构和尺寸的设计图。驳岸的基本结构从下到上依次为：基础、墙体、压顶，如图 4-11 所示。

基础是驳岸的承重部分，通过它将上部重量传给地基。因此，驳岸基础要求坚固，埋入湖底深度不小于 50cm，基础宽度视土壤情况而定，砂砾土为 $(0.35～0.4)h$，砂壤土为 $0.45h$，湿砂土为 $(0.5～0.6)h$，饱和水壤土为 $0.75h$（h 为护坡高度）。

墙体处于基础与压顶之间，承受压力最大，包括垂直压力、水的水平压力及墙后土壤侧压力。因此墙体应具有一定的厚度，墙体高度要以最高水位和水面浪高来确定。如果驳岸有高差变化，则应做沉降缝，以确保驳岸稳固。驳岸墙体应于水平方向 2～4m、竖直方向 1～2m 处预留泄水孔，

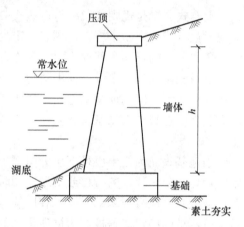

图 4-11　驳岸横断面结构示意图

口径为 120mm×120mm，便于排除墙后积水、保护墙体，也可于墙后设置暗沟，填制砂石排除积水。

压顶为驳岸最上部分，其作用是增强驳岸稳定，美化水岸线，阻止墙后土壤流失。由于压顶材料的不同，驳岸有规则式和自然式之分，规则式以条石或混凝土压顶，自然式以山石压顶。顶石应向水中至少挑出 5～6cm，并使顶面高出最高水位 50cm 为宜。

2）护坡工程设计。护坡是保护坡面、防止雨水径流冲刷及风浪拍击的一种水工措施，一般可用于湖体的防护及溪流的边坡构筑。护坡主要是防止滑坡现象，减少地面水和风浪的冲刷，以保证湖岸斜坡的稳定。护坡没有驳岸那样支撑土壤的岸壁直墙，而是在土壤斜坡上铺各种材料护坡。护坡在园林工程中得到广泛应用，原因在于水体的自然缓坡能产生自然、亲水的效果。护坡形式的选择应依据坡岸用途、景观设计要求、水岸地质状况和水流冲刷程度而定。目前在园林工程中常见的护坡形式有草皮护坡、灌木护坡、块石护坡和编柳抛石护坡等。

① 草皮护坡。草皮护坡适于坡度在 1:5～1:20 之间的湖岸缓坡。护坡草种要求耐水湿，

根系发达，生长快，生存力强，如假俭草、狗牙根等。护坡做法按坡面具体条件而定，如果原坡面有杂草生长，可直接利用杂草护坡，但要求美观；也可以直接在坡面上播草种，加盖塑料薄膜，如图 4-12 所示，先在正方砖上种草，然后用竹签四角固定作护坡。最为常见的是块状或带状种草护坡，铺草时沿坡面自下而上成网状铺草，用木方条分隔固定，稍加压踩。若要增加景观层次，丰富地貌，加强透视感，可在草地散置山石，配以花灌木。

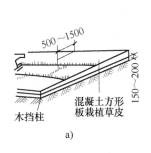
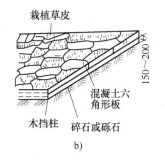
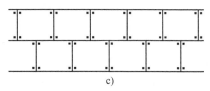

图 4-12　草皮护坡

a) 方形板　b) 六角形板　c) 用竹签固定草砖

② 灌木护坡。灌木护坡适于大水面平缓的驳岸。由于灌木有韧性，根系盘结，不怕水淹，能削弱风浪冲击力，减少地表冲刷，因而护岸效果较好。护坡灌木要具备速生、根系发达、耐水湿、株矮常绿等特点，可选择沼生植物护坡。若因景观需要，强化天际线变化，可适量植草和乔木。

③ 块石护坡。当坡岸较陡，风浪较大或因造景需要时，可采用块石护坡。块石护坡施工容易，抗冲刷力强，经久耐用，护岸效果好，还能因地造景，灵活随意，是园林常见的护坡形式。块石护坡通常有以下三种形式：

a. 结构简单的单层块石护坡。在不冻土地区园林中的浅水缓坡岸，如果风浪较大，可做结构简单的单层块石护坡，有时还可用条石或块石砌。坡脚支撑也用简单的单层块石护坡，有时还可用条石或块石干砌。

b. 有倒滤垫层的单层块石护坡。在流速不大的情况下，块石可砌在砂层或砾石层上，否则要以碎石层做倒滤的垫层。如单层铺石厚度为 20～30cm 时，垫层厚度为 15～25cm。

c. 双层块石护坡。当水深大于 2m 时，护坡要用双层铺石。如上层 30cm，下层可用 20～30cm，砾石垫层厚 10cm。坡角要用厚大的石块做挡板，防止铺石下滑。挡板的厚度应为铺石最厚处的 1.33 倍，宽为 0.3～1.5m。

护坡石料要求吸水率低（不超过 1%）、密度大（大于 $2t/m^3$）和较强的抗冻性，如石灰岩、砂岩、花岗石等岩石，以块径 18～25cm、长宽比 1:2 的长方形石料最佳。铺石护坡的坡面应根据水位和土壤状况确定，一般常水位以下部分坡面的坡度小于 1:4，常水位以上部分为 1:1.5～1:5。

④ 编柳抛石护坡。在柳树、水曲柳较多的地区，采用新截取的柳条编成十字交叉形的网格，编柳空格内抛填厚 20～40cm 厚的块石，块石下设 10～20cm 厚的砾石层以利于排水和减少土壤流失。柳格平面尺寸为 0.3m×0.3m 或 1m×1m，厚度为 30～50cm。同时，编柳时可将粗柳杆截成 1.2m 左右的柳橛，用铁钎开深 50～80cm 的孔洞，间距 40～50cm 打入土

中，并高出石坡面5~15cm。这种护坡，柳树成活后，根抱石，石压根，很坚固，而且水边可形成可观的柳树带，非常漂亮，在我国的东北、华北、西北等地的自然风景区应用较多。

二、实例分析

1. 人工湖的平面设计实例

（1）宁波市月湖公园（图4-13）　宁波市月湖公园开凿于唐贞观年间（636年），宋元祐年间建成月湖十洲。南宋绍兴年间，广筑亭台楼阁，遍植四时花树，形成月湖上十洲胜景。这十洲分别是：湖东的竹屿、月岛和菊花洲，湖中的花屿、竹洲、柳汀和芳草洲，湖西的烟屿、雪汀和芙蓉洲。此外还有三堤七桥交相辉映。1998年10月，宁波市委、市政府首期投入6亿元，历时两年对月湖进行大规模改造。完成景区28.6公顷的建设任务，其中水域8公顷。汀洲岛屿、水陆交融，并形成"城中岛、湖中岛、岛中池"交互的特征。如今月湖碧波盈盈，垂柳依依，亭台楼榭，拱桥枕流，动静交融，映成佳境。

月湖公园水体平面设计为自然式（图4-14），水体轮廓呈不规则形状，岸线曲折优美，变化丰富。水面通过堤、岛、桥等园林要素的分割与围合，形成一个个大小不同、形状各异的水面，大的部分异常辽阔开朗，小的部分则曲折幽静，两者气氛迥异，构成极强烈的对比。月湖公园水体是在对原有水体进行清淤改造设计的基础上完成的，湖底土层渗透性极小，基本不漏水，因此无须进行特别的湖底处理，在一些人工开挖的小水面采用土层适当夯实即可。为了保证月湖水系与外围水系的流通，分别在南侧对望湖闸门进行修缮，对北侧闸门进行改造，在中部马衙街处开口，以明渠形式与天一阁南门的马眼漕相通，并在马眼漕西侧以暗渠与北斗河水系相连。这样，可以根据不同的水位、水质情况，对月湖的水系进行控制，理顺进水、出水的关系。

图4-13　月湖公园实景鸟瞰图

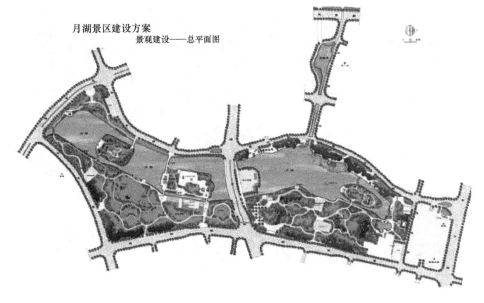

图4-14 月湖公园总平面图

（2）上海虹桥中心绿地 上海虹桥中心绿地在延安西路、虹桥路和伊犁路相交汇的三角地之中，占地面积13万m^2。绿地设计引进了园林先进思想和风格，造景以植物为主，植物配置以乔木为主，绿量充足，乔、灌、草的比例合理。以不同高度滴落的水溪、湖泊和不同宽度的弯曲道路把整个花园串联起来。水溪、湖泊是中心绿地的主体，人工湖岸线采用自然式设计手法，岸线自然曲折，湖面能形成很好的镜面效果，但是湖面岸线周边没有很好的考虑人的亲水性心理，并且岸线全部采用硬质驳岸的形式，单调生硬（图4-15）。溪流蜿蜒曲折，岸线自然流畅，但是驳岸采用卵石铺筑（图4-16），显得生硬，如果能结合水生植物造景，会使溪流景观更加自然，更能体现人与自然和谐的主题。

图4-15 上海虹桥绿地人工湖景观

图4-16　上海虹桥绿地溪流景观

（3）上海世纪公园　世纪公园位于上海市浦东新区花木行政文化中心，是上海内环线中心区域内最大的富有自然特征的生态型城市公园。公园犹如一枚绿色的翡翠镶接于壮观的世纪大道终点，充分体现了"人、自然、和谐"的高尚主题。公园占地面积140.3公顷，以大面积的草坪、森林、湖泊为主体。步入世纪公园1号门，映入眼帘的便是面积为12.5公顷的镜天湖（图4-17）。它由人工挖掘而成，最深处达5m，是目前上海地区面积最大的人工湖泊。镜天湖与公园外缘的张家浜相通，湖的东面建有水闸，用以控制湖内的水位。每当微风拂过，湖水波光粼粼，碧波荡漾；每当天高气爽，湖水清澈如镜，天空的云彩被映照的栩栩如生。观景平台设置在湖的北侧，上下呈四层阶梯状，错落有致。在湖的西南角设计

图4-17　世纪公园镜天湖景观

有长约500m的卵石沙滩，沙滩蜿蜒曲折，滩上大小卵石错落有致。溪流位于南山树林草地区，长达500余m，从南山顶端涌泉而出，顺坡而下，或宽或窄，流水时缓时急，蜿蜒曲折。两旁植被茂盛，色彩缤纷，景色秀美。

（4）上海古城公园　上海古城公园位于人民路、安仁街、福佑路之间，绿地总面积近4万 m^2。其主要景观视觉通道由新开河伸向豫园。沿人民路为大片草坪和蜿蜒曲折的小溪（图4-18、图4-19），让人联想到老城区的护城河，形成了蕴藏着特殊历史人文内涵的城市景致。

图4-18　古城公园溪流景观1

图4-19　古城公园溪流景观2

（5）上海陆家嘴中心绿地　陆家嘴中心绿地占地面积10万 m^2，整个绿地的风格类似英国"自由风景园"形式，起伏的大草坪、孤植的大树，点缀着小块的树丛，随意的小径穿插其间，这里没有对称的构图，展现的完全是自由曲线的美（图4-20、图4-21）。在理水规划设计时将水体放在风景构图的中心让观赏者的视点落在闪烁变化的水面上。

图4-20　陆家嘴中心绿地鸟瞰效果

2. 各种类型驳岸设计实例

（1）北京颐和园东堤与后溪河的驳岸　颐和园驳岸基本有两种，即昆明湖东堤的条石

图4-21　陆家嘴人工湖水面效果

驳岸和后溪河的山石驳岸。昆明湖面积辽阔、风浪较大，东堤相当于截水坝，故东堤外地面高程低于昆明湖常水位高程。这一带建筑布局都是整形式，采用花岗石做的条石驳岸，外观整洁，坚固耐用，但造价昂贵。如图4-22a所示为颐和园条石驳岸断面结构图。由于湖面大、风浪高，因此驳岸顶比最高水位高出1m多。一般情况下水不上岸，但风浪特大时，在东堤铜牛附近还有风浪拍到岸顶以上。条石驳岸自湖底至岸顶约1.7~2.0m。因为驳岸自重很大而湖底又有淤泥层或流沙层，因此湖底以下采取柏木桩基。桩呈梅花形排列，又称为梅花桩，采用直径在10cm以上的圆柏木，长约1.6~1.7m，以打至坚实层为度。桩距约20cm，桩间填石块以稳定木桩，桩顶浆砌条石。桩的作用是通过桩尖把上面的荷载传送到湖底下面的坚实土层上去，或者是借木桩侧表面与泥土间的摩擦力将荷载传送到桩周围的土层中，以达到控制沉陷和防止不均匀沉陷的目的。在地基表面为不太厚的软土层而下层为坚实土层的情况下宜做桩基。桩木要选择坚固、耐湿、无虫蛀、未腐朽的木材作桩材，如柏木、杉木等。桩距约为桩径的2~3倍，必要时桩的排数还可酌增。此驳岸的向陆面为北京的大城砖，主要防止水上层冰冻后向岸壁推压，同时也减少沿岸地面下产生积水，以免发生冻胀。

如图4-22b所示，是颐和园后溪河山石驳岸的横断面结构图。这种山石驳岸也在知春亭、谐趣园等处使用。其柏木桩基同条石驳岸，城砖宽度约为50cm。桩基顶面用条石压顶，条石上面浆砌块石。在常水位以下开始接以自然山石，常水位以上为山石外观。后溪河幽曲自然，配以山石驳岸与山景相称，与山脚衔接自然。山石驳岸还可滞留地面径流中的泥沙，山石驳岸又可与岸边置石、假山融为一体，时而扩展为泄山洪的喇叭口；时而成峡、成洞、出矶，增加自然山水景观的变化。

（2）北京动物园的驳岸　图4-23a为虎皮石驳岸，是现代园林中应用较广泛的驳岸类型。北京的紫竹院公园、陶然亭公园多采用这种驳岸类型。其特点是在驳岸的背水面铺了宽约50cm的级配砂石带。因为级配砂石间多空隙，排水良好，即使有积水，冰冻后有空隙容纳冻后膨胀力，可以减少冻土对驳岸的破坏。湖底以下的基础用块石浇灌混凝土，使驳岸地基的整体性加强而不易产生不均匀沉陷。基础以上浆砌块石勾缝，水面以上形成虎皮石外观。岸顶用预制混凝土块压顶，向水面挑出5cm。预制混凝土方砖顶面高出最高水位约30~

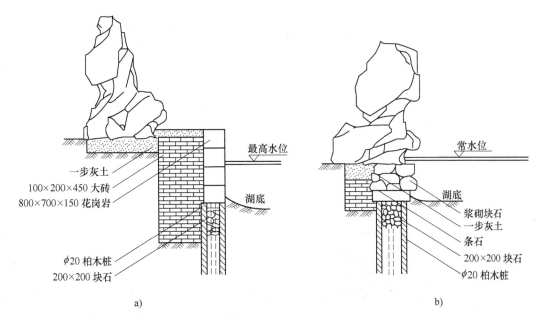

图 4-22　颐和园驳岸做法

40cm，适合动物园水面窄、挡风的土山多、风浪不大的实际情况。驳岸并不是绝对与水平面垂直，可有 1:10 的倾斜。每间隔 15m 设以适应因气温变化造成热胀冷缩的伸缩缝。伸缩缝用涂有防腐剂的木板条嵌入而上表面略低于虎皮石墙面，缝上以水泥砂浆勾缝，缝宽以 2~3cm 为宜。石缝有凹缝、平缝和凸缝等不同做法。

图 4-23b 为山石驳岸，采用北京近郊产的青石。低水位以下用浆砌块石，造价较低并且实用。

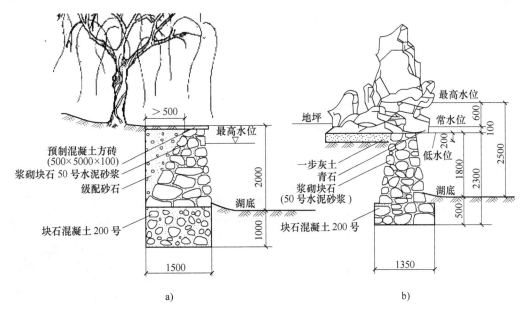

图 4-23　北京动物园驳岸做法

（3）杭州太子湾公园的驳岸　太子湾公园的池湾溪流大部分无驳坎或少做驳坎，长长的缓坡直接伸进水中，使人和水更为亲近融和。原湖泥堆积处开挖的池湾，土岸松软，极易坍塌，在常水位以下设驳坎。中部河道的首要功能是引入钱塘江水，必须设驳坎，且约有半年的时间需引水，即太子湾公园引水时是高水位，不引水时是常水位，两水位的高差在60cm以上，这就为景观设计带来了困难，因此设计时将引水河道两岸削成缓坡，常水位以下驳毛石坎，常水位以上则断断续续、疏疏密密地点缀少许湖石，并用湖石因地制宜地筑几个高低石矶，以方便游览和丰富景观。临水坡岸则密植宿根花卉和水生湿生植物，以减弱冲刷，保持水土。太子湾公园驳岸形式如图4-24、图4-25所示。

图4-24　太子湾公园驳岸形式1　　　　　　　图4-25　太子湾公园驳岸形式2

（4）杭州苏堤部分驳岸　苏堤部分山石驳岸采用沉褥作基层。沉褥又称为沉排，即用树木干枝编成的柴排，在柴排上加载块石使其下沉到坡岸水下的地表。其特点是当底下的土被冲走而下沉时，沉褥也随之下沉，因此坡岸下部可随之得到保护。在水流流速不大、岸坡坡度平缓、硬层较浅的岸坡水下部分使用较合适。同时，可利用沉褥具有较大面积的特点，作为平缓岸坡自然式山石驳岸的基底，以减少山石对基层土壤不均匀荷载和单位面积的压力，也可减少不均匀沉陷。

沉褥的宽度视冲刷程度而定，一般约为2m。柴排的厚度为30～75cm。块石层的厚度约为柴排厚度的2倍。沉褥上缘即块石顶应设在低水位以下。沉褥可用柳树类枝条或一般条柴编成方格网状，交叉点中心间距为用30～60cm，条柴交叉处用细柔的藤条、枝条或涂焦油的绳子扎结，也可用其他方式固定。

图4-26为杭州花港观鱼水面的湖石驳岸，驳岸的山石与岸边的鸢尾、紫藤、五针松等植物景观结合，浑为一体，是具有园林特色的景观驳岸。

图4-26　杭州花港观鱼湖石驳岸

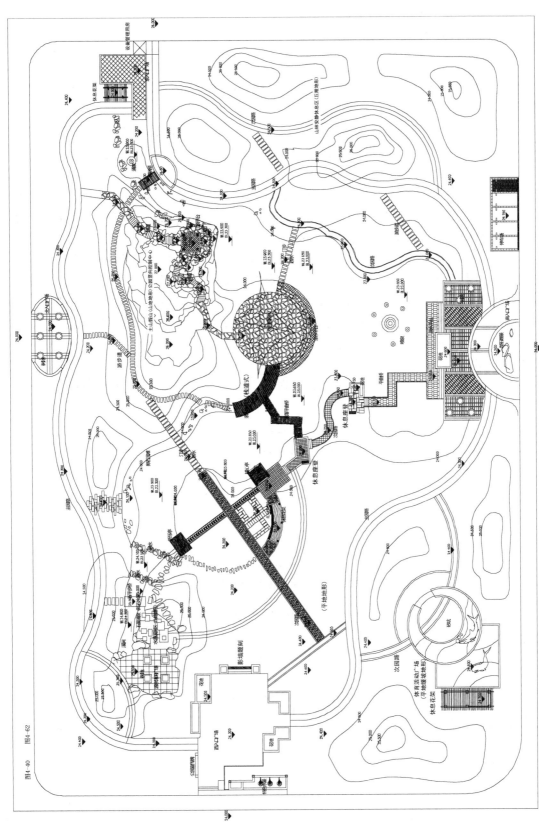

图 4-27 宁波市某居住区中心公园平面图

三、训练与评价

1. 目的要求

如图 4-27 为某居住区中心公园平面图，请根据地形标高和景观要求完成其驳岸与护坡工程设计。要求：

1）驳岸与水线形成的连续景观线是否与环境相协调，不但取决于驳岸与水面间的高差关系，还取决于驳岸的类型及用材的选材。设计时必须在实用、经济的前提下注意外形的美观，并使之与周围景色相协调。

2）驳岸的平面位置可在平面图上以造景要求确定，技术设计图上以常水位显示水面位置。驳岸多为一级到底，但在水位变化大的地方，一般将驳岸分层多级布置，并用植物等予以装饰。设计时要尽量根据造景要求确定驳岸的平面位置。

3）驳岸高程的确定应根据水位的实际情况而定，水面大、风大、空间开阔的地方可高些；反之则低些。从造景的角度讲，深潭和浅水面的要求也不一样，深潭边的驳岸要求高些，显出假山石的外形之美；而水清浅的地方，驳岸要低些，以便水体回落后露一些滩涂与之相协调。一般湖面驳岸贴近水面为好，游人可亲近水面，并显得水面丰盈饱满。在驳岸高程设计时要尽量避免由于大面积垫土或加高驳岸而产生的造价。

2. 设计内容

完成不同标高的水体驳岸与护坡工程的设计，并且绘制出合理的横断面设计图。

3. 要点提示

1）驳岸的平面位置要尽量根据造景要求确定。

2）驳岸高程的确定应根据水位的实际情况而定。

3）驳岸的横断面图是反映其材料、结构和尺寸的设计图，驳岸的类型及用材的选材，必须在实用、经济的前提下注意外形的美观，并使之与周围景色相协调。

4. 自我评价

序号	评价内容	评价标准	自我评定
1	驳岸平面位置的设计	1. 驳岸的平面位置的选择和地形结合紧密（15 分） 2. 驳岸的平面位置能满足造景要求（10 分）	
2	驳岸高程的设计	1. 驳岸高程的确定符合水位的实际情况（10 分） 2. 驳岸的平面位置能满足造景要求（15 分）	
3	驳岸横断面的设计	1. 驳岸的横断面图能正确反映驳岸的结构和尺寸（20 分） 2. 驳岸的材料能满足造景要求（15 分） 3. 驳岸的外形美观，与周围景色协调（15 分）	

四、思考练习

1. 人工湖平面设计时应注意什么问题？

2. 人工湖防渗层做法有哪些？

3. 驳岸工程设计时应注意哪些问题？

任务2 规则式水池工程设计

规则式水池一般包括在几何学上有着对称轴线的规则水池以及没有对称轴线，但形状规整的非对称式水池，其是城市景观水体的主要表现形式之一，主要包括水景池及游泳池。水景池是园林工程建设中最常见的水景工程，在园林中用途最为广泛，可用作处理广场中心、道路尽端以及和亭、廊、花架、景墙等各种建筑，形成富于变化的各种组合。这里所指的水景池区别于湖、池塘和溪流，水池面积相对较小，多取人工水源，因此必须设置进水、溢水和泄水的管线，有的水池还要做循环水设施。水景池除池壁外，池底也必须人工铺砌且壁底紧密粘接；同时水池要求比较精致。规则式水池池岸线围成规则的几何图形，主要有方形、多边形、圆形及各种几何形的组合，显得整齐大方、简洁明快，几何形状或规则图案表现了平面形体的美感。规则式水池是现代园林建设中应用越来越多的水池类型，尤其在西方园林中水池大多为规则的长方形或正方形，法国凡尔赛宫（图4-28）的各种几何形水体和"十"字形水渠是这一类水池的典型。

一、相关知识

1. 规则式水池的设计要点

（1）明确水池的用途 设计前先要明确水池是作为观赏的景观水池，还是儿童嬉水用的涉水池，或是养鱼及种植池。另外，还要明确水池是作为环境景观中欣赏的主要焦点，还是作为其他景观的衬托。只有在目的明确后，才能确定水池的应用形式，如水池的大小、水深、池底的处理等。如为嬉水池其设计深度应在30cm以下，池底应做防滑处理，注意安全性。而且，儿童有可能误饮池水，所以池中应尽量设置过滤和消毒装置。如果是养鱼池，应确保水质，水深为30～50cm，并设置越冬用鱼巢。另外，在亲水水池等处，为解决水质问题，除安装过滤装置外，还务必做水除氯处理。

（2）池底处理 水深小于30cm的水景池，其池底清晰可见，所以应考虑对池底作相应的艺术处理。浅水池一般可采用与池壁相同的饰面处理，如贴瓷砖、马赛克拼图或采用洗石子饰面或嵌砌卵石的处理。但需注意不同的池底处理有不同的利

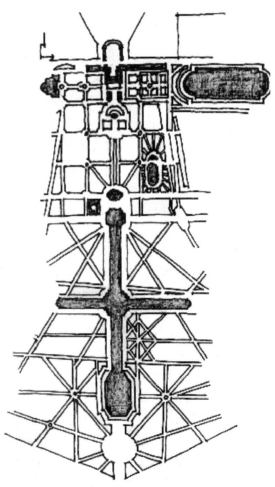

图4-28 法国凡尔赛宫水池形式

弊，如瓷砖、石料铺砌的池底如无过滤装置，存污后会很醒目，而铺砌鹅卵石虽耐脏，但不便清扫。所以就游泳池和浅水池来说，一般都需表现池水的清澈，洁净，可采用水色涂料或瓷砖装饰池底。而倒影池如想突出水深以及形成较好的倒影，可把池底作深色处理。

（3）确定用水种类　城市水景池的用水一般包括自来水、中水、地下水、雨水等，水的种类决定水池中是否需要安装循环用水装置。现在城市中为了节约用水，一般水池都采用循环方式。地下水、雨水如无需循环，则不必安装循环装置。

（4）确定是否需要安装过滤装置　对于养护费用有限但又需经常进行换水、清扫的小型水景池，可只安装氯化灭菌装置，基本上可以不用再安装过滤装置。但考虑到藻类的生长繁殖会污染水质，还应设法配备过滤装置。一般常用过滤装置种类很多，应根据实际情况选择过滤装置的类型。

（5）确保安装循环、过滤装置的场所和空间　设有喷水的水景池应配备泵房或水下泵井，以利用于系统设备的工作及操作。小型水池的泵井规模一般为 $1.2m \times 1.2m$，井深需 1m 左右。

（6）设置水下照明　配备水下照明时，为防止损伤照明器具，池水需没过灯具 5cm 以上，因此池水总深应保证达 30cm 以上。另外，水下照明设置尽量采用低压型。

（7）水池配管、配线与建筑用管线的连接　首先，人工水景池通常会与喷泉、落水等动态水景形式结合出现，所以在规划设计时首先应注意瀑布、水池、溪流等水景中的管线与建筑内部设施管线的连接，以及调节阀、配电室（站）、控制开关的设置位置。其次，对确保水位浮球阀、电磁阀、溢水管、补充水管等配件的设置位置要避免破坏景观效果。再次，水池的进水口与出水口应分开设置，以确保水循环均衡。另外，也可利用太阳能或风车所产生的动力来进行给排水。

（8）水池的防渗漏　城市人工水景池的防渗漏是一个需要重视的方面，如产生这方面的问题，则会影响整个水景的应用，有的因此不得不关闭整个水景设施，所以水池的池底与池壁应设隔水层。如需在池中种植水草，可在隔水层上覆盖 30~50cm 左右厚的覆土再进行种植。如在水中放置叠石则需在隔水层之上涂一层具有保护作用的灰浆。而生态池一类的生态调节水池中，可利用黏土类的截水材料防渗漏。

2. 常见规则式水池结构做法

园林工程中的水景池从结构上一般可分为刚性结构水池、柔性结构水池和临时简易水池三种，具体可根据环境的需要及水池的特点进行选择。

（1）刚性结构水池　刚性结构水池也称为钢筋混凝土结构水池（图 4-29），特点是自重轻，防渗漏性能好，同时还可以防止因各类因素所产生的变形而导致池底、池壁的裂缝，适用于大部分水景池、泳池及喷水池，也是城市环境中应用最为广泛的一种水池形式。

混凝土的厚度 B 根据气候条件而定：一般温暖地区 10~15cm 厚，北方寒冷地区以 30~38cm 为好。为使池底与池壁紧密连接，池底与池壁连接处的施工缝可设置在基础上口 20cm处。施工缝可留成台阶形，也可加金属止水片或遇水膨胀胶带。

刚性结构水池防水层做法可根据水池结构形式和现场条件来确定。工程中为确保水池不渗漏，常采用防水混凝土与防水砂浆结合的施工方法。防水混凝土用 42.5 级硅酸盐水泥、中砂、卵石（粒径小于 40mm，吸水率小于 1.5%）、UEA 膨胀剂和水经搅拌而成的混凝土。防水砂浆则是用 32.5 级普通硅酸盐水泥、砂（粒径小于 3mm，含泥量小于 3%）、外加剂

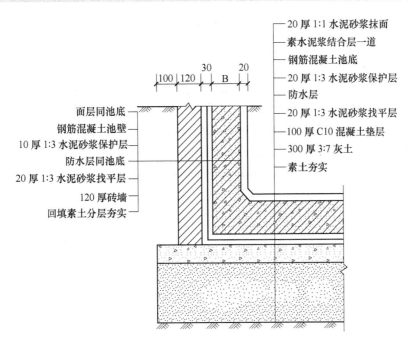

图4-29 刚性结构水池常用做法

（如素磺酸钙减水剂、有机硅防水剂、水玻璃矾类促凝剂等）按一定比例（水泥∶砂为 1∶1～1∶3 混合而成。

（2）柔性结构水池 近年来，随着新型建筑材料的出现，特别是各式各样的柔性衬垫薄膜材料的应用，使水池建造方法产生了新的飞跃，摆脱了单纯的光靠加厚混凝土和加粗加密钢筋网的方法。尤其对于北方地区水池的渗漏冻害，采用柔性不渗水的材料做水池防水层更为有利。柔性衬垫材料适用于中、小型的水景池构筑，通常出现于庭园的水景设计营建中，其安全性与寿命要比刚性水池差，所以在城市公共空间内较少选用。目前，在国内水池工程中使用的有玻璃布沥青席水池、三元乙丙橡胶（EPDM）薄膜水池、聚氯乙烯（PVC）衬薄膜水池、再生橡胶薄膜水池等。如图4-30所示为玻璃布沥青水池结构。

（3）临时简易水池 在城市生活中，经常会遇到一些临时性水池施工，尤其是节日、庆典期间。临时简易水池要求结构简单，安装方便，使用完毕后能随时拆除，在可能的情况下能重复利用。临时简易水池的结构形式简单，如果铺设在硬质地面上，一般可以用角钢焊接水池的池壁，其高度一般比设计水池深高 20～25cm，池底与池壁用塑料布铺设，并应将塑料布反卷包住池壁外侧，以素土或其他重物固定。为了防止地面上的硬物破坏塑料布，可以先在池底部位铺厚 20mm 的聚苯板。水池的池壁内外可以临时以盆花

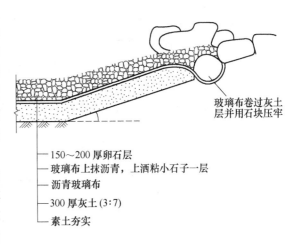

图4-30 玻璃布沥青水池结构做法

或其他材料遮挡，并在池底铺设 15~25mm 厚砂石。还可以在水池内安装小型的喷泉与灯光设备，根据设计情况而定。

3. 水池的管线安装设计

管线的布置设计可以结合水池的平面图进行，标出给水管、排水管的位置。上水闸门井平面图要标明给水管的位置及安装方式；如果是循环用水，还要标明水泵及电机位置。上水闸门井剖面图，不仅应标出井的基础及井壁的结构材料，而且应标明水泵电机的位置及进水管的高程。下水闸门井平面图应反映泄水管、溢水管的平面位置；下水闸井剖面图应反映泄水管、溢水管的高程及井底部、壁、盖的结构和材料。

（1）几种水管的作用

1）进水管：供给池中各种喷嘴喷水或水池进水的管道。

2）溢水管：保持池中的水位设计，在水池已经达到设计水位，而进水管继续使用时，多余的水由溢水管排出。

3）泄水管：把水池中的水放回闸门井，或水池需要放干水时（清污、维修等），水从泄水管中排出。

4）补充水管：为补充给水，保持池中水位，补充损失水量，如喷水过程中，水沫漂散、蒸发等，启用补充水管。

5）回水龙头：在容易冻胀的北方地区，为保护水管，水使用后，放尽水管中的存水，用回水龙头。

（2）水池的给水系统　水池的给水系统主要有直流给水系统、陆上水泵循环给水系统、潜水泵循环给水系统和盘式水景循环给水系统四种形式。

1）直流给水系统。直流给水系统如图 4-31 所示，将喷头直接与给水管网连接，喷头喷射一次后即将水排至下水道。这种系统构造简单、维护简单且造价低，但耗水量较大，运

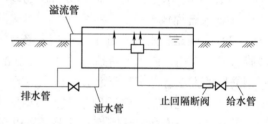

图 4-31　直流给水系统平面布置图

行费用较高。直流给水系统常与假山、盆景结合，可做小型喷泉、孔流、涌泉、水膜、瀑布、壁流等，适合于小庭院、室内大厅和临时场所。

2）陆上水泵循环给水系统。陆上水泵循环给水系统如图 4-32 所示，该系统设有贮水池、循环水泵房和循环管道，喷头喷射后的水多次循环利用，具有耗水量小、运行费用低的优点。但系统较复杂，占地较多，管材用量较大，造价较高，维护管理麻烦。此种系统适合于各种规模和形式的水景工程，一般用于较开阔的场所。

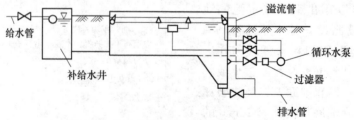

图 4-32　陆上水泵循环给水系统平面布置图

3）潜水泵循环给水系统。潜水泵循环给水系统如图4-33所示，该系统设有贮水池，将成组喷头和潜水泵直接放在水池内作循环使用。这种系统具有占地小，造价低，管理容易，耗水量小，运行费用低等优点。该系统适合于各种形式的中、小型水景工程。

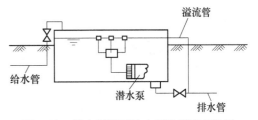

图4-33　潜水泵循环给水系统平面布置图

4）盘式水景循环给水系统。盘式水景循环给水系统如图4-34所示，该系统设有集水盘、集水井和水泵房。盘内铺砌踏石构成甬路。喷头设在石隙间，适当隐蔽。人们可在喷泉间穿行，满足人们的亲水感、增添欢乐气氛。该系统不设贮水池，给水均循环利用，耗水量少，运行费用低，但存在循环水已被污染、维护管理较麻烦的缺点。

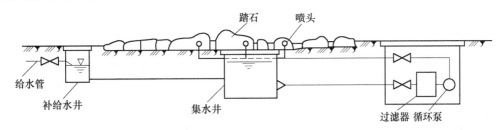

图4-34　盘式水景循环给水系统平面布置图

为维持水池水位和进行表面排污，保持水面清洁，水池应有溢水口、泄水口的处理。常用的溢水口形式有堰口式、漏斗式、管口式和联通管式等，可视实际情况选择。大型水池宜设多个溢水口，均匀布置在水池中间或周边。溢水口的设置不能影响美观，并要便于清除积污和疏通管道，为防止漂浮物堵塞管道，溢水口要设置格栅，格栅间隙应不大于管径的1/4。泄水口应设于水池池底最低处，并使池底有不小于1%的坡度。

4. 规则式水池池沿设计

作为水池的压顶部分，池沿的设置常见的有6种形式，如图4-35所示，做成有沿口的压顶，可以减少水花向上溅溢，并能使波动的水面快速平衡下来，有利于形成镜面倒影。如做成无沿口的压顶，则会形成浪花四溅的强烈动感。规则式水池讲究几何形状的和谐与稳固性，所以池边材料多为石板、花岗岩、石条、砖块或同样规格的圆石。规则式水池的边沿一定要线条清晰，保持绝对的水平。一个较小的水池最好用不同色彩或质地的材料把水池的边沿突出来。一般用小块的材料更能起到这种效果，例如防水型装饰用砖、工程用砖、方块面砖、铺面砖等。规则式水池只有当池中的水位与池边齐平或略低于池边时效果才最为理想，而满盈的效果则一定要在池沿的压顶石完全水平时才能达到，用于固定池沿的砂浆应该尽量细致。

营建水池池沿时，要考虑它的实际功能。池沿最好稍微向池外边倾斜，这样可以防止杂物漂浮到池塘的水面之上。在雨水较少的地区，下沉式水池的池沿应比周围的地面高出几厘米，可以起到防护的作用。在雨水较多的地区，池沿应该至少比周围地势高10cm。

二、实例分析

1. 上海世博会庆典广场"水镜"工程设计

上海世博会庆典广场位于上海世博会浦东展区世博轴的尽端，设计用地面积约为2.15

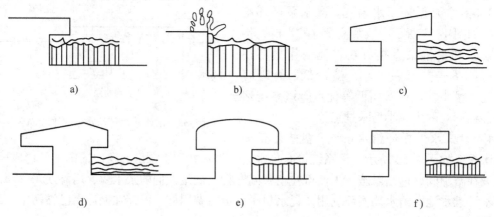

图 4-35　池沿的 6 种设置形式

a) 有沿口　b) 无沿口　c) 单坡　d) 双坡　e) 圆弧　f) 平顶

公顷。南北向长约 120m，东西向长约 130m，范围包括和兴仓库周边用地。由于其所处位置的独特性，建设的重要性、特殊性等原因，对设计方案的艺术性和技术性提出了高标准的要求。庆典广场中的"水镜"是整个景观设计的核心内容，也是设计的重点和难点。水镜位于广场的中轴线上，是世博中央轴线的延续。其整体呈矩形（图 4-36），长宽分别为 86m 和 40m。设计吸取了法国先进的设计理念与工程技术，并在技术上自行突破、创新。水镜使广场上布了一层薄薄的、最厚时只有 5mm 的水膜，水从 10mm×200mm 的广场铺地砖中的水洞涌出，以保证水镜水深保持在 5mm 左右。水膜可通过水量的自动调节，保证水深在 2～5mm 间变化。在水镜中设计了喷雾效果，在广场四周环向设置 4 个区域，每个区域内按每块花岗岩中央设置一个喷头考虑，合计设置约 3000 多个高压细水雾喷头。为达到均匀的喷洒效果，配水管网布置采用多路环网式，控制阀门设置在各控制区域的入口及配水干管的进口处。因此，水镜广场时而会喷出一阵阵如云似雾的水汽，之后广场又恢复平常。薄薄的水膜确保了水面的绝对平静，如同一面镜子，可以倒映周边的建筑、公园与天空，如图 4-37 所示。

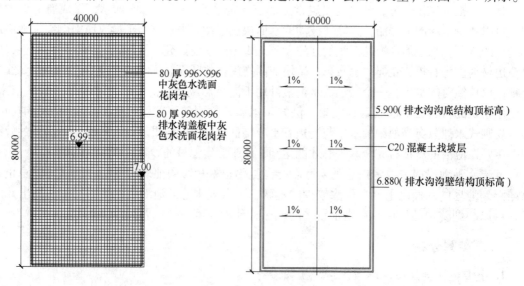

图 4-36　世博会水镜平面图

图 4-37 上海世博会庆典广场水镜景观

水镜工程技术难点与工程创新主要体现在以下几个方面：

（1）可微调式结构做法 水镜可微调式结构主要表现在可上可下，以保证水镜在水平面上绝对的平整。水镜结构中的钢架主要由 H 形钢柱、钢柱顶部钢板与 H 形钢梁组成，如图 4-38 所示。池底对应上方花岗岩面板，沿水镜长边方向每隔 1m、短边方向每隔 3m 预埋钢板，上面焊接 H 形钢柱，钢柱顶部焊接钢板，钢板上沿水镜短边方向设置 H 形钢梁。H 形钢柱、钢柱顶部钢板与 H 形钢梁之间采用金属螺栓进行连接固定。另外在钢柱顶部钢板上设置 2 个钢梁水平调节螺栓，用来微调钢梁的水平高度，使所有钢梁完成面处于同一水平面上。水镜钢结构均采用镀锌钢材，所有连接构件须由专业厂家先焊接制作，镀锌完成后方可运至现场安装调试。水镜铺装面板采用 996mm×996mm、80mm 厚的中灰色水洗面花岗岩。

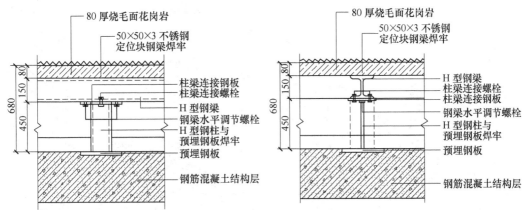

图 4-38 可微调式结构做法

（2）特殊的水循环 水镜技术的创新还体现在对水循环的处理上。为了避免水受到污染或加热，将定期不断地在地下的水箱中循环清洁并降温。给排水系统设计在各块大理石铺装的拼接处设置透水缝，在大理石的下方预留深度约 300mm 的蓄水槽，水槽通过大口径进出水管与地下机房相连。在机房内设置回水池和清水池各一座，清水池的容积与蓄水槽相当，约为 1200m³。初次补水由雨水回用水或自来水管网供给，经供水泵快速送到蓄水槽，使槽内水位均匀升高至大理石表面，达到设计效果后控制水泵停止运行。供水泵的性能和台数与水镜效果形成的时间有关，初步设计为 1h。在后续使用时，由于蓄水槽可存蓄水量，水镜效果形成的时间可大大减少，水位可在大理石表面上下不断变化，以配合使用要求。当广场较长时间不需要水镜时，可通过排水泵或管道自排方式将蓄水槽内水引至机房回水池，以便水质处理。

（3）水池抗沉降措施　水镜占地面积为 3440m²，铺装面板完成面标高为 6.990m，排水沟盖板完成面标高为 7.000m，两者相差 10mm（最大水深为 5mm）。水镜的水深仅 5mm，任何轻微的沉降都会破坏水镜的效果。为保证水镜广场基础结构的稳定性，尽可能做到零沉降，设计对广场进行了桩基与顶板处理。根据广场的不同区域，在广场地下结构部分设置不同密度的 25cm×25cm 的预制方桩，桩长 22m，由 2 根拼接而成。为了满足水镜日后的养护管理，水镜上的花岗岩不设计成永久固定的，而为可掀开式做法。为了达到这个目的，设计对花岗岩的固定并不是采用普通的做法，而是在钢梁顶部焊接 3mm 厚不锈钢"十"字形定位块，将 8cm 厚的花岗岩面板根据定位块位置放置在钢梁上。由于花岗岩面板直接放置在架空钢架上，因此架空钢架的平整度与表面石材的平整度同样重要。

（4）水池防水措施　水镜底部水池采用 C30 钢筋混凝土，抗渗等级为 S6，底板和侧壁均采用内防水，防水材料钢筋混凝土结构层上依次为水泥基复合弹性防水膜、SBS 改性沥青防水卷材，最外层底板为 C20 混凝土找坡层，最薄处 20mm，侧壁为 20mm 厚防水砂浆保护层，内衬钢丝网。SBS 改性沥青防水卷材结构或其他构件时须翻起搭接固定，长度不小于 150mm。

2. 居住区水池工程

图 4-39 为某小区规则式水渠，水池平面设计为规则几何式，水池壁高出地面约 5cm，水池深度为 20cm，池沿为无沿口式，池底为河卵石铺底，此种水池岸壁设计形式较生硬，同时为了满足景观需求，水面要经常清洗换水，保持池水的干净。图 4-40 为某小区水池静水景观，起到很好的装饰效果，水池小巧而精致，面积约为 3m²。水池每条边均采用不同形式的池沿处理手法，水池底也采用了两种不同形式的铺装纹样，使水面有小中见大的效果。

图 4-39　规则式水渠

图 4-40　装饰静水景观

图 4-41 为小区绿地中的水渠景观效果，图 4-41a 水渠采用规则几何形式，与周围空间

协调统一，水池边沿采用同一色系的石材贴面同时贴近水面，能满足人的亲水心理。图4-41b水渠采用规则几何直线的构图，将广场进行了直线的分割，看上去有点生硬，同时水池边角均采用尖角处理，很不安全。

a)

b)

图 4-41　不同形式水渠景观效果

三、训练与评价

1. 目的要求

图 4-42 为某居住区中心公园西入口广场平面图，请完成该特色水景水池工程设计。要求：

1）水池平面设计首先应明确水池在地面以上的平面位置、尺寸和形状，这是水池设计的第一步。水池平面造型要力求简洁大方而又具有个性特点，要因地制宜，充分考虑园址现状，与所在环境的气氛、建筑和道路的线型特征以及视线关系协调统一。

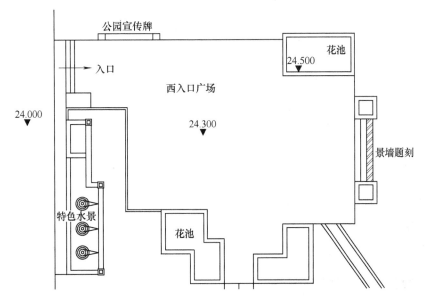

图 4-42　某居住区中心公园西入口广场平面图

2）水池的剖面设计要反映水池的结构和要求。园林中的水池无论大小深浅如何，都必须做好结构剖面设计。水池的防水处理也非常重要，根据水深、材料、自重以及防水要求等具体情况的不同，设计时应具体对待。

3）水池的立面设计要反映主要朝向各立面处理的高度变化和立面景观；同时水池池壁顶与周围地面要有合宜的高程关系。

4）管线的布置设计要结合水池的平面图进行，标出给水管、排水管的位置。上水闸门井平面图要标明给水管的位置及安装方式；如果是循环用水，还要标明水泵及电机位置。

2. 设计内容

1）完成水池工程的平面、剖面、立面设计。

2）完成水池相关管线的设计。

3. 要点提示

1）水池平面造型要力求简洁大方而又具有个性特点。

2）水池的剖面设计要反映水池的结构和要求。

3）水池的立面设计要反映主要朝向各立面处理的高度变化和立面景观；同时水池池壁顶与周围地面要有合宜的高程关系。

4）管线的布置设计要结合水池的平面图进行，标出给水管、排水管的位置。如果是循环用水，还要标明水泵及电动机位置。

4. 自我评价

序号	评价内容	评价标准	自我评定
1	水池平面造型设计	1. 水池的平面位置、尺寸和形状与所在环境协调统一（15分） 2. 水池平面造型简洁大方而有特色（10分）	
2	水池的剖面设计	1. 水池剖面结构设计符合设计规范（15分） 2. 水池防水处理符合规范（10分）	
3	水池的立面设计	1. 水池立面设计能反映主要朝向各立面处理的高度变化和立面景观（15分） 2. 水池池壁顶与周围地面高程关系处理得当（10分）	
4	水池的管线布置设计	1. 给水管、排水管的位置安排符合设计要求（15分） 2. 水泵及电机位置布置合理（10分）	

四、思考练习

1. 规则式水池设计及营建的要点有哪些？

2. 水池结构做法有哪些？

3. 水池管线安装设计应注意什么问题？

任务3 瀑布、跌水工程设计

瀑布与跌水是由落水造成的景观。一般而言，瀑布是指自然形态的落水景观，多与假山、溪流等结合；而跌水是指规则形态的落水景观，多与建筑、景墙、挡土墙等结合。瀑布与跌水表现了水的坠落之美。瀑布之美是原始的、自然的、富有野趣，它更适合于自然山水园林；跌水则更具形式之美和工艺之美，其规则整齐的形态，比较适合于简洁明快的现代园林和城市环境。

一、相关知识

1. 瀑布的类型

天然的瀑布是指溪流、河流等水道的水体在陡峭坡道处滚落直下形成的景观。园林中一般利用假山、溪流来建造模仿自然的瀑布。瀑布的形态是多样的，主要由瀑布水体降落处的水口形状和瀑布降落途径中的水道形状决定。水口和水道的形态直接造成了水流形状的变化，从而形成各种形式的瀑布。

（1）直落式瀑布　直落式瀑布是指水体下落时未碰到任何障碍物而垂直下落的一种瀑布形式。水体在下落过程中是悬空直落的，形状不会发生任何变化。因而直落式瀑布的形态主要由瀑布降落处的水口形状决定。

如果水口宽阔但不平整，呈凹凸变化，则水流会集中在水口的下凹处流下。由于凹凸的变化往往是不规则的，或深或浅、或宽或窄，从而导致下落的水流形成多条粗细不同的水柱或宽窄不一、厚薄不同的水幕。这种形式的瀑布变化非常丰富，即使水幕是连续的，也会出现褶皱。自然界中这种瀑布较多见，常出现于自然的山岭中。

如果水口宽阔且平整，则水流会沿水口均匀下落，形成厚薄一致的布帘状水幕。这种瀑布平展整齐，变化不大，统一感强。由于瀑布水口平整，水流下落均匀，而且没有水花产生，所以整个水幕平滑透明，适宜做水帘洞或建筑窗外的落水景观。

如果水口呈狭窄的"V"字或"U"字形，水流则集中成一条水柱下落。这种形式的瀑布水流速度大，动感强，一般在落差较大时效果更佳。

（2）滑落式瀑布　滑落式瀑布是指水体沿着倾斜的水道表面滑落而下的一种瀑布形式，这种瀑布类似于流水，但出现在坡度较陡、高差较大，且水道较宽的地方。滑落式瀑布由于水沿水道表面而下，所以水道的形状决定了瀑布水流的形态。如果水道坡度一致，表面平整，则水流呈平滑透明的薄片状，水流娴静轻盈，亲切宜人。如果水道坡度一致，但表面不平整，则水流会与凸起的地方发生碰撞，产生飞溅的白色水花，水流动感加强，有较大的水声，活泼而富有生命力。如果水道坡度有变化，时陡时缓，则水流会时急时缓，产生呈缓急变化的瀑布。

（3）叠落式瀑布　叠落式瀑布是指水道呈不规则的台阶变化，水体断断续续呈多级跌落状态的一种瀑布形式。叠落式瀑布也可看作是由多个小瀑布组合而成，或者叫做多级瀑布。在平面上，它可以占据较大的进深，立面上也更为丰富，有较强的层次感和节奏感。

2. 瀑布的布置要点

瀑布设计一般可分两类，一类为自然式，即与假山设计相结合，或作为溪流的一部分。另一类单独设计成规整的体型，简洁、明快，具有现代化气息。

（1）自然式瀑布布置要点

1）布置场合一般在临水的绝壁处。

2）瀑布的上游应有深厚的背景，如可在蓄水池三面布置山石和树木造成山峦层次，否则"无源"之水不符合自然之理。

3）落水口的质地对瀑身影响较大。光滑时瀑身平展如透明薄纱；粗糙时瀑身有较多褶皱，极粗糙时产生水花，瀑身呈白色。

4）承水潭的宽度要根据瀑身高度来确定。过宽影响观赏效果，过窄水花易溅出，若欲使游人能"身临其境"，可设置自然矶石汀步。

（2）规则式瀑布布置要点　规则式瀑布一般是指水流界面由砖、石料或混凝土塑成的几何形状构筑物组成的落水景观。多布置在一个较大的水池中，以瀑布群的形式出现，池中常设置矩形汀步，任人行走。其布置要点主要体现在以下几个方面：

1）规则式瀑布宜布置在视线集中、空间较开敞的地方。地势若有高差变化则更为理想。

2）瀑布着重表现水的姿态、水声、水光，以水体的动态取得与环境的对比。

3）水池平面轮廓多采用折线形式，便于与池中分布的瀑布池台协调一致。池壁高度宜小，最好采用沉床式或直接将水池置于低地中，有利于形成观赏瀑布的良好视域。

4）瀑布池台宜有高低、长短、宽窄的变化，参差错落，使硬质景观和落水均有一种韵律的变化。

5）考虑游人近水、戏水的需要，池中应设置汀步。使池、瀑成为诱人的游乐场所。

3. 瀑布的构成及设计要点

瀑布一般由背景、上部蓄水池、落水口、瀑身、承水潭和溪流五部分构成。人工瀑布常以山石树木为背景，上游积聚的水流至落水口，落水口也称为瀑布口，其形状和光滑度影响到瀑布水态及声响。瀑身是观赏的主体，落水后形成深潭接小溪流出。在对瀑布进行设计时特别要注意以下几点：

（1）上部蓄水池的设计　蓄水池的容积要根据瀑布的流量来确定，要形成较壮观的景象，就要求其容积较大；相反，如果要求瀑布薄如轻纱，蓄水池就没有必要太深、太大。蓄水池结构设计一般如图 4-43 所示。

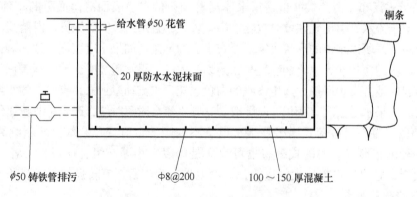

图 4-43　蓄水池结构做法

（2）溢水堰口处理　所谓堰口处理就是使瀑布的水流改变方向的山石部位。欲使瀑布平滑、整齐，就必须对堰口采取一定的措施：第一种，可以在堰口处固定 V 形铜条或不锈钢条，因为这种金属构件能被做得相当平直；第二种，使进水管的进水速度比较稳定，进水管一般采取花管或在进水管设挡水板，以减少水流出水池的速度，一般这个速度不宜超过 1m/s。

（3）瀑身的设计　瀑布水幕的形态也就是瀑身，它是由堰口及堰口以下山石的堆叠形式确定的。例如，堰口处的整形石呈连续的直线，堰口以下的山石在侧面图上的水平长度不超出堰口，则这时形成的水幕整齐、平滑，非常壮丽。堰口处的山石虽然在一个水平面上，但水际线伸出、缩进有所变化，这样的瀑布形成的景观有层次感。如果堰口以下的山石，在水平方向上堰口突出较多，就形成了两重或多重瀑布，这样的瀑布就显得活泼而有节奏感。

（4）下部承水池的设计　下部承水池的设计即潭底及潭壁设计。瀑布的水落入潭中，潭底及潭壁受到一定的压力。一般由人工水池替代潭时，池底及池壁的结构必须相应加固。在园林中，由于瀑布落差的大小对水池底做相应的处理：水落差大于5m时，采取图4-44a所示池底结构做法；水落差为2～5m时，采取图4-44b所示池底结构做法；水落差小于2m时，采取图4-44c所示池底结构做法。

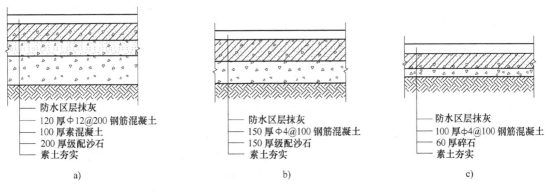

— 防水区层抹灰
— 120 厚φ12@200 钢筋混凝土
— 100 厚素混凝土
— 200 厚级配砂石
— 素土夯实

a)

— 防水区层抹灰
— 150 厚φ4@100 钢筋混凝土
— 150 厚级配砂石
— 素土夯实

b)

— 防水区层抹灰
— 100 厚φ4@100 钢筋混凝土
— 60 厚碎石
— 素土夯实

c)

图 4-44　不同类型池底结构做法

池壁的处理方法：池壁所受到的冲力一般比池底所受到的冲力小，可用水泥砂浆砌24砖墙，防水层抹灰即可。

瀑布水潭大小的确定：潭的大小需要根据瀑布水流量的大小而定，也要综合考虑观赏瀑布的最佳视距，瀑布水不外溅的最小距离等。一般水池的宽度不小于瀑布落差的2/3，而观看瀑布全景离瀑布水平距离（可以用水池的长度来限制）与瀑布的高度相等。

水池壁的高度可以结合人们坐着休息时椅凳的高度来设计，约为35～45cm，也可以用自然山石点缀，与假山瀑布协调。

（5）给水排水系统的设计　瀑布设计首要的问题是瀑布给水，必须提供足够的水源。瀑布的水源有三种：一种是利用天然地形的水位差，这种水源要求建园范围内有泉水、溪、河道；一种是直接利用城市自来水，用后排走，但投资成本高；三是水泵循环供水。管径的大小、数量及水泵的规格，可根据瀑布的流量来确定。水泵的选择需考虑流量和扬程两个因素，水泵流量要大于瀑布用水量的1.2倍，水泵扬程大于实际扬程的1.3倍。管道管径要大于或等于水泵出水口径，管道出水位置应设挡水板或弯曲向下，也可采用花管供水，以免出现紊流。

（6）瀑布与其他因素的结合　瀑布不仅有"飞流直下三千尺，疑是银河落九天"的视觉效果，而且其轰鸣声震撼人心。有时为了突出其声响，渲染气氛，增强瀑布冲击潭水的壮观氛围，可以借助现代化的音响，达到这种目的，也可以把彩色的灯光，安装在瀑布对面，晚上就可以呈现出彩色瀑布的奇异景观。

4. 跌水的形式及设计要点

跌水是指利用人工构筑物的高差使水由高处往低处跌落而下形成的落水景观。跌水与瀑布的理水手法很相近，只是瀑布主要利用自然山石为载体来塑造水景，而跌水则利用规则的形体位载体来塑造水景。一般与建筑、墙体等结合而建，利用建筑、墙体的高度形成跌水，也有利用建在顺坡地的水池的高差来形成跌水。

（1）跌水的形式　跌水的形式有多种，就其落水的水态可分为以下几种形式：

1）单级式跌水（也称为一级跌水）。溪流下落时，如果无阶状落差，即为单级跌水。单级跌水又可分为直落式跌水和滑落式跌水两种。这种形式的跌水因墙体的倾斜度和光滑度不同而呈现出不同的效果。

2）二级式跌水。溪流下落时，具有二阶落差的跌水。通常上级落差小于下级落差。二级跌水的水流量较单级跌水小，故下级消力池底厚度可适当减少。

3）多级跌水。溪流下落时，具有三级以上落差的跌水。多级跌水一般水流量较小，因而各级均可设置蓄水池（或消力池）。水池可为规则式，也可为自然式，视环境而定。水池内可散铺卵石，以防水闸海漫功能削弱上一级落水的冲击。

4）悬臂式跌水。其特点是落水口的处理与瀑布落水口泄水石处理极为相似，它是将泄水石突出成悬臂状，使水能泻至池中间，因而使落水更具魅力。

5）陡坡跌水。其是以陡坡连接高、低渠道的开敞式过水建筑物。园林中多应用于上下水池的过渡。陡坡跌水由于坡陡水流较急，需有稳固的基础。

（2）跌水的设计要点　首先要分析地形条件，重点在地势高低变化，水源水量情况及周围景观空间等。其次确定水的形式。水量大、落差小，可选择单级跌水；水量小、地形具有台阶落差，可选用多级式跌水。再者，跌水应结合泉、溪、涧、水池等其他水景综合考虑，并注重利用山石、树木、藤本植物隐蔽供水管、排水管、增加自然气息、丰富立面层次。

二、实例分析

1. 杭州太子湾公园人工瀑布景观（图4-45）

太子湾公园位于苏堤春晓、花港观鱼南部及雷峰夕照、南屏晚钟西部背山面湖的密林间，太子湾公园的立地环境与花港观鱼、曲院风荷、柳浪闻莺不同，犹如一把太师椅的椅座，紧紧背靠着九曜山与南屏山，东边是肃穆宁静的寺观墓道，西面是借景入园的南高峰，北面又被一长列高大葱郁的水杉林封闭，与城隔绝，自成天地，显得格外安静和野朴。太子湾公园的景观设计因山就势、顺应自然、追求天趣为宗旨。水系处理是太子湾公园的关键，公园凭借钱塘江—西湖引水工程带来的便利，将园内部分水系变为动水景观。引水河道如将军领卒，主宰着所有池湾溪流的动向和流量。引水洞口上方筑邀月潭蓄积山水，旁设隐蔽水泵，将引进的钱塘江水压入潭中，复将蓄水吐出，经珠帘壁、追云泷、试胆涧层层下跌，造成飞瀑激流叠水的动水景观，最后回归河道池湾，泄入西湖，周而复始地推动太子湾公园所有水系的良性循环。

2. 广州白天鹅宾馆"故乡水"景观（图4-46）

广州白天鹅宾馆最吸引人的是中庭的"故乡水"景观。用假山瀑布来表现祖国山河，用中国传统风格的亭子与具有地方特色的石英石来表现故乡情，充分表现了主题思想，让人

图 4-45 杭州太子湾公园人工瀑布景观

图 4-46 广州白天鹅宾馆"故乡水"景观

有一种回归故里的亲切感。石山瀑布、小桥流水，用了不少的曲径回廊连接各空间，独具岭南园林风格特色。水池岸线自然曲折，每个凹凸半径不等，长短有异，水中种植有荷花、睡莲等水生植物。"一拳石则苍山千仞，一勺水则碧波万顷；层峦叠翠，长河巨泊。"这是对白天鹅宾馆积石成山、跌水相置的最好概括。

3. 美国波特兰市礼堂前庭广场水景（图 4-47）

劳伦斯·哈普林设计的美国波特兰市礼堂前庭广场水景，用高低错落的巨型混凝土块组成跌水，水从约 24m 宽、5m 高的峭壁上直流而下，雄伟的气势与城市广场环境气氛达到完美的统一。

三、训练与评价

1. 目的要求

杭州市某居住区拟在入口处设计一座瀑布景观，场地大小约 10m×20m，使之成为入口

图 4-47　美国波特兰市礼堂前庭广场水景

对景，请完成该瀑布水景工程设计。要求：

1）该瀑布设计宜与假山、树木相结合，造成山峦层次，形成瀑布群的形式。

2）承水潭的宽度要根据瀑身高度来确定。过宽影响观赏效果，过窄水花易溅出，若欲使游人能"身临其境"，可设置自然矶石汀步。

3）瀑布池台宜有高低、长短、宽窄的变化，参差错落，使硬质景观和落水均有一种韵律的变化。

4）瀑布的给水排水系统设计合理，管径的大小、数量及水泵的规格，应根据瀑布的流量来确定。

2. 设计内容

1）完成瀑布水景工程的平面、立面、剖面设计。

2）完成瀑布潭底、潭壁的设计。

3）完成瀑布给水排水系统设计

3. 设计要点

1）瀑布水池的平面位置、尺寸和形状与所在环境协调统一。

2）瀑布立面高低错落，有节奏韵律变化。

3）瀑布潭底、潭壁结构坚固，能满足防水要求。

4）瀑布的给水排水系统设计合理，管径的大小、数量及水泵的规格符合景观要求。

4. 自我评价

序号	评价内容	评价标准	自我评定
1	瀑布工程平面设计	1. 瀑布水池的平面位置、尺寸和形状与所在环境协调统一（10 分） 2. 池台宜有高低、长短、宽窄的变化，参差错落，使硬质景观和落水均有一种韵律的变化（10 分）	

（续）

序号	评价内容	评价标准	自我评定
2	瀑布工程立（剖）面设计	1. 瀑布与假山、树木相结合，尺度与周围环境协调统一（15分） 2. 立面高低错落，有节奏韵律变化（10分）	
3	瀑布潭底、潭壁结构设计	1. 瀑布潭底、潭壁结构坚固，能满足防水要求（15分） 2. 潭底、潭壁材料与环境协调统一（15分）	
4	瀑布给水排水系统设计	1. 给水管、排水管位置符合设计要求（15分） 2. 水泵及电机位置布置合理（10分）	

四、思考练习

1. 瀑布设计要点有哪些？设计时应注意什么问题？

2. 跌水设计要点有哪些？

任务4　喷泉工程设计

一、相关知识

1. 喷泉的类别和形式

喷泉是园林理水造景的重要形式之一。它能够把池中平静的水面与喷水的动态美结合起来形成多姿多彩的景观。现代化喷泉，不仅有优美的水造型而且和绚丽的灯光、悦耳的音乐一起，能够创造出更加动人的景观效果。喷泉常应用于城市广场、公共建筑庭院、园林广场，或作为园林的小品广泛应用于室内外空间。

喷泉有很多种类和形式，大体可分为如下四类：

（1）普通装饰性喷泉　由各种普通的水花图案组成的固定喷水型喷泉。

（2）与雕塑结合的喷泉　喷泉的各种喷水花形与雕塑、水盘、观赏柱等共同组成景观。

（3）水雕塑　用人工或机械塑造出各种抽象的或具象的喷水水形，其水形呈某种艺术性"形体"的造型。

（4）自控喷泉　利用各种电子技术，按设计程序来控制水、光、音、色的变化，从而形成变幻多姿的奇异水景。

2. 喷泉的位置及适用场所

（1）喷泉位置的选择　喷泉的布置，首先要考虑喷泉对环境的要求。在选择喷泉位置、布置喷水池周围的环境时，首先要考虑喷泉的主题、形式，要与环境相协调，把喷泉和环境统一考虑，用环境渲染和烘托喷泉，以达到装饰环境的效果，或借助喷泉的艺术联想创造意境。

（2）喷泉景观的适用场所　喷泉景观的分类和适用场所见表4-1。

表 4-1　喷泉景观的分类和适用场所

名　称	主　要　特　点	适　用　场　所
壁泉	由墙壁、石壁或玻璃板上喷出，顺流而下形成水帘和多股水流	广场、居住区入口、景观墙、挡土墙、庭院等
涌泉	水由下向上涌出，呈水柱状，高度为 60~80cm，可独立设置也可组成图案	广场、居住区入口、庭院、假山、水池等
间歇泉	模拟自然界的地质现象，每隔一定时间喷出水柱或汽柱	溪流、小径、泳池边、假山等
旱地泉	将喷泉管道和喷头下沉到地面以下，喷水时水流回落到广场硬质铺装上，沿地面坡度排出，广场平常可作为休闲广场	广场、居住区入口等
跳泉	射流非常光滑稳定，可以准确落在受水孔中，在计算机控制下，生成可变化长度和跳跃时间的水流	庭院、园路边、休闲场所等
跳球喷泉	射流呈光滑的水球，水球大小和间歇时间可控制	庭院、园路边、休闲场所等
雾化喷泉	由多组微孔喷管组成，水流通过微孔喷出，看似雾状，多呈柱形和球形	庭院、广场、休闲场所等
喷水盆	外观呈盆状，下有支柱，可分多级，出水系统简单，多为独立设置	庭院、园路边、休闲场所等
小口喷泉	从雕塑器具（罐、盆）或动物（鱼、龙）口中出水，形象有趣	广场、群雕、庭院等
组合喷泉	具有一定规模，喷水形式多样，有层次、有气势，喷射高度高	广场、居住区、入口等

3. 喷泉水型和常用喷头类型

（1）喷泉水型的基本形式　喷泉的喷水形式是指水型的外观形态，既指单个喷头的喷水样式，也指喷头组合后的喷水形式，如雪松形、牵牛花形、蒲公英形、水幕形、编织形等。各种喷泉水型可以单独使用，也可以是几种喷水型相互结合，共同构成美丽的图案。

表 4-2 为常见喷泉水姿的基本形式。随着喷泉设计的日益创新，新材料的广泛应用，施工技术的不断进步，环境对喷泉的装饰性要求越来越高，喷泉水型必将不断丰富和发展。

（2）常用喷头类型　喷头是喷泉的一个主要组成部分。它的作用是把具有一定压力的水，经过喷嘴的造型，喷射到空中形成各种造型的水花。因此，喷头的形式、结构、制造的质量和外观等，对整个喷泉的艺术效果产生重要的影响。

喷头因受水流（有时甚至是高速水流）的摩擦，一般多用耐磨性好，不易锈蚀，又具有一定强度的黄铜或青铜制成。近年来也使用铸造尼龙（聚己内酰胺）制造低压喷头。

喷头出水口的内壁及其边缘的光洁度，对喷头的射程及喷水形式有较大的影响。因此，设计时应根据各种喷嘴的不同要求或同一喷头的不同部位，选择不同的光洁度。目前国内外经常使用的喷头式样很多，可以归纳为以下几种类型，见表 4-3。

表 4-2 喷泉水姿的基本形式

序号	名　称	喷 泉 水 型	序号	名　称	喷 泉 水 型
1	屋顶形		12	牵牛花形	
2	喇叭形		13	半球形	
3	圆弧形		14	蒲公英形	
4	蘑菇形		15	单射形	
5	吸力形		16	水幕形	
6	旋转形		17	拱顶形	
7	喷雾形		18	向心形	
8	撒水形		19	圆柱形	
9	扇形		20	向外编织形	
10	孔雀形		21	向内编织形	
11	多层花形		22	篱笆形	

表 4-3　常用喷头的种类

序号	名　称	特　点	喷头形式
1	单射流喷头	单射流喷头是压力水喷出的最基本形式，也是喷泉中应用最广的一种喷头。它不仅可以单独使用，也可以组合使用，能形成多种样式的喷水形	
2	喷雾喷头	这种喷头的内部，装有一个螺旋状导流板，使水具有圆周运动，水喷出后形成细细的水流、弥漫的雾状水滴	
3	环形喷头	环形喷头的出水口为环状断面，即外实中空，使水形成集中而不分散的环状水柱，它以雄伟、粗犷的气势跃出水面，给人们带来一种向上激进的气氛	
4	旋转喷头	旋转喷头是利用压力水由喷嘴喷出时的反作用力或用其他动力带动回转器转动，使喷嘴不断的旋转运动，从而丰富了喷水的造型，喷出的水花或欢快旋转或飘逸荡漾，形成各种扭曲线形，婀娜多姿	
5	扇形喷头	这种喷头的外形很像扁扁的鸭嘴。它能喷出扇形的水膜或像孔雀开屏一样形成美丽的水花	

（续）

序号	名　称	特　点	喷头形式
6	变形喷头	变形喷头的种类很多，它们的共同特点是在出水口的前面，有一个可以调节的形状各异的反射器，使射流通过反射器，起到使水花造型的作用，从而形成各式各样的、均匀的水膜，如牵牛花形、半球形等	半球形喷头及喷水形 牵牛花形喷头及喷水形
7	多孔喷头	这种喷头可以由多个单射流喷嘴组成一个喷头，也可以由平面、曲面或半球形的带有很多细小的孔眼的壳体构成喷头，它们能呈现造型各异的盛开的水花	
8	吸力喷头	此种喷头是利用压力水喷出时，在喷嘴的喷口处附近形成负压区。由于压力差的作用，把空气和水吸入喷嘴外的套筒内，与喷嘴内喷出的水混合后一并喷出，形成白色不透明的水柱。它能充分的反射阳光，因此光彩艳丽；夜晚如有彩色灯光照明则更为光彩夺目。吸力喷头又可分为吸水喷头、加气喷头和吸水加气喷头	

（续）

序号	名　称	特　点	喷头形式
9	蒲公英形喷头	这种喷头是在圆球形壳体上，装有很多同心放射状喷管，并在每个管头上装一个半球形变形喷头。因此它能喷出像蒲公英一样美丽的球形或半球形水花。它可以单独使用，也可以几个喷头高低错落地布置，显得格外新颖，典雅	
10	组合式喷头	组合式喷头有两种或两种以上形体各异的喷嘴，根据水花造型的需要，组合成一个大喷头，它能够喷射出极其美妙壮观的图案	

常用喷头的技术参数见表 4-4。

表 4-4　常用喷头的技术参数

序号	品名	规格	技术参数				水面立管高度/cm	接管
			工作压力/MPa	喷水量/(m²/h)	喷射高度/m	覆盖直径/m		
1	可调直流喷头	G1/2″	0.05 ~ 0.15	0.7 ~ 1.6	3 ~ 7		+2	外丝
2		G3/4″	0.05 ~ 0.15	1.2 ~ 3	3.5 ~ 8.5		+2	外丝
3		G1″	0.05 ~ 0.15	3 ~ 5.5	4 ~ 11		+2	外丝
4	半球喷头	G″	0.01 ~ 0.03	1.5 ~ 3	0.2	0.7 ~ 1	+15	外丝
5		G11/2″	0.01 ~ 0.03	2.5 ~ 4.5	0.2	0.9 ~ 1.2	+20	外丝
6		G2″	0.01 ~ 0.03	3 ~ 6	0.2	1 ~ 1.4	+25	外丝
7	牵牛花喷头	G1″	0.01 ~ 0.03	1.5 ~ 3	0.5 ~ 0.8	0.5 ~ 0.7	+10	外丝
8		G11/2″	0.01 ~ 0.03	2.5 ~ 4.5	0.7 ~ 1.0	0.7 ~ 0.9	+10	外丝
9		G2″	0.01 ~ 0.03	3 ~ 6	0.9 ~ 1.2	0.9 ~ 1.1	+10	外丝
10	树冰形喷头	G1″	0.10 ~ 0.20	4 ~ 8	4 ~ 6	1 ~ 2	-10	内丝
11		G11/2″	0.15 ~ 0.30	6 ~ 14	6 ~ 8	1.5 ~ 2.5	-15	内丝
12		G2″	0.20 ~ 0.40	10 ~ 20	5 ~ 10	2 ~ 3	-20	内丝
13	鼓泡喷头	G1″	0.15 ~ 0.25	3 ~ 5	0.5 ~ 1.5	0.4 ~ 0.6	-20	内丝
14		G11/2″	0.2 ~ 0.3	8 ~ 10	1 ~ 2	0.6 ~ 0.8	-25	内丝
15	加气鼓泡喷头	G11/2″	0.2 ~ 0.3	8 ~ 10	1 ~ 2	0.6 ~ 0.8	-25	外丝
16		G2″	0.3 ~ 0.4	10 ~ 20	1.2 ~ 2.5	0.8 ~ 1.2	-25	外丝

（续）

序号	品名	规格	技术参数				水面立管高度/cm	接管
			工作压力/MPa	喷水量/（m²/h）	喷射高度/m	覆盖直径/m		
17	加气喷头	G2″	0.1～0.25	6～8	2～4	0.8～1.1	−25	外丝
18	花柱喷头	G1″	0.05～0.1	4～6	1.5～3	2～4	+2	内丝
19		G11/2″	0.05～0.1	6～10	2～4	4～6	+2	内丝
20		G2″	0.05～0.1	10～14	3～5	6～8	+2	内丝
21	旋转喷头	G1″	0.03～0.05	2.5～3.5	1.5～2.5	1.5～2.5	+2	内丝
22		G1/2″	0.03～0.05	3～5	2～4	2～3	+2	外丝
23	摇摆喷头	G1/2″	0.05～0.15	0.7～1.6	3～7			外丝
24		G3/4″	0.05～0.15	1.2～3	3.5～8.5			外丝
25	水下接线器	6头						
26		8头						

4. 喷泉的供水形式

喷泉的水源应为无色、无味、无有害杂质的清洁水。喷泉供水水源多为人工水源，有条件的地方也可利用天然水源。喷泉用水的给排水方式，简单地说可以有以下几种：

1）对于流量在2～3L/s以内的小型喷泉，可直接由城市自来水供水，使用过后的水排入城市雨水管网。

2）为保证喷水具有稳定的高度和射程，给水需经过特设的水泵房加压，喷出后的水仍排入城市雨水管网。

3）为了保证喷水具有必要的、稳定的压力和节约用水，对于大型喷泉，一般采用循环供水。循环供水的方式可以设水泵房，也可以将潜水泵直接放在喷水池或水体内低处，循环供水。

4）在有条件的地方，可以利用高位的天然水源供水，用毕排除。

5. 喷泉的水力计算及水泵选型

喷泉设计中为了达到预订的水型，必须确定与之相关的流量、管径、扬程等水力因子，进而选择相配套的水泵。

（1）喷头流量计算及喷头选择　喷头是把具有一定压力的水喷射到空中形成各种造型的水花的水管部件，是喷泉的一个组成部分。故其类型、结构、外观都要与喷泉的造景要求相一致。喷嘴的质量和主要喷水口的光滑程度，是达到设计效果的保证。一般选用青铜或黄铜制品，现在用于喷泉的喷头种类繁多，但选择喷头必须全面考虑。既要符合造景要求，又要结合水泵加压，要考虑选择多大的电机和水泵，才能与喷泉、喷头相匹配。根据喷头的总流量来初选，再以最高射流、最远射流需要的压力来调整后确定，各喷头的流量也是喷泉设计成败的关键。

1）喷头流量计算公式。

$$q = \varepsilon \varphi f \sqrt{2gH} \times 10^{-3}$$
$$或\ q = \mu f \sqrt{2gH} \times 10^{-3}$$

式中　q——出流量（L/s）；

　　　ε——断面收缩系数，与喷嘴形式有关；

　　　μ——流量系数；

　　　φ——流速系数，与喷嘴形式有关；

　　　f——喷嘴断面积（mm^2）；

　　　g——重力加速度（m/s^2）；

　　　H——喷头入口水压（m·H$_2$O）。

2）各管道流量计算。某管道的流量，即为该管段上同时工作的所有喷头流量之和的最大值。

3）总流量计算。喷泉的总流量，即为同时工作的所有管段流量之和的最大值。

4）管径计算。实际中可适当选择稍大些的流速，常用1.5m/s来确定管径。

$$D = \sqrt{\frac{4Q}{\pi V}}$$

式中　D——管径；

　　　Q——总流量；

　　　π——圆周率；

　　　V——流速。

5）工作压力的确定。喷泉最大喷水高度确定后，压力即可确定。例如喷高15m喷头，工作压力约为150kPa。

6）总扬程计算。

总扬程 = 实际扬程 + 水头损失扬程

实际扬程 = 工作压力 + 吸水高度

工作压力（压水高度）是指由水泵中线至喷水最高点的垂直高度；吸水高度是指水泵所能吸水的高度，也叫允许吸上真空高度（泵牌上有注明），是水泵的主要技术参数。

水头损失扬程是实际扬程与损失系数乘积。由于水头损失计算较为复杂，实际中可粗略取实际扬程的10%～30%作为水头损失扬程。

（2）水泵选型　喷泉用水泵以离心泵、潜水泵最为普遍。单级悬臂式离心泵特点是依靠泵内的叶轮旋转所产生的离心力将水吸入并压出，它结构简单，使用方便，扬程选择范围大，应用广泛，常有 IS 型、DB 型。潜水泵使用方便，安装简单，不需要建造泵房，主要型号有 QY 型、QD 型、B 型等。

水泵选择要做到"双满足"，即流量满足、扬程满足。为此，先要了解水泵的性能，再结合喷泉水力计算结果，最后确定泵型。

1）水泵型号：按流量、扬程、尺寸等给水泵编的型号。

2）水泵流量：水泵在单位时间内的出水量，单位为 m^3/h 或 L/s（1L/s = 3600L/h = 3.6m^3/h = 3.6t/h）。

3）水泵扬程：水泵的总扬水高度，包括扬水高度和允许吸上真空的高度。

4）允许吸上真空的高度：防止水泵在运行时产生气蚀现象，通过试验而确定的吸水安全高度，其中已留有 30cm 的安全距。该指标表明水泵的吸水能力，是水泵安装高度的依据。

明确基本参数后，通过流量和扬程两个主要因子选择水泵，方法是：

1）确定流量：按喷泉水力计算总流量确定。

2）确定扬程：按喷泉水力计算总扬程确定。

3）选择水泵：水泵的选择应依据所确定的总流量、总扬程查水泵性能表即可选定。如喷泉需用两个或两个以上水泵提水时（注：水泵并联，流量增加，压力不变；水泵串联，流量不变，压力增大），用总流量除水泵数求出每台水泵流量，再利用水泵性能表选泵。查表时，若遇到两种水泵都适用，应优先选择功率小、效率高、叶轮小、重量轻的型号。

6. 喷泉管道布置及控制

（1）喷泉管道布置要点　喷泉管网主要由输水管、配水管、补给水管、溢水管和泄水管等组成，其布置要点简述如下：

1）喷泉管道要根据实际情况布置。装饰性小型喷泉，其管道可直接埋入土中，或用山石、矮灌木遮盖。大型喷泉，分主管和次管，主管要敷设在通行人的地沟中，为了便于维修应设检查井；次管直接置于水池内。管网布置应排列有序，整体美观。

2）环行管道最好采用十字形供水，组合式配水管宜用水箱供水，其目的是要获得稳定等高喷流。

3）为了保持喷水池正常水位，水池要设溢水口。溢水口面积应是进水口面积的 2 倍，要在其外侧配备拦污栅，但不得安装阀门。溢水管要有 3% 的顺坡，直接与泄水管连接。

4）补给水管的作用是启动前的注水及弥补池水蒸发和喷射的损耗，以保证水池正常水位。补给水管与城市供水管相连，并安装阀门控制。

5）泄水口要设于池底最低处，用于检修和定期换水时的排水。管径 100mm 或 150mm，也可以按计算确定，安装单向阀门，和公园水体和城市排水管网连接。

6）连接喷头的水管不能有急剧变化，要求连接管至少有 20 倍其管径的长度。如果不能满足，需安装整流器。

7）喷泉所有的管线都要具有不小于 2% 的坡度，便于停止使用时将水排空；所有管道均要进行防腐处理；管道接头要严密，安装必须牢固。

8）管道安装完毕后，应认真检查并进行水压试验，保证管道安全，一切正常后再安装喷头。为了便于水型的调整，每个喷头都应安装阀门控制。

（2）喷泉的控制方式

1）手阀控制。这是最常见和最简单的控制方式，在喷泉的供水管上安装手控调节阀，用来调节各管道中水的压力和流量，形成固定的喷水姿。

2）继电器控制。通常利用时间继电器按照设计的时间程序控制水泵、电磁阀、彩色灯等的启闭，从而实现可以自动变换的喷水姿。

3）音响控制。声控喷泉是用声音来控制喷泉喷水形变化的一种自控泉。它一般由以下几部分组成：

① 声—电转换、放大装置：通常是由电子线路或数字电路、计算机等组成。

② 执行机构：通常使用电磁阀。

③ 动力：水泵。

④ 其他设备：主要有管路、过滤器、喷头等。

7. 喷泉照明的设计

喷泉照明与一般照明不同，一般照明是要在夜间创造一个明亮的环境，而喷泉照明则是要突出喷泉水花的各种风姿。因此，它要求有比周围环境更高的亮度，而被照明的物体又是一种无色透明的水，这就要利用灯具的各种不同的光分布和构图，形成特有的艺术效果，形成开朗、明快的气氛，供人们观赏。

（1）喷泉照明的种类

1）固定照明。如日内瓦莱蒙湖上 145m 高的大喷泉，就是在距喷水口 20m 处，装设了一台巨型探照灯，形成银色水柱直刺暮空，景色十分壮观。

2）闪光照明和调光照明。这是由几种彩色照明灯组成的，它可以通过闪光或使灯光慢慢地变化亮度以求得适应喷泉的色彩变化。

3）水上照明与水下照明。各有优缺点，大型喷泉往往是两者并用，水下照明可以欣赏水面波纹，并且由于光是由喷水下面照射的，因此当水花下落时，可以映出闪烁的光。

（2）灯具　喷泉常用的灯具，从外观和构造来分类，可以分为简易型灯具和密闭型灯具两种。简易型灯具的颈部电线进口部分备有防水机构，使用的灯泡限定为反射型灯泡，而且设置地点也只限于人们不能进入的场所，其特点是采用小型灯具，容易安装。密闭型灯具有多种光源的类型，而且每种灯具限定了所使用的灯，例如有防护式柱形灯、反射型灯、汞灯、金属卤化物灯等光源的照明灯具。

（3）滤色片　当需要进行色彩照明时，在滤色片的安装方法上有固定在前面玻璃处的和可变换的（滤色片旋转起来，由一盏灯而使光色自动的依次变化），一般使用固定滤色片的方式。

国产的封闭式灯具用无色的灯泡装入金属外壳，外罩采用不同颜色的耐热玻璃，而耐热玻璃与灯具间用密封橡胶圈密封，调换滤色玻璃片可以得到红、黄、绿、蓝、无色透明五种颜色。

（4）设计要点

1）照明灯具应具有密封防水并具有一定的机械强度，以抵抗水浪和意外冲击。

2）照明灯具的位置一般是在水面下 5～10cm 处。在喷嘴的附近，以喷水高度底部的 1/5～1/4 以上的水柱为照射目标；或以喷水下落到水面稍上的部位为照射目标。

3）灯光的配色要防止多种色彩叠加后得到白色光，造成消失局部彩色。当在喷头四周配置各种彩灯时，在喷头背后色灯的颜色要比近在游客身边的色彩鲜艳得多。所以要将透射比高的色灯（黄色、玻璃色）安放在水池边近游客的一侧；同时也应相应调整灯对光柱照射部位，以加强表演效果。

二、实例分析

1. 宁波市天一广场灯光音乐喷泉水景（图 4-48）

天一广场位于宁波市中心繁华商业街中山东路南侧，有亲水、绿色和现代三个主题，广场的绿化率为 32%，犹如一座城市绿岛，把天一广场的绿色主题演绎得分外妖娆。中心广场面积 3.5 万 m²，景观水域 6000m²，同时设有总长 200m、最高喷水 40m 的亚洲第一音乐喷泉和高 20m、宽 60m 的大屏幕水幕电影。总投资 4000 万元的水景系统呈 L 形，总长 200m，主喷泉长达 95m，与广场的中心舞台遥相呼应，主喷泉的核心是两座桥之间的号称

图 4-48　天一广场灯光音乐喷泉效果

"擎天柱"的喷泉，中心的一支大口径的喷嘴射出直径达 38mm 的水柱，喷高可达 40m，形成一柱擎天之势。整个音乐喷泉有 2000 个喷嘴，400 多台水泵，全部由电脑控制，采用目前国际上最先进的高压气泵式激光音乐喷泉技术，喷泉在激光和音乐的配合下，能高速喷出一个个晶莹透亮的水柱、水花，能组合出令人眼花缭乱的"高岗花式"、"华尔兹花式"、"蝴蝶展翅式"等几百种喷泉花式，形成一个美不胜收的"水世界"。同时与喷泉交相辉映的水灯也大放异彩，随着音乐的变化，一个赤橙黄绿青蓝紫的"水光舞台"，通透明亮，宛如仙境，令人目不暇接，赞叹不已。

2. 杭州西湖湖滨水舞音乐喷泉（图 4-49）

图 4-49　杭州西湖湖滨水舞音乐喷泉效果

湖滨大型水舞音乐喷泉，高 126m，精心设计的喷泉嘴还可做 360°旋转，喷出多种形状的水柱、水雾、水球，喷放时伴随播放的中外名曲，在空中有节奏的变换舞姿，合着音乐的节拍，魔幻般水体呈三维立体的变化，给人以乐起水腾、音变水舞、音停水息的动感境界，时而婉约动人，时而波涛汹涌，时而轻柔曼舞，时而气势磅礴，极具观赏性，给观者留下的不仅是视听的享受，更是一种心灵的震撼。

3. 小型喷泉景观

旱地喷泉是喷泉景观设计的一种常见形式，多用于广场、居住区入口等。设计时将喷泉管道和喷头下沉到地面以下，喷水时水流回落到广场硬质铺装上，沿地面坡度排出，广场平常可作为休闲广场。图 4-50 为宁波市东湖花园会所广场前的旱喷涌泉水景，喷头全部是单射流形式，但是喷水高低控制不同，形成错落有致的涌泉水景。

在广场、居住区入口、景观墙、挡土墙、庭院等处经常会看到壁泉形式，水由墙壁、石壁或玻璃板上喷出，顺流而下形成水帘或多股水流。图 4-51 为水帘从黑色大理石壁顺流而下，将硬质景观与软景观结合，使石景墙更加生动活泼。

喷泉水景在居住区景观设计中经常得到广泛的使用，或在入口形成景观视线的焦点，水池设计为圆形、长方形或流线形，水量宜大，喷水形式优美多彩，层次丰富，照明华丽，铺装精巧。如图 4-52 所示即为上海东方知音小区不同类型的喷泉水景设计形式。

图 4-50　旱喷景观　　　　　　　　　　　　　图 4-51　壁泉景观

图 4-52　东方知音喷泉水景设计

三、训练与评价

1. 目的要求

在某商业广场休息空间设计一个圆形欧式喷泉，并完成该特色水景工程设计。要求：

1）喷泉水池平面设计为圆形，中心设置中心雕塑，四周布置四组喷水景观，与所在环境的气氛、建筑和道路的线型特征以及视线关系协调统一。

2）喷泉水池的剖面设计要满足水池的结构和要求。水池的防水处理也非常重要，要根据水深、材料、自重以及防水要求等具体情况的不同，设计时应具体对待。

3）喷泉管网主要由输水管、配水管、补给水管、溢水管和泄水管等组成。喷泉管道要根据实际情况布置。管网布置应安排列有序，整体美观。管径选择要符合设计要求。

4）选择合适的水泵，水泵的选择应依据所确定的总流量、总扬程来选定，并且设计合适的泵房位置。

5）喷泉照明要突出喷泉水花的各种风姿，要利用灯具各种不同的光分布和构图，形成特有的艺术效果，形成开朗、明快的气氛，供人们观赏。

2. 设计内容

1）完成喷泉水池工程的平面图设计，包括水池管线布置平面图、电缆线平面布置图。

2）完成喷泉水池工程的剖面图设计。

3）完成喷泉水池工程的泵房剖面图、溢水管剖面图等设计。

3. 设计要点

1）喷泉造型与周围环境相协调，氛围营造合理。

2）喷头选择合适，水量水压计算合理，水泵选择符合要求。

3）喷泉给排水管线布置合理，图样表达清晰规范。

4）各种结构图例规范，符合水电施工规范要求。

4. 自我评价

序号	评价内容	评价标准	自我评定
1	喷泉水池工程平面图设计	1. 喷泉形式设计符合环境要求，水池管线布置合理，管径选择符合设计要求（20分） 2. 水池电缆线平面布置正确，灯光设计能突出喷泉和雕塑造型（10分）	
2	喷泉水池工程剖面图设计	1. 剖面图结构设计符合设计规范（15分） 2. 剖面图结构设计能正确反应各类型管线的布局情况，并且管线布置合理（15分）	
3	喷泉水池工程的泵房、溢水管剖面图设计	1. 水池泵房剖视图设计合理，管线布置合理（10分） 2. 水泵选型符合设计要求（15分） 3. 溢水管位置设计合理，管径符合设计要求（15分）	

四、思考练习

1. 喷泉选型应注意什么问题？

2. 常用的喷头类型有哪些？分别适用于哪些场所？

3. 喷泉管线布置应注意什么问题？

园林山石工程设计

学习目标

通过园林山石工程设计方面知识的学习，了解假山材料、置石种类，掌握假山理山的方法及造型布置技巧要点，熟练掌握天然假山堆叠技艺，会进行天然假山基础设计，能进行中层及收顶做脚的结构设计，能通过造型进行塑石假山的结构设计，掌握置石在园林中的布置技巧。

学习任务：

1. 天然假山工程设计
2. 塑石假山工程设计
3. 置石工程设计

【基础知识】

一、假山的分类

现代意义上的假山实际上包括假山和置石两个部分。假山以造景游览为主要目的，充分地结合其他多方面的功能与作用，以土、石等为材料，以自然山水为蓝本，并加以艺术的提炼、概括和夸张，用于人工再造的山水景物的通称。置石以具有一定观赏价值的自然山石材料作独立性或附属性的造景布置，主要表现山石的个体美或局部的组合，而不具备完整山形的山石景物。一般来说，假山的体量大而集中，可观可游，使人有置身于自然山林之感。置石则主要以观赏为主，结合一些功能方面的作用，体量较小而分散。假山因材料不同可分为土山、石山和土石相间的山（带石土山、带土石山）。

依据材料种类，假山分为两种：天然山石材料（图5-1），仅仅是在人工砌叠时，以水泥作胶结材料，以混凝土作基础；水泥混合砂浆、钢丝网或GRC（低碱度玻璃纤维水泥）作材料，人工塑料翻模成形的假山（图5-2），又称为"塑石"、"塑山"。

二、假山的功能

假山具有多方面的造景功能，可以与园林建筑、园路、场地和园林植物组合成富于变化

图 5-1　天然假山

图 5-2　人工塑石假山

的景致，借以减少人工气氛，增添自然生趣，使园林建筑融汇到山水环境中。因此，假山成为表现中国自然山水园的特征之一，根据堆叠的目的各有不同，其功能有如下几个方面。

1. 构成主景（图 5-3）

在采用主景突出的布局方式的园林中，或以山为主景，或以山石为驳岸的水池为主景，整个园林地形骨架的起伏、曲折皆以此为基础进行变化。例如北京北海公园的琼华岛（今北海白塔山），采用土石相间的手法堆叠；清代扬州个园的"四季假山"以及苏州的环秀山庄等，总体布局都是以山为主，以水为辅，景观独特。

图 5-3　假山构成主景

2. 划分和组织园林空间（图 5-4）

从地形骨架的角度利用假山划分和组织空间，其具有自然灵活的特点，通过障景、对景、背景、框景、夹景等手法灵活运用形成峰回路转、步移景异的游览空间。如苏州拙政园中的枇杷园和远香堂，腰门一带的空间用假山结合云墙的方式划分空间，从枇杷园内通过园洞门北望雪香云蔚亭，又以山石作为前置夹景。昆明市区最大的叠石瀑布——月牙塘公园大型叠石瀑布，是对景、障景和划分空间等手法的成功运用。

3. 点缀和装饰园林景色

运用山石小品作为点缀园林空间、陪衬建筑和植物的手段，在园林中普遍运用，尤其以江南私家园林运用最为广泛。以苏州留园为例，其东部庭园的空间基本上是用山石和植物装点的，或山石花台，或石峰凌空，或粉壁散置，或廊间对景，或窗外的漏景。如揖峰轩庭园，在天井中立石峰，天井周围布置山石花台，点缀和装饰了园景。

4. 用山石作驳岸、挡土墙、护坡、花台和石阶等（图 5-5）

坡度较陡的土山坡地常布置山石，以阻挡和分散地表径流，降低其流速，减少水土流失，从而起到护坡作用。如颐和园龙王庙土山上的散点山石等均有此效。坡度更陡的土山往往开辟出自然式的台地，在土山外侧采用自然山石做挡土墙，自然朴实。

图 5-4　假山构成障景

图 5-5　山石驳岸

利用山石作驳岸、花台、石阶、踏跺等，又具有装饰作用。例如江南私家园林中广泛地利用山石作花台种植牡丹、芍药及其他观赏植物，并用花台来组织庭园中的游览路线；或与壁山、驳岸相结合，在规整的建筑范围中创造出自然、疏密的变化。广州流花湖公园湖岸小景的建造，是结合湖岸地形高差，以塑石、塑树桩和塑树根汀步组成挡土构筑物，富有观赏性。

5. 作为室内外自然式的家具或器设

利用山石诸如石屏风、石桌、石凳、石几、石榻、石栏、石鼓、石灯笼等家具或器设，既为游人提供了方便，又不怕日晒夜露，并为景观的自然美增色添辉。此外，山石还可用作室内外楼梯，园桥、汀步及镶嵌门、窗、墙等。

三、假山的布置原则

假山布置最根本的原则是"因地制宜，有真有假，做假成真"，具体要注意以下几点：

1. 山水依存，相得益彰

水无山不流，山无水不活，山水结合可以取得刚柔共济、动静交呈的效果，避免"枯山"一座,形成山环水抱之势。苏州环秀山庄,山峦起伏,构成主体;弯月形水池环抱山体西、南两面,一条幽谷山涧,贯穿山体,再入池尾,是山水结合成功的佳例。

2. 立地合宜,造山得体

在一个园址上,采用哪些山水地貌组合单元,都必须结合相地、选址,因地制宜,统筹安排。山的体量、石质和造型等均应与自然环境相互协调。例如,一座大中型园林可造游览之山,庭园多造观赏的小山。

3. 巧于因借,混假于真

按照环境条件,因势利导,依境造山。如无锡的寄畅园,借九龙山、惠山于园内,在真山前面造假山,竟如一脉相承,取得"真假难辨"的效果。

4. 宾主分明,"三远"变化

假山的布局应主次分明,互相呼应。应定主峰的位置,后定次峰和配峰。主峰高耸、浑厚,客山拱伏、奔趋,这是构图的基本规律。画山有所谓"三远"。宋代郭熙《林泉高致》中说:"山有三远,自山下而仰山巅,谓之高远;自山前而窥山后,谓之深远;自近山而望远山,谓之平远。"苏州环秀山庄的湖石假山,并不是以奇异的峰石取胜,而是从整体着眼,巧妙地运用了三远变化,在有限的地盘上,叠出近似自然的山石林泉。

5. 远观山势,近看石质

这里所说的"势",是指山水的轮廓、组合和所体现的态势。"质"指的是石质、石性、石纹、石理。叠山所用的石材、石质、石性须一致;叠时对准纹路,要做到理通纹顺。好比山水画中,要讲究"皴法"一样,使叠成的假山,符合自然之理,做假成真。

6. 树石相生,未山先麓

石为山之骨,树为山之衣。没有树的山缺乏生机,给人以"童山"、"枯山"的感觉。叠石造山有句行话"看山先看脚",意思是看一个叠山作品,不是先看山堆叠如何,而是先看山脚是否处理得当,若要山巍,则需脚远,可见山脚造型处理的重要性。

7. 寓情于石,情景交融

叠山往往运用象形、比拟和激发联想的手法创造意境,所谓"片山有致,寸石生情"。扬州个园的四季假山,即是寓四时景色于一园。春山选用石笋与修竹象征"雨后春笋";夏山选用灰白色太湖石叠石,并结合荷、山洞和树荫,用以体现夏景;秋山选用富于秋色的黄石,以象征"重九登高"的民情风俗;冬山选用宣石和腊梅,石面洁白耀目,如皑皑白雪,加以墙面风洞之寒风呼啸,冬意更浓。冬山与春山,仅一墙之隔,墙开透窗,可望春山,有"冬去春来"之意。可见,该园的叠山耐人寻味,立意不凡。

任务1 天然假山工程设计

一、相关知识

1. 天然假山石材的种类

从一般掇山所用的材料来看,假山的石材可以概括为如下几大类,每一类因各地地质条件不一而又可再细分为多种,见表5-1。

表 5-1　山石的种类

山石种类		产　地	特　征	园林用途
湖石	太湖石	江苏太湖中	质坚石脆，纹理纵横，脉络显隐，沟、缝、穴、洞遍布，色彩较多，为石中精品	掇山、特置
	房山石	北京房山	石灰暗，新石红黄，日久变灰黑色、质韧，也有太湖石的一些特征	掇山、特置
	英石	广东英德县	质坚石脆，淡青灰色，扣之有声	岭南一带掇山及几案品石
	灵璧石	安徽灵璧县	灰色清润，石面坳坎变化，石形千变万化	山石小品，及盆品石之王
	宣石	宁国县	有积雪般的外貌	散置、群置
黄石		产地较多，常熟、常州、苏州等地皆产	体形顽劣，见棱见角，节理面近乎垂直，雄浑，沉实	掇山、置石
青石		北京西郊洪山	多呈片状，有交叉互织的斜纹理	掇山、筑岸
石笋	白果笋	产地较多	外形修长，形如竹笋	常作独立小景
	乌炭笋			
	慧剑			
	钟乳石			
其他类型		各地	随石类不同而不同	掇山、置石

2. 天然假山山石堆叠的基本方法

在自然界中，山石之间不同的着力方式构成了山体丰富多变的景观。对这一规律加以总结，概括出假山堆叠的几种基本方式是：安、连、接、斗、挎、拼、悬、剑、卡，另外还有挑、垂、撑等，如图 5-6、图 5-7、图 5-8 所示。

（1）安　安是安置山石的总称。放置一块山石叫"安"一块山石。特别强调山石放下去要安稳。安可分为单安、双安和三安。双安指在两块不相连山石上面安一块山石，下断上连，构成洞等变化。三安则是在三块山石上安一石，使之成为一体。安石要"巧"，形状普通的山石，经过巧妙的组合，可以明显提高观赏性。"三安"也有另一种解释，即把三安当作布局、取势和构图的要领。三安可以把山的组合划分为主、次、配三个部分，每座山及布局也可为三个部分，一直可以分割到单个的石头。这样既可以着眼于远观的总体效果，又注意到每个布局的近看效果，使之具有典型的自然化。

（2）连　山石之间水平方向的连接称为"连"。按照假山的要求，高低参差，错落相连。连石时一定要按照假山的纹分布规律，沿其方向依次进行，注意山石的呼应、顺次、对比等关系。

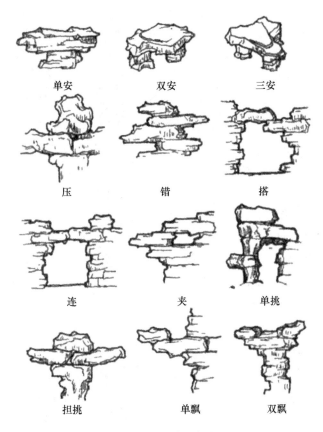

图 5-6 假山山石堆叠方法（一）

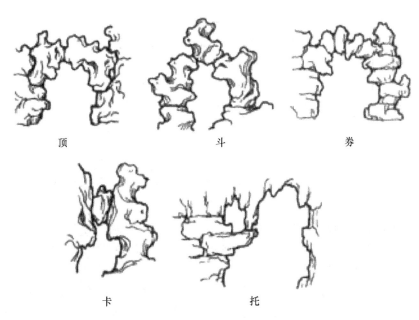

图 5-7 假山山石堆叠方法（二）

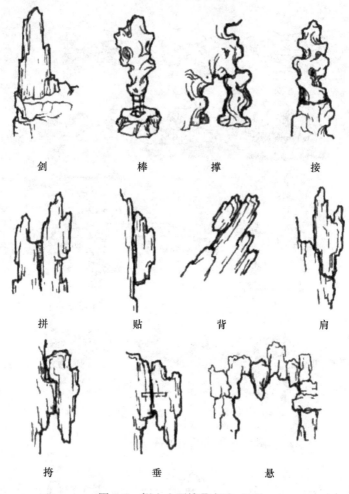

剑　　　　　棒　　　　　撑　　　　　接

拼　　　　　贴　　　　　背　　　　　肩

挎　　　　　垂　　　　　悬

图 5-8　假山山石堆叠方法（三）

（3）接　山石之间塑像衔接称为"接"。天然山石的茬口，在相接时，既使之有较大面积的吻合，又保证相接后山石组合，有丰富的形态。相接山石要根据山体部位的主次依纹相接。一般情况下，竖纹和竖纹相接，横纹和横纹相接。但也有例外，可以用横纹与竖纹相接，突出对比的效果。

（4）斗　将带拱形的山石，拱向上，弯向下，与下面的一块或两块山石相连接的方法称为斗。斗的山石结体，形成像自然山洞一样的景观，或如同山体下部分的塌陷，而下部分与之分离形成的自然洞岫景象。

（5）挎　为使山石的某一侧面呈现出比较丰富曲折的线条，可以在其旁挎一山石。挎山石可利用茬口咬住或上层镇压来稳定。必要时，可用钢丝捆绑固定。钢丝要隐藏于石头的凹缝中或用其他方法来掩饰。

（6）拼　将很多块小山石拼合在一起，形成一块完整的大山石，这种方法称为拼。在缺少大块山石，但要用石的空间又很大的情况下，用许多小石块来造景显得很零碎，就需要用拼来完成一个整体大山石，与环境协调。事实上，"拼"出一块形美的山石，还要用到其他方法，但总称为"拼"。

（7）悬 下层山石相对的方向倾斜或环拱，中间形成竖长如钟乳的山石，这种方法称为悬。用黄石和青石做"悬"，模拟的对象是竖纹分布的岩层，经风化后，部分沿节理面脱落所剩下的倒悬石体。

（8）剑 剑是指把纵纹理取胜的石头，尖头向上，竖直而立的一种做法。山石峭拔挺立，有刺破青天之势。其多用于立石笋以及其他竖长之石。特制的剑石，其下部分必须有足够的长度来固定，以求稳定。立剑做成的景观单元应与周围其他的内容明显区别开来，以成独立的画面。立剑要避免整排队列，忌立成"山、川、小"字形的阵势。

（9）卡 两块山石对峙形成上大下小的锁口，在锁口中插入上大下小的山石，山石被窄口卡住，受到两边山石斜向上的力而与重力平衡。卡的着力点在中间山石的两侧，而不是在其下部，这就与悬相区别。况且，悬的山石其两侧大多受到正向上的支持力，卡接在山石上能营造出岌岌可危的气氛。

（10）垂 从一块山石顶部偏侧部位的荐口处，用另一山石倒垂下来的做法，称为"垂"。"垂"与"挎"的受力基本一致，都要以荐口相咬，下石通过水平面向上支撑"挎"或"垂"的山石。所不同之处在于，"垂"与咬合面以下山石有一定的长度，而"挎"则完全在其之上。"垂"与"悬"也比较容易相混，但它们在结构上的受力关系不同。

（11）挑 挑即"出挑"，是上层的山石在下层山石的支持下，伸出支承面以外一段长度，用一定量的山石压在出挑的反方向，使力矩达到平衡，这种做法称为"挑"。假山中之环、洞、岫、飞梁，特别是悬崖都基于这种做法，镇压在出挑后面的山石，其重量要求足够大，保证挑出山石的安稳。出挑的山石，如扁平单调，可以在上面接上其他石头以丰富轮廓，接上去的石头称为"飘"。挑石每层约出挑相当于山石本身重量1/3。假山的"出挑"要前悬而后坚，"前悬"要浑厚、饱满，"后坚"要坚实、沉稳。

（12）撑 撑即用山石支撑洞顶或支撑相当于梁的结构，其作用与柱子相似。往往把单个山石相接或相叠形成一个柱形的构件，并与洞壁或另外的柱形构件一起形成孔、洞等景观。撑的巧妙运用不仅能解决"支持"这一结构问题，而且可以组成景观或洞内采光。撑，必须正确选择着力点。撑后的结构要与原先的景观融为一体。

自然界中石体之间的结合方式是多种多样的，上述的基本形式则是对其的概括和总结。事实上，在堆叠假山时，不可能单纯地运用一种或几种形式，而应将各种山石结合方式融合在一起巧妙运用，丰富多变。否则就会形成呆板、单调的假山，失去观景价值。但是，堆叠的假山，本应是真山某个精彩部分的缩影，或是多个真山的艺术概括，不能将各种手法杂乱僵化地照搬，出现矫揉造作的人工痕迹。

3. 假山基本结构设计

假山的外形虽然千变万化，但就其基本结构而言，可分为基础、拉底、中层、收顶和做脚五部分。

（1）基础 基础是首位工程，其质量的优劣直接影响假山艺术造型的使用功能。假山的结构如同房屋的根基，是承重的结构。因此，无论是承载能力，还是平面轮廓的设计都非常重要。基础的承载能力是由地基的深浅、用材、施工等方面决定的。地基的土壤种类不同，承载能力也不同：岩石类为 $50 \sim 400t/m^2$、碎石土为 $20 \sim 30t/m^2$、砂土类为 $10 \sim 40t/m^2$、黏性土为 $8 \sim 30t/m^2$，杂质土承载力不均匀，必须回填好土。根据假山的高度，确定基础的深浅，由设计的山势、山体分布位置等确定基础的大小轮廓。假山的重心不能超出基础之处，重心偏离铅重线，稍超越基础，山体倾斜时间长了，就会倒塌。基础做法有如下几种：

1）桩基。这是一种传统的基础做法，用于水中的假山或山石驳岸。木桩多选用柏木桩、松类桩或杉木桩，木桩顶面的直径约为 10~15cm，平面布置按梅花形排列，故称为"梅花桩"。桩边至桩边的距离约为20cm。其宽度视假山底脚的宽度而定。如做驳岸，少则三排，多则五排，大面积的假山即在基础范围内均匀分布。打到坚硬土层的桩，称为"支撑桩"。用以挤实土壤的桩，称为"摩擦桩"。做桩材的木质必须坚实、挺直，其弯曲度不得超过10%，并只能有一个弯。园林中常用桩材为杉、柏、松、橡、

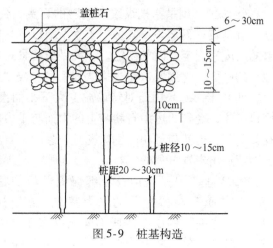

图 5-9　桩基构造

桑、榆等，其中以杉、柏最好。桩径经常用 10~15cm，桩长由地下坚土深度决定，多为 1~2m。桩的排列方式有：梅花柱、丁字桩和马牙桩，其单根承载重量为 15~30t。桩基构造如图 5-9 所示。

2）灰土基础。北方地区地下水位一般不高，雨季比较集中，使灰土基础有比较好的凝固条件。灰土一旦凝固便不透水，可以减少土壤冻胀的破坏。北京古典园林中陆地假山基础大多采用此种做法。

灰土基础的宽度应比假山底面积的宽度宽出 0.5m 左右，称为"宽打窄用"，以保证假山的压力沿压力传递的角度均匀地分布到素土层。灰槽深度一般为 50~60cm。2m 以下的假山一般是打一步素土，一步灰土（一步灰土即布灰土24cm厚，夯实到15cm厚）。2~4m 高的假山是打一步素土、两步灰土。石灰一定要选用新出窑的块灰，在现场泼水化灰。灰土的比例采用3:7，素土要求是黏性土壤不含杂质。

3）毛石基础。毛石基础常有两种：打石钉和铺石。对于土壤比较坚实的土层，可采用毛石基础，多用于中小型园林假山。毛石基础的厚度随假山体量而定。毛石基础应分层砌筑，每皮厚40~50cm，上层比下层每侧应收回40cm为大放脚。一般山高2m砌毛石40cm，山高4m砌毛石50cm。毛石应选用质地坚硬未经风化的石料，用 M5 水泥砂浆砌筑，砂浆必须饱满，不得出现空洞和干缝。

4）混凝土基础。现代假山多采用混凝土基础。混凝土基础耐压强度大，施工进度快。如基土坚实可利用素土槽浇灌，做法是在基槽坚实情况下直接浇灌混凝土。混凝土厚度陆地上一般为 10~20cm，水中约30cm，混凝土配合比常用水泥、砂和碎石的质量比为 1:2:4 或1:2:6。对于大型假山，基础必须牢固，可采用钢筋混凝土替代混凝土加固，如图 5-10 所示。水中假山混凝土基础为 30cm 厚 C15~C20 混凝土，配置φ10 钢筋，双向分布，间距200mm；置于下部 1/3 处，养护 7d 后再砌毛石基础

如果地基为比较软弱的土层，要对基土进行特殊处理。做法是先将基槽夯实，在素土层上铺石钉（尖朝下）20cm厚，夯入土中6cm，其上铺混凝土（C15 或 C20）30cm厚，养护

7d 后再砌毛石基础。

假山无论采用哪种基础，其表面不宜露出地表，最好低于地表 20cm。这样不仅美观，还易在山脚种植花草。在浇筑整体基础时，应留出种树的位置，以便树木生长，这就是俗称的"留白"。如在水中叠山，其基础应与池底同时做，必要时做沉降缝，防止池底漏水。

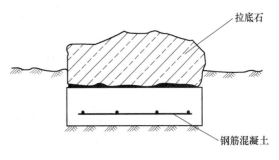

图 5-10　混凝土基础示意

（2）拉底　在基础上铺置假山造型的山脚石，称为拉底。这层山石大部分在地面以下，只有小部分露出地面以上，因此不需要形态特别好的山石。但此层山石受压最大，要求有足够的强度，因此应选用坚实、平大的山石打底。古代匠师把"拉底"看作叠山之本，因为假山空间的变化都立足于这一层，如果底层未打破整形的格局，则中层叠石也难以变化。

1）拉底的基本要求。

① 活用用石必须灵活，见机而选，力求不同形体、大小及长短参差混用，避免大小一样的石连安。

② 找平常安石，最大而平坦之面朝上，下面垫石加固，为向上发展创造条件。

③ 错安安石排列，必犬牙相错、高低不一，首尾拼连呈大小不同形状，八字斜安。

④ 朝向安基必须考虑叠山之朝向，不论基石本身或组成阵势，都应符合总的朝向要求。凡朝向游人集中之面，均力求凹凸多变。

⑤ 断续基石为叠石底盘，须避免筑成墙基状，应有断有续，有整有零。

⑥ 并靠成组安石，接口紧密，搭接稳固。

2）拉底设计时应注意问题。

① 石材种类和大小的选择根据设计好的假山高度来选择，高峰正底下的石头应安装体量大、特别耐压的顽劣之石，禁止运用风化的石头，其外观不作要求。山峰较低时可稍降低标准。铺底的山石可以根据承压情况向外逐渐用较小体量的。有些底石需露出在外，适当注意其外部美观。

② 咬合茬口是指铺底的山石在平面上的要求。为保证铺底层的各块山石成为一个牢不可破的整体，保证上面山体的稳固，需要根据石材凹凸相宜的邻石与茬口相接。各石块之间尽量做到严丝合缝。由于自然山石的轮廓多种多样、千变万化，很难自然地相接严密，大块山石之间要用小块山石打入，才能相互咬住，共同制约，成为一个统一的整体。底层山石咬合茬口，能使它们在同一平面上相互牵扯，保证整体假山重心稳定，不发生偏移。

③ 石底垫平是指铺底山石在竖直方向的要求。避免石材不能在竖直方向上重心不稳，向下移动。在堆砌假山时，基础大多数要求大而平整的面向上，以便继续向上垒接。为了保持山石上面水平，需要在下面垫一些大小合适的小石，而且在竖直面上接触面积尽可能大，这样山石就很稳定。施工时，把一些大石砸破，得到各种楔形的石块，这种作为垫石最好。如果山石底下着空即使水平咬合的山石暂时在一个水平面上，上层的山体重量压下来也会破坏底层平面，导致下陷，影响整个山体的稳定性。

（3）中层 中层是指位于基石以上，顶层以下的大部分山体，是观赏的主要部位，此层山石变化多端，山体各种形态，多出自此层，叠石掇山的造型技法与工程措施的巧妙结合也主要表现在这部分。技术设计的要求如下：

1）突出假山单元组合的多样性。假山的单元组合是由这样一些石材构成，它们通过一定的连结方式，组成一个观赏点，如洞穴、出挑的平台、悬垂的危石、可登的山路，或山的次山头等，把这些山石构成的观赏点称为假山的单元组合。只要与假山的总体风格一致，这些组合单元越丰富，假山就越具观赏性。

2）结构变化应多种多样。假山中部的山石在保持重心不变的情况下，立面上应有收有合，收放自如。结构规整的，有时在山体的不同高度作层状错落相叠；或突出表面形成凸面。山石之间的连续方式讲求多种多样，不同的连结方式，形成的山石外观不同，只有手法多变，才能形成丰富的画面。

叠石时还应注意的问题有：

1）平稳。与安基石相同，使石块大面朝上安放平稳，这时上层更为重要，常因一石之差影响全局。

2）连贯。叠石不论如何错综复杂，须石石连靠相接。上下安石，力求压差、合缝，使上下左右连贯一体。

3）避槎。叠石避免闪露出狭小石面，因为它既不能再行叠石，又非常难看。

4）偏安。在下层石面之上，再行叠落必须放一侧，避免同侧而安，力求错交之势，以破其平板。因此叠石着重考虑其继续发展的可能，这种方法称为偏安。

5）避"闸"。将板状石块直立而撑托过河者（即起搭边作用的条石），称为"闸"。活叠石中严禁使用闸用石块，如形若闸板或建筑支柱，则造型很不美观。

6）后坚。无论挑、挎、悬、垂等，凡有前沉现象者，必先以数倍之重力稳压其内侧，将重心回落而下，方可再行施工，为惊险叠石必须之路。

7）巧安。利用石形巧妙搭连叠落称为巧安。安石必须广其路，避免重复。因此必须熟悉每块石性，并在下层叠石时就为它创造必要的条件。

8）重心。凡叠石应考虑双垂重力问题。一为本身重心，二为全局重心，无论如何变化，总重力线不得超出底面。

9）错落。构成之叠石体，避免上下左右平垂一致，而形成墩柱或规则状，叠石也避免顺势而安，如此要求，并不仅仅是为了美观，主要还在于使整体交织稳固，避免叠石中同向之缺，力求取长补短，造成千连万象之势。

（4）收顶

1）设计总要求。收顶即处理假山最顶层的山石。从结构上讲，收顶的山石要求体量大，以便合凑收压。从外观上看，顶层的体量虽不如中层大，但有画龙点睛的作用，因此要选用轮廓和体态都富有特征的山石。山顶是显示假山轮廓的主要方面。整座假山的特点大多从山顶能够体现出来，如高耸挺拔、浑厚沉稳、诸峰顾盼、上大下小等，所以假山的顶部轮廓要求丰富，且能够完美表现假山的特征。

2）收顶的三种形式。

① 峰。峰又可分为剑立式（上小下大，竖直而立，挺拔高矗）、斧立式（上大下小，形如斧头侧立，稳重而又有险意）、流云式（横向挑伸，形如奇云横空，参差高低）、斜劈

式（势如倾斜山岩，斜插如削，有明显的动势）、悬垂势（用于某些洞顶，犹如钟乳倒悬，滋润欲滴，以奇致胜）、分峰势（山的顾盼）和合峰式（山的有形、节奏性组合）等，其他如莲花式、笔架式、剪刀式等，不胜枚举。

②峦。山头比较圆缓的一种形式，柔美的特征比较突出。

③平顶。山顶平坦如盖，或如卷云、流云。这种假山整体上大下小，横向挑出，如青云横空出，高低参差。

（5）做脚　做脚就是用山石砌筑成山脚，它是在假山的上面部分山形山势大体施工完成以后，于紧贴起脚石外缘部分拼叠山脚，以弥补起脚造型不足的一种操作技法。所做的山脚石虽然无需承担山体的重压，但必须与主山的造型相适应，既要表现出山体余脉延伸之势，如同从土中生出的效果，又要陪衬主山的山势和形态的变化。

二、实例分析

以某公园假山工程设计为例，如图5-11所示。

图5-11　某公园假山实景图

1. 假山的平面布局与设计分析（图5-12、图5-13）

（1）山景布局与环境处理　在一个园址上，采用哪些山水地貌组合单元，都必须结合相地、选址，因地制宜，统筹安排。山的体量、石质和造型等均应与自然环境相互协调。

（2）主次关系与结构布局　假山的布局应主次分明，互相呼应。先定主峰的位置，后定次峰和配峰。主峰高耸、浑厚，客山拱伏、奔趋，这是构图的基本规律。

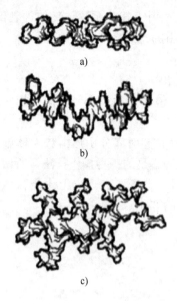

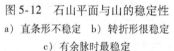

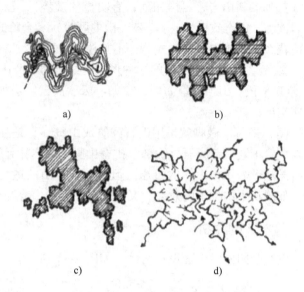

图 5-12　石山平面与山的稳定性

a）直条形不稳定　b）转折形很稳定

c）有余脉时最稳定

图 5-13　石山平面与山的稳定性

a）转折　b）错落　c）断续　d）延续

（3）自然法则与形象布局　堆砌这类假山的材料如太湖石、钟乳石，其空洞形状本身也就是自然力造成的。因此，假山布局和假山造型都要遵从对比、运动、变化、聚散的自然景观发展规律，从自然山景中汲取创作的素材营养与加工，从而创造出更典型、更富于自然情调的假山景观。

（4）风景效果及观赏安排　由于假山是建在园林中，规模不可能像真山那样无限地大，要在有限的空间中创造无限大的山岳景观，就要求园林假山必须具有小中见大的艺术效果。小中见大效果的形成，是创造性地采用多种艺术手法才能实现的。如利用对比手法、按比例缩小景物、增加山景层次、逼真地造型、小型植物衬托等，都有利于小中见大效果的形成。

2. 假山平面形状设计

假山平面形状设计是指对由山脚线围合的一块地面形状的设计，称为"布脚"。

3. 假山平面变化手法

假山平面变化手法包括：转折、错落、断续、延伸、环抱、平衡。

4. 假山平面图绘制（图 5-14）

1）图纸比例：1：100

2）图纸内容：假山轮廓线及细部皱褶；高程标高；轴线。

3）线型要求：粗实线——假山山体平面轮廓线（即山脚线）；细实线——内部折皱

5. 假山立面造型与设计

（1）假山立面造型原则

1）变与顺，多样统一。

2）深与浅，层次分明。

3）高与低，看山看脚。

4）态与势，动静相济。

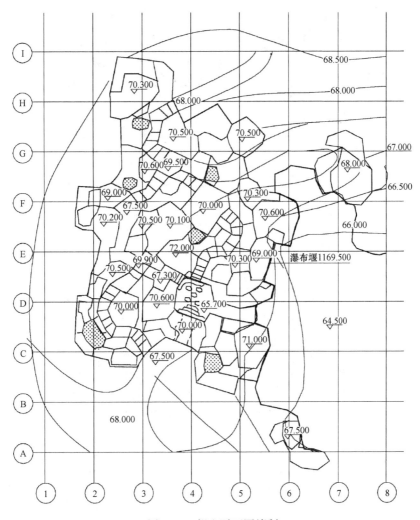

图 5-14　假山平面图绘制

5）藏与露，虚实相生。

6）意与境，情景交融。

（2）假山立面设计方法　确立意图→先构轮廓→反复修改→确定构图→再构皱纹→增添配景→画侧立面→完成设计（图 5-15）。

6. 假山基础设计（图 5-16）

（1）混凝土基础　素土夯实、30 ~ 70mm 厚砂石垫层、100 ~ 200mm 厚 C10 混凝土（水下用 C20）。

（2）浆砌块石基础　素土夯实、30mm 粗砂找平层、300 ~ 500mm 厚 1:3 水泥砂浆砌块石。

（3）灰土基础　用石灰和素土按 3:7 比例混合，每铺一层厚度 30cm 夯实到 15mm 厚时称为一步灰土。一般高度 2m 以上假山其灰土基础为一步素土加两步灰土，2m 以下为一步素土加一步灰土。

（4）桩基　传统用直径 10 ~ 15cm、长 1 ~ 2m 的杉木桩或柏木桩做，现在在地基土质松软时用混凝土桩基。

131

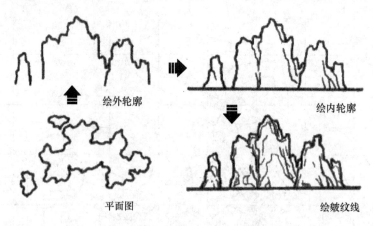

图 5-15 根据平面图绘制立面方法

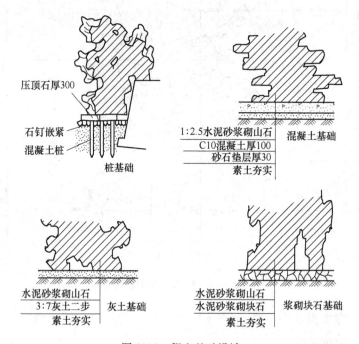

图 5-16 假山基础设计

7. 假山山体结构设计

假山山体结构设计是指假山山体内部结构设计，设计中结构形式为层叠结构。其可分为水平层叠（立面主导线条是水平线）、斜面层叠（石的纵轴与水平线形成夹角在 10°～30° 之间，不超过 45°）一般选用片状山石。

8. 假山山顶结构设计（图 5-17）

设计中假山顶部的基本造型分为：峰顶、峦顶、崖顶等。

（1）峰顶设计 分峰式山顶、合峰式山顶、剑立式山顶、斧立式山顶、流云式山顶、斜立式山顶。

（2）峦顶设计 圆丘式山顶、梯台式山顶、玲珑式山顶、灌丛式山顶

（3）崖顶设计 平坡式山顶、斜坡式山顶、悬垂式山顶、悬挑式山顶。

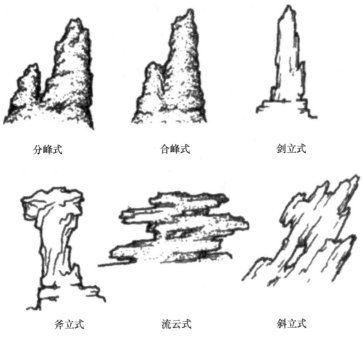

分峰式　　　　　　合峰式　　　　　　剑立式

斧立式　　　　　　流云式　　　　　　斜立式

图 5-17　假山山顶结构设计

三、训练与评价

1. 目的要求

1）假山的平面形状设计，应绘出假山山脚线的基本轮廓，包括等高线、山石陡坎、山路与磴道、水体等。如区内有保留的建筑、构筑物、树木等地物，也要绘出。然后再绘出假山的平面轮廓线，绘出山洞、悬崖、巨石、石峰等的可见轮廓及配植的假山植物。

2）在假山立面形象设计中，一般把假山主立面和一个重要的侧立面设计出来即可，而背面以及其他立面则在施工中根据设计立面的形状现场确定。假山的造型，主要应解决假山山形轮廓、立面形状态势和山体各局部之间的比例、尺度等关系。

2. 设计内容

给出指定的设计范围，要求根据现状地形条件分析并绘制出假山施工图并制作假山模型。

3. 要点提示

1）等高线、植物图例、道路、水位线、山石皴纹线等正确使用细实线绘制。假山山体平面轮廓线（即山脚线）正确使用粗实线，或用间断开裂式粗线绘出，悬崖、绝壁的平面投影外轮廓线若超出了山脚线，其超出部分用粗的或中粗的虚线绘制。

2）假山平面图上标注一些特征点的控制性尺寸，如假山平面的凸出点、凹陷点、转折点的尺寸和假山总宽度、总厚度、主要局部的宽度和厚度等。

3）土山部分的竖向变化，用等高线来表示；石山部分的竖向高程变化，则可用高程箭头法标出。

4）绘制假山立面图形一般可用白描画法。假山外轮廓线用粗实线绘制，假山内轮廓线以中粗实线绘制，皴纹线的绘制则用细实线。绘制植物立面也用细实线。为了表达假山石的材料质感或阴影效果，也可在阴影处用点描或线描方法绘制，将假山立面图绘制成素描图，则立体感更强。但采用点描或线描的地方不能影响尺寸标注或施工说明的注写。

5）假山立面正确标注横向的控制尺寸，如主要山体部分的宽度和假山总宽度等。在竖向方面，则用标高箭头来标注主要山头、峰顶、谷底、洞底、洞顶的相对高程。如果绘制假山立面施工图，则横向的控制尺寸应标注得更详细一点，竖向也要对立面的各种特征点进行尺寸标注。

4. 自我评价

序　号	评价内容	评价标准	自我评定
1	假山的平面设计	1. 正确使用细实线绘制等高线、植物图例、道路、水位线、山石皴纹线等；正确使用粗实线绘制假山山体平面轮廓线（15分） 2. 假山平面图上能正确标注一些特征点的控制性尺寸，便于施工人员施工（15分） 3. 在假山平面图上应同时标明假山的竖向变化情况（10分） 4. 平面形状主次分明，布局稳定，造型自然（10分）	
2	假山的立面设计	1. 假山立面山形轮廓、立面形状态势和山体各局部之间的比例协调、尺度统一（15分） 2. 假山高程标注合理，控制点选择较好，横向的控制尺寸标注较为详细（20分） 3. 假山山体立面轮廓线和山石皴纹线分明（15分）	

四、思考练习

1. 假山选址时应该注意哪些因素？

2. 天然假山石材的种类有哪些，湖石假山堆叠的技巧，传统中的精髓有哪些值得现代园林借鉴的地方？

3. 天然假山的基础设计有哪些，不同之处有哪些？

4. 通过现场调查某园林中的假山，并绘制出设计平面图、立面图和效果图。

任务2　塑石假山工程设计

塑石假山简称塑山，是指混凝土、玻璃钢、有机树脂等现代材料和石灰、砖、水泥等非石材料经人工塑造而成的假山。塑山与塑石可节省采石运石工序，造型不受石材限制，体量可大可小。塑山具有施工期短和见效快的优点，缺点在于混凝土硬化后表面有细小的裂纹，表面皴纹的变化不如自然山石丰富而且使用期不如石材长。人造塑山也一般包括塑山与置石两大类型。

一、相关知识

1. 塑石假山的特点（图5-18）

塑山在园林中得以广泛运用，与其"便""活""快""真"的特点是密不可分的。

1）便：指塑山所用的砖、水泥等材料来源广泛，取用方便，可就地解决，无须采石、运石。

2）活：指塑山在造型上不受石材大小和形态限制，可完全按照设计意图进行造型。

3）快：指塑山的施工期短，见效快。

4）真：好的塑山无论是在色彩还是质感上都能取得逼真的石山效果。

当然，由于塑山所用的材料毕竟不是自然山石，因而在神韵上还是不及石质假山，同时使用期限较短，需要经常维护。

图 5-18　人造塑山

2. 塑石假山的意义

1）保护自然生态，一座万吨假山景观工程，要开采大量石材，山林生态破坏严重且运输成本高。

2）砖塑塑石假山、钢构塑石假山以及 GRC 假山，可依地附势任意艺术发挥，山体轻便，制作简单，成本低。

3）塑石石内为空心，山体较轻，大型假山工程只要基础处理得当不容易出现荷载问题。

因此，在主题公园景观工程，游乐场景观工程，旅游景点景观工程，生态园、生态餐厅、生态农庄仿真景观工程，水利景观工程，公路道路园林景观工程，大型商住小区等建筑景观工程以及其他环境艺术工程中，塑石假山工艺的应用前景越来越广泛。

3. 主要塑石假山的设计要点

（1）钢筋混凝土塑山设计要点

1）基础。根据基地土壤的承载能力和山体的重量，经过计算确定其尺寸大小。通常的做法是根据山体底面的轮廓线，每隔4m做一根钢筋混凝土桩基，如山体形状变化大，局部柱子加密，并在柱间做墙。

2）立钢骨架。它包括浇注钢筋混凝土柱，焊接钢骨架，捆扎造型钢筋，盖钢板网等。其中造型钢筋架和盖钢板网是塑山效果的关键之一，目的是为造型和挂泥之用。钢筋要根据山形做出自然凹凸的变化。盖钢板网时一定要与造型钢筋贴紧扎牢，不能有浮动现象。

3）面层批塑。先打底，即在钢筋网上抹灰两遍，材料配比为水泥＋砂＋黄泥＋麻刀，其中水泥:沙为1:2，黄泥为总重量的10%，麻刀适量。水灰比1:0.4，以后各层不加黄泥和麻刀。砂浆拌合必须均匀，随用随拌，存放时间不宜超过1h，初凝后的砂浆不能继续使用。

4）表面修饰。

① 皱纹和质感。修饰重点在山脚和山体中部。山脚应表现粗犷，有人为破坏、风化的痕迹，并多有植物生长。山腰部分，一般在1.8～2.5m处，是修饰的重点，追求皱纹的真实，应做出不同的面，强化力感和楞角，以丰富造型。注意层次，色彩逼真，主要手法有印、拉、勒等。山顶，一般在2.5m以上，施工时不必做得太细致，可将山顶轮廓线渐收同时色彩变浅，以增加山体的高大和真实感。

② 着色。可直接用彩色配制，此法简单易行，但色彩呆板。另一种方法是选用不同颜色的矿物颜料加白水泥再加适量的108胶配制而成，颜色要仿真，可以有适当的艺术夸张；色彩要明快，着色要有空气感，如上部着色略浅，纹理凹陷部色彩要深，常用手法有洒、弹、倒、甩，刷的效果一般不好。

③ 光泽：可在石的表面涂过氧树脂或有机硅，重点部位还可打蜡。应注意青苔和滴水痕的表现，时间久了，会自然地长出青苔。

④ 其他。

a. 种植池。种植池的大小应根据植物（含土球）总重量决定，并注意留排水孔。塑山时将给排水管道预埋在混凝土中，并做防腐处理。在兽舍外塑山时，最好同时做水池，可便于兽舍降温和冲洗，并方便植物供水。

b. 养护。在水泥初凝后开始养护，用麻袋、草帘等材料覆盖，避免阳光直射，并每隔2～3h洒水一次。洒水时要注意轻淋，不能冲射。养护期不少于半个月，在气温低于5℃时应停止洒水养护，采取防冻措施，如遮盖稻草、草帘、草包等。假山内部钢骨架等外露的金属均应涂防锈漆，并每年涂一次。

（2）砖石塑山设计要点　首先在拟塑山石土体外缘清除杂草和松散的土体，按设计要求修饰土体，沿土体外开沟做基础，其宽度和深度视基地土质和塑山高度而定；然后沿土体向上砌砖，要求与挡土墙相同，但砌砖时应根据山体造型的需要而变化，如表现山岩的断层、节理和岩石表面的凹凸变化等；最后在表面抹水泥砂浆，进行面层修饰，着色。

（3）FRP塑山、塑石设计要点　FRP是玻璃纤维强化塑胶的缩写，它是由不饱和聚酯树脂与玻璃纤维结合而成的一种重量轻、质地韧的复合材料。不饱和聚酯树脂由不饱和二元羧酸与一定量的饱和二元羧酸、多元醇缩聚合而成。在缩聚反应结束后，趁热加入一定量的乙烯基单体配成黏稠的液体树脂。

玻璃钢成形工艺有以下几种：

1）席状层积法：利用树脂液、毡和数层玻璃纤维布，翻模制成。

2）喷射法：利用压缩空气将树脂胶液、固化剂（交联剂、引发剂、促进剂）、短切玻纤同时喷射沉积于模具表面，固化成形。通常空压机压力为200～400kPa，每喷一层用辊筒压实，排除其中气泡，使玻纤渗透胶液，反复喷射直至2～4mm。在适当位置做预埋铁，以备组装时固定，最后再敷一层胶底，可根据需要调配着色。喷射的施工程序如下：泥模制作→翻制模具→玻璃钢元件制作→运输或现场搬运→基础和钢骨架制作→玻璃钢元件拼装→焊接点防锈处理→修补打磨→表面处理→罩玻璃钢油漆。

4. GRC假山造景施工工艺

GRC是玻璃纤维强化水泥的缩写，它是将抗碱玻璃纤维加入到低碱水泥砂浆中硬化后产生的高强度复合物。随着时代科技的发展，20世纪80年代在国际上出现了用GRC造假山。它使用机械化生产制造假山石元件，使其具有重量轻、强度高、抗老化、耐水湿，易于工厂化生产，施工方法简便、快捷，成本低等特点，是目前理想的人造山石材料。它为假山艺术创作提供了更广阔的空间和可靠的物质保证，为假山技艺开创了一条新路，使其达到"虽由人作，宛自天开"的艺术境界。

GRC假山元件的制作主要有两种方法：一为席状层积式手工生产法；二为喷吹式机械生产法。现就喷吹式工艺简介如下。

（1）模具制作　根据生产"石材"的种类、模具使用的次数和野外工作条件等选择制模的材料。常用模具的材料可分为软模如橡胶模、聚氨酯模、硅模等；硬模如钢模、铝模、GRC模、FRP模、石膏模等。制模时应以选择天然岩石皱纹好的部位为本和便于复制操作为条件，脱制模具。

（2）GRC假山石块的制作　将低碱水泥与一定规格的抗碱玻璃纤维以二维乱向的方式同时均匀分散地喷射于模具中，凝固成形。作喷射时应随吹射随压实、并在适当的位置预埋铁件。

（3）GRC的组装　将GRC"石块"元件按设计图进行假山的组装，焊接牢固、修饰、做缝，使其浑然一体。

（4）表面处理　使"石块"表面具憎水性，产生防水效果，并具有真石的润泽感。

二、实例分析

以某小区人工塑石假山设计为例，如图5-19所示。

图5-19　某小区人工塑石假山

1）根据现场分析假山的平面布局，大小及高度，如图 5-20 所示。

图 5-20　设计取自然之形

2）找到自然之形相符合的地方，绘制草图，并完成设计平面图及立面图，如图 5-21 所示。

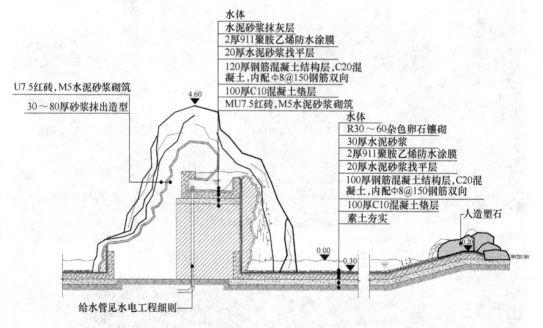

图 5-21　假山剖面图

3）根据设计草图制作模具，并完成现场安装，如图 5-22 所示。

图 5-22　完成模型制作并现场安装

三、训练与评价

1. 目的要求

1）设计时要结合具体环境，进行规划布局，确定基本形式池山、峭壁山、溪流、散置、孤赏、体量、大、小、高、矮、范围、纹理，以及相应的植物配置、道路的安排、山石与园林建筑的空间关系。

2）内部结构设计重点掌握假山室内内部结构设计和室外内部结构设计。

2. 设计内容

根据园林掇山环境要求，绘制出 GRC 塑石假山施工图。

3. 要点提示

（1）假山室外内部结构设计

1）基础部分：由地锚和角钢方格网或钢筋混凝土柱墩组成。根据山体投影的轮廓线下铸地锚生根，深度一般 1～2m（根据山体大小而定），间距 1.5～1.8m，锚坑 40cm×40cm，把预留钢件下到坑内，用混凝土铸死。如山体过大就要采用钢筋混凝土柱墩形式处理，然后用方格网相互焊牢。

2）地上部分：山体造型的关键，按山体的高度、凹、凸、悬、峰、壑的走势焊牢，如有水景，同时将水电设备装好，植物种植穴按设计要求预留。

（2）假山室内内部结构设计　GRC 假山在室内的应用一般为悬或挂，在所需造型部位，按照要求，根据块材体量大小事先加工悬挂角铁，其长度按平面、曲折变化而定。然后用膨胀螺栓加以固定，角铁之间用毫米螺纹钢加固成网，也可利用原墙壁上的钢筋头、螺栓等物。

4. 自我评价

序号	评价内容	评价标准	自我评定
1	塑石假山的室外内部结构设计	1. 工程设计中地锚设计能按照山体投影的轮廓线分布，细部连接部位标注到位（20分） 2. 山体造型凹、凸、悬、峰、壑的走势能正确焊牢（30分）	
2	塑石假山的室内内部结构设计	1. 柱与柱之间正确按照斜撑角铁相拉焊接，与基础方格网形成完整的假山框架（20分） 2. 预制的假山石构件能按照总体的构思要求，注意山石大小节奏，精心排列组合，巧妙地按、连、接、拼，逐一挂焊需要加固的部位，挂焊牢固后，用钢板网封于背后，浇铸混凝土使之增加强度（30分）	

四、思考练习

1. 人造塑石假山和天然假山设计的区别在哪，优势何在？
2. 塑石假山的设计工艺关键点在哪？
3. 如何表达图样上设计线型的关系？
4. 观摩人造塑石假山现场，完成实训报告。

任务3　置石工程设计

在园林工程建设中，将形态独特的单体山石或几块、十几块小型山石艺术地构成园林小景称为置石。置石通常所用石材较少，而且施工也较简单。但是，因为置石是被单独欣赏的对象，所以对石材的可观性要求较高，对置石平面位置安排、立面强调、空间趋向等也有特别的要求。

一、相关知识

1. 置石布置方式

（1）特置　特置也称为孤置、孤赏，有的也称为峰石，大多由单块山石布置成为独立性的石景（图5-23）。特置要求石材体量大，有较突出的特点，或有许多折绉，或有许多或大或少的窝洞，或石质半透明，扣之有声，或奇形怪状，形像某物。园林中的特置，在自然界中就能寻找得到，最著名的当属承德避暑山庄东面的磬锤峰，北魏旅游家、地理学家郦道元对此这样描写道"挺在层峦之上，孤石云峰，临岸危峻，高可百余仞"。华山的"飞来石"，桂林市区的独秀峰等都是自然界中的"置石"。

图5-23　特置石

在我国园林中著名的特置石有：深绉千纹的"绉云峰"（杭州）；玲珑剔透，千穴百孔的"玉玲珑"（上海）；体量特大，姿态超凡，遍布涡、洞的"瑞云峰"（苏州）；横卧、雄浑且遍青色小洞的"青之岫"（北京），兼透、漏、瘦于一石，亭亭玉立、高矗入云的"冠云峰"（苏州），形神兼备的"大鹏展翅"（广州）和"猛虎回头"（广州）。

这些置石的共同特点是：巨、透、漏、瘦或象形，特置就是要充分发挥单体山石的观赏价值，做到"物尽其用"。特置石设计一般包括三个方面：

1）平面布置设计。特置石应作为局部的构图中心，一般观赏性较强，可观赏的面较多，所以，设计时可以将它放在多个视线的交点上。例如，大门入口处，多条道路交会处，或有道路环绕的一个小空间等。特置石，一般以其石质、纹理、轮廓等适宜于中近距离观赏的特征吸引人，应有恰当的视距。在主要观赏面前必须给游人留出停留的空间视距，一般应在 25~30m；如果以石质取胜者可近些；而轮廓线突出，优美者或象形者，视距应适当远些。设计时视距要限制在要求范围以内，视距 L 与石高 H，符合 $H/L = 2/8 \sim 3/7$ 数量关系时，观赏效果好。为了将视距限制在要求范围以内，在主要观赏面之前，可作局部扩大的路面，或植可供活动的草皮、建平台、设水面等，也可在适当的位置设少量的坐凳。特置石也可安置在大型建筑物前的绿地中，如图 5-24 所示。

图 5-24　置石的布置

2）立面布置设计。一般特置石应放在平视的高度上，可以建台来抬高山石。选出主要的观赏立面，要求变化丰富，特征突出。如果山石有某处缺陷，可用植物或其他办法来弥补。为了强调其观赏效果，可用粉墙等背景来衬托置石，也可构框作框景。在空间处理上，利用园路环绕，或天井中间，廊之转折处，或近周为低矮草皮或有地面铺设，而较远处用高密植物围合等方法，形成一种凝聚的趋势，并选沉重、厚实的基层来突出特置石。

3）工程结构。特置石在工程结构方面要求稳定和耐久。拟竖直设立的特置石，应以大扁石为基础，找出石体的重心线，然后在下部做圆柱形的榫头。榫头不一定要很长，但争取横截面积尽可能大，周围石边留 3cm 左右既可。石榫头必须正好在重心线上。基磐上顶住榫眼底部而周边不与基磐接触。先向榫眼中浇灌少量胶黏剂，再将山石吊起，把榫头对准榫眼插入，将溢出的胶黏剂刮去。特置石也可将一部分埋在土中，配以植物等组景，横卧的特置石可以直接坐落在夯实的基础上或自然山石上。

（2）对置　对置是在建筑轴线两侧或道路旁对称位置上置石，但置石的外形为自然多变的山石。在大石块少的地方，可用三五小石拼在一起，用来陪衬建筑物或在单调绵长的路旁增添景观，如图5-25所示。置石设计必须与环境相协调。

图 5-25　对置观赏石

（3）散置　散置即"散漫置之"，常"攒三聚五"，有常理而无定势，只要组合得好就行。常常有高有低，有聚有散，有主有次，有断有续，曲折迂回，顾盼呼应，疏密有致，层次分明。散置一般用于自然或山石驳岸的岸上部分，草坪上，园门两侧、廊间、粉墙前，山坡上、小岛上，水池中或与其景物结合造景。散置石需要寥寥数石就能勾画出意境来。

（4）群置　群置也称为"大散点"，在较大的空间内散置石，如果还采用单个石与几个石头组景，就显得很不起眼，而达不到造景的目的。为了与环境空间上取得协调，需要增大体量，增加数量。群置布局特征与散置相同，但堆叠石材前者较为复杂，需要按照山石结合的基本形式灵活运用，以求有丰富的变化。

（5）山石器设　山石器设在园林中比较常见，它有以下特点：不怕日晒雨淋，结实耐用；既是景观又是具有实用价值的器具；摆设位置较灵活，可以在室内，也可以在室外。如果在疏林中设一组自然山石的桌凳，人们坐在树阴下休息、赏景，就会感到非常惬意，而从远处看，又是一组生动的画面。在大树下，放置一张天然的石床，也是很富诗意的，更多的时候是在山坡上，以护坡山石兼顾使用，人们走累时可以休息，又不露人工的痕迹，也是匠心的巧妙运用。平整的山石为了与周围空间的尺度取得协调，放在室外的山石器可以设在路边当坐凳，要求尺寸大些，而如在室内的则应小些。

2. 置石造景应用

1）作为艺术造景，供人们观赏游憩。人们想回到自然中去，故在城市绿地中叠山置石，通过艺术加工，营造山林景色，供人们观赏、游憩。

2）作为园林环境局部的主景乃至景观主题序列和构建地形骨架。例如苏州留园东花园的"冠云峰"以及上海豫园玉华堂前的"玉玲珑"，都是自然式园林中局部环境的主景，具有压倒群芳之势。周围的配景置石起陪衬主题的作用，并营造局部环境地形骨架，使主景突出，主配相得益彰。

3）置石在园林空间组合中起着重要的分隔、穿插、连接、导向及扩张空间的作用。例如置石分隔水面空间，既不一览无余，又可丰富水面景观；置石还可障隔视线，组织空间，增加景深和层次。

4）石材的纹理、轮廓、造型、色彩、意韵在环境中可起到点睛作用。

5）园林绿地中为防止地表径流冲刷地面，常用置石作"谷方"和"挡水石"，既可减缓水流冲力，防止水土流失，又可形成生动有趣的景观。

6）运用山石小品点缀园林空间，常见的有：

① 作铭牌石也叫指路石。

② 作驳岸、挡土墙、石矶、踏步、护坡、花台，既造景又具实用功能。

③ 利用山石能发声的特点，可作为石鼓、石琴、石钟等。

④ 作为室外自然式的器设，如石屏风、石榻、石桌、石凳、石栏、掏空形成种植容器、蓄水器等，具有很高的实用价值，又可结合造景，使园林空间充满自然气息。

⑤ 利用山石营建动物生活环境，如动物园用山石建造猴山，两栖动物生活环境。

⑥ 作为名木古树的保护措施或树池。

7）置石与园林建筑相结合，陪衬建筑物，可在某种程度上打破建筑物的呆板、僵硬，使其趋于自然、曲折，常见以下几种作用：

① 山石踏跺和蹲配。

② 抱角和镶隅。

③ 粉壁置石。

④ 花架、回廊转折处的廊间山石小品。

⑤ 漏窗、门洞透景石。

⑥ 云梯。

此外，山石还可作为园林建筑的台基、支墩、护栏和镶嵌门窗、装点建筑物入口。

8）用山石营建岩石园、日式枯山水园或岩生植物园、水生植物园等专类园。

二、实例分析

中华石窗文化园位于宁波达蓬山山脚，窖湖东南面，是达蓬山旅游度假区内的一大专题文化旅游区块。景区内坡地起伏，两条花溪自东南向西北蜿蜒，景地峰岚簇拥，满目苍翠，向西北远眺，窖湖美景尽收眼底。园内置石应用非常广泛，概括起来主要有以下几个特点：

1. 置石与植物结合（图5-26）

由于山石轮廓线条比较丰富，有曲折变化、凸凹变化，石体不规则，有透、漏、皱、窝等特征，这些石体用在溪流、水池、湖泊等最低水位线以上部分堆叠、点缀，可使水域总体上有很自然、丰富的景观效果，非常富有情趣和诗情画意。

2. 置石与水体结合（图5-27）

山水是自然景观的基础，"山因水而润，水因山而活"，园林工程建设中将山水结合得

图 5-26　置石与植物结合

好，就可造出优美的景观。例如用条石作湖泊、水池的驳岸，坚固、耐用，能够经受住大的风吹浪打；同时在周围平面线条规整的环境中应用，不但比较统一，而且可使这个园林空间更显得规整、有条理、严谨、肃穆而有气势。

图 5-27　置石与水体结合

3. 新材料、新技术与置石结合（图5-28）

现代园林置石的发展趋势，应适应现代人亲近自然的心理特征，以生态效益为目的，利用新材料、新技术创造富有时代气息的置石作品，与其他物质要素紧密结合，以求共同建造优美的富于生机的自然景观，创造清新宁静的生态环境。新材料、新技术正广泛应用于现代园林置石中。

图5-28 新材料、新技术与置石结合

4. 置石与建筑结合（图5-29）

镶隅的山石常结合植物，一部分山石紧砌墙壁，另一部分与其自然围成一个空间，内部填土，栽植潇洒、轻盈的观赏植物。植物、山石的影子投放到墙壁上，植物在风中摇曳，使本来呆板、僵硬的直角线条和墙面显得柔和，"壁山"也显得更加生动。与镶隅相似，沿墙建的折廊，与墙形成零碎的空间，在其间缀以山石、植物，即可补白，又可丰富沿途景观。

三、训练与评价

1. 目的要求

1）根据置石平面布置的方法，如特置、对置、散置等进行平面设计。

2）根据置石立面形状和周边环境关系，确定置石的大小尺寸。

3）山石能结合建筑、墙体、水体合理进行布置。

图5-29 置石与建筑结合

2. 设计内容

根据一张设计平面图，将置石表示在其中，并绘制出立面图表达和周边的关系。

3. 要点提示

1）一般置石要选出主要的观赏立面，要求变化丰富，特征突出。如果山石有某处缺陷，可用植物或其他办法来弥补。

2）置石分隔水面空间，既不一览无余，又可丰富水面景观；置石还可障隔视线，组织空间，增加景深和层次。

3）结合建筑墙体如抱角、镶隅是为了减少墙角线条平板呆滞的感觉而增加自然生动的气氛。

4. 自我评价

序　号	评价内容	评价标准	自我评定
1	置石的平面布局	1. 能根据现状地形合理运用置石在水体、建筑及植物合理进行搭配（15分） 2. 散置的三五小石拼在一起，合理起到陪衬建筑物或在单调绵长的路旁增添景观的作用（15分）	
2	置石的空间布局	1. 在水体、建筑、台阶等位置合理配置置石，起到分隔、穿插、连接、导向及扩张空间的作用（10分） 2. 特置石是作为局部的构图中心，位于多个视线的交点上（10分） 3. 对置、散置石起到丰富景观空间层次作用（10分）	
3	图纸规范	1. 平面构图合理，线性和线型表达正确（15分） 2. 置石平面表达符合工程施工要求（15分） 3. 置石设计安排得当，立面图表达全面（10分）	

四、思考练习

1. 置石工程设计如何表达在图样上？

2. 置石如何与其他景观要素协调？

3. 现场参观置石的摆设，并按要求写出调查报告。

单元六

园林给排水工程设计

学习目标

通过学习园林给排水工程设计明确园林给水工程的概念和特殊性，了解园林用水分类与特点，园林地形排水、暗渠排水、园林污水处理的方法，了解喷灌系统的组成与分类、喷头的类型、喷灌的主要技术要求等，掌握水质与水源选择、给水管网设计与计算方法；管渠排水与防止地表径流冲刷地面的措施；喷灌系统规划设计内容步骤和方法。

学习任务：

1. 园林给水工程设计
2. 园林排水工程设计
3. 园林喷灌工程设计

【基础知识】

在人们的生活和生产活动中，水是不可缺少的。在城镇，为了给各生产部门及居民点提供在水质、水量和水压方面均符合国家规范的用水，需要设置一系列的构筑物，从水源取水，并按用户对水质的不同要求分别进行处理，然后将水送至各用水点使用。这一系列的构筑物就称为给水系统。

清洁的水经过人们在生活中和生产上的使用而被污染，形成大量成分复杂的污水。这些污水往往含有传染疾病的细菌及各种有害物质，如不经过处理和消毒就排走，将严重污染生态环境，危害人们的身体健康。另外在污水中又含有一些有用物质，经处理可回收利用。为了使排出的污水无害及变害为利，必须建造一系列设施对污水进行必要的处理，这些处理与排除污水的系统就称为排水系统。

总之，城市中水的供、用、排三个环节就是通过给水系统和排水系统联系起来的。

一、园林给水

公园和其他公用绿地是群众休息游览的场所，同时又是树木、花草较集中的地方。人活动的需要、植物养护管理及水景用水的补充等，公园绿地的用水量是很大的，所以园林的用水问题是一项十分重要的工作。公园中用水大致可分为以下几方面：

1）生活用水：如餐厅、内部食堂、茶室、小卖部、消毒饮水器及卫生设备等用水。

2）养护用水：包括植物灌溉、动物笼舍的冲洗及夏季广场园路的喷洒用水等。

3）造景用水：各种水体（溪涧、湖泊、池沼、瀑布、跌水、喷泉等）的用水。

4）消防用水：公园中的古建筑或主要建筑周围应该设消火栓。

公园中用水除生活用水外，其他方面用水的水质要求可根据情况适当降低。例如无害于植物、不污染环境的水都可用于植物灌溉和水景用水的补给。如条件许可，这类用水可取自园内水体；大型喷泉、瀑布用水量较大，可考虑自设水泵循环使用。

园林给水工程的任务就是如何经济、合理、安全可靠地满足以上四个方面的用水需求。

1. 园林给水的特点

1）园林中用水点较分散。

2）用水点分布于起伏的地形上，高程变化大。

3）水质可据用途不同分别处理。

4）用水高峰时间可以错开。

5）饮用水的水质要求较高，沏茶用水以水质好的山泉最佳。

2. 水源与水质

（1）水源　园林由于其所在地区的供水情况不同，取水方式也各异。在城区的园林，可以直接从就近的城市自来水管引水，在郊区的园林绿地如果没有自来水供应，只能自行设法解决；附近有水质较好的江湖水可以引用江湖水；地下水较丰富的地区可自行打井抽水（北京颐和园）。近山的园林往往有山泉，引用山泉水是最理想的。

园林中水的来源包括地表水和地下水两种。

1）地表水。地表水包括江、河、湖塘和浅井中的水，这些水由于长期暴露于地面上，容易受到污染。受到各种污染源的污染，水质较差，必须经过净化和严格消毒，才可作为生活用水。

2）地下水。地下水包括泉水以及从深井中或管井中取用的水，由于其水源不易受污染，水质较好，一般情况下除作必要的消毒外，不必再净化。

（2）水质　园林用水的水质要求，可因其用途不同分别处理。养护用水只要无害于动植物不污染环境即可；但生活用水（特别是饮用水）则必须经过严格净化消毒，水质须符合国家颁布的卫生标准。

生活用水的净化和消毒可采用如下方法：

如果取用的地表水较混浊，一般每吨水加入粗制硫酸铝 20～50g，经搅拌后，悬浮物即可凝聚沉淀，色度可减低，细菌也可减少，但杀菌效果仍不理想，因此还须另行消毒。净化地面水，还可采用砂滤法。

水的消毒方法很多，其中加氯法使用最普遍，通常以漂白粉放入水中进行消毒，它是强氧化剂，性质活泼，能将细菌等有机物氧化，从而将其杀灭。

二、园林排水

1. 利用地形排除雨（雪）水

园林绿地的排水不同于城市雨水管道，由于它地形变化丰富，可充分利用地形来组织雨水的流动，就近排入园林内的水体，因此不用形成一个完整的系统，同时投资可以节省。园林中植物的生长又需要大量的水，而雨水是其主要来源，因此在确保降雨不造成危害的前提下应尽量截留雨水。

在所有排水方式中，通过地面排水最为经济。在我国，大部分公园绿地都采用地面排水为主、沟渠和管道排水为辅的综合排水方式。采用地面和明渠排水，不仅经济实用，而且便于维修。园林中的明渠不同于城市排水明沟，应该结合道路、地形做成一种浅沟式排水渠，沟中可任其生长植物，这种浅沟对穿越草坪的道路很适宜。在人流较集中的活动场所，为了安全起见，明渠应局部加盖。

在竖向设计时合理安排地面坡度，通过建筑、围墙、道路、山谷、涧等加以组织排除雨水（或雪水）就近排入园中（或园外）的水体，或附近的城市雨水管渠。如能考虑周全，则可排除大部分雨水，节约雨水管道的投资。

2. 利用管渠排水

公园绿地应尽可能利用地形排除雨水，但在某些局部如广场、主要建筑周围或难于利用地面排水的局部，可以设置暗管或排水渠加以排水。

3. 暗渠排水

暗渠是一种地下排水渠道，用以排除地下水，降低地下水位，效果很好。所以在一些要求排水良好的活动场地，如体育场或地下水位高的地区，为了给某些不耐水植物的生长创造条件，可采用这种方法排水。

暗渠的优点是：取材方便，可废物利用，造价低廉；不需附加诸如雨水井之类的构筑物，地面不留"痕迹"，从而保持了绿地或其他活动场地的完整性，这对公园草坪的排水尤其适用。

暗渠的布置形式及密度，可视场地要求而定，通常以若干支渠集水，再通过干渠将水排除。场地排水要求高的，支渠可多设，反之则少设。

暗渠渠底纵坡不应小于5‰，只要地形等条件许可，纵坡坡度应尽可能取大些，以利地下水的排出。

任务1 园林给水工程设计

一、相关知识

公园给水管网的布置除了要了解园内用水的特点外，公园四周的给水情况也很重要，它往往影响管网的布置方式。一般市区小公园的给水可由一点引入，但对较大型的公园，特别是地形较复杂的公园，为了节约管材，减少木头损失，有条件的最好多点引水。

1. 给水管网的基本布置形式和布置要点

（1）给水管网基本布置形式

1）树枝式管网。这种布置方式较简单、省管材。布线形式就像树干分权分枝，适合于用水点较分散的情况，对分期发展的公园有利。但树枝式管网供水的保证率较差，一旦管网出现问题或需维修时，影响用水面较大。

2）环状管网。环状管网是把供水管网闭合成环，使管网供水能互相调剂。当管网中的某一管段出现故障，也不致影响供水，从而提高了供水的可靠性。但这种布置形式较费管材，投资较大。

（2）管网的布置要点

1）干管应靠近主要供水点。

2）干管应靠近调节设施（如高位水池或水塔）

3）在保证不受冻的情况下，干管宜随地形起伏敷设，避开复杂地形和难施工的地段，以减少土石方工程量。

4）和其他管道按规定保持一定距离。

2. 管网布置的一般规定

（1）管道埋深　冰冻地区，应埋设于冰冻线以下40cm处。不冻或轻冻地区，覆土深度不小于70cm；管道不宜埋得过深，埋得过深工程造价高，但也不宜过浅，否则管道易遭破坏。

（2）阀门及消火栓　给水管网的交点称为节点，在节点上设有阀门等附件。为了检修管理方便，节点处应设阀门井。阀门除安装在支管和干管的联接处外，为便于检修养护，要求每500m直线距离设一个阀门井。

配水管上安装消火栓，按规定其间距通常为120m，且其位置距建筑不得少于5m，为了便于消防车补给水，离车行道不大于2m。

（3）管道材料的选择（包含排水管道）　大型排水渠道有砖砌、石砌及预制混凝土装配式等，见表6-1。

表6-1　管道材料的选择

流动物质	压力及水温	室内或室外	DN 公称直径/mm						
			25	50	80	100	150	200	≥250
给水	$P_g \leq 10kg/cm^2$　$t \leq 50℃$	室内	白铁管、黑铁管					螺旋缝电焊钢管	
		室外	铸铁管、石棉水泥管						
流动物质	压力及水温	室内或室外	DN 公称直径/mm						
			25	50	80	100	150	200	≥250
雨水	无压	室内	铸铁管						
		室外	陶土管						
生产污水		室内	排水铸铁管						
		室外	钢筋混凝土管、混凝土管						
			陶土管、陶瓷管						
生活污水		室内	排水铸铁管、陶土管						
		室外	陶土管、混凝土管						

注：耐酸陶瓷管、混凝土管、钢筋混凝土管、陶土管（缸瓦管）等管类的管径以内径 d 表示。

3. 给水管网计算步骤

管网水力计算的目的是根据最高日最高时用水量作为设计用水量，求出各段管线的直径和水头损失，然后确定城市给水管网的水压是否能满足公园用水的要求；如公园给水管网自设水源供水，则须确定水泵所需扬程及水塔（或高位水池）所需高度，以保证各用水点有足够的水量和水压。

（1）求最高日用水量 公园中的用水量，在任何时间里都不是固定不变的。在一天中游人数量随着公园的开放与关闭在变化着；在一年中又随季节的冷暖而变化。另外不同的生活方式对用水量也有影响。把一年中用水最多的一天的用水量称为最高日用水量。最高日用水量根据用水量标准及用水单位数而定。

（2）求最高时用水量 把最高日那天中用水最多的一小时称为最高时用水量。最高时用水量与平均时用水量的比值，称为时变化系数。时变化系数 K_h 的值，在城镇通常取2.5~3，在农村则取5~6。

最高时用水量是根据最高日平均小时用水量乘以时变化系数求得的。

（3）求管段计算流量 Q 园林中的给水水源若取自城市给水管网，则园中给水干管将是城市给水管网中的一根支管，在这根"干管"上只有为数不多的一些用水量相对较多的用水点，沿线不像城镇给水管网那样有许多居民用水点。所以在进行管段流量的计算时，根据用水量标准分别求出备用水点的需水量，管段的计算流量等于该管段所负担的转输流量加上该节点相连各管段的沿线流量总和的一半。根据计算流量 Q 及合适的水头损失通过查表来选择管径。

（4）确定管段的管径 D 在给水管上任意点接上压力表，都可测得一个读数，这数字便是该点的水压力值，管道内的水压力通常以 MPA 表示。1MPA = 10 个大气压力 = 10.3323kg/cm^2。

水在管中流动时与管道侧壁发生摩擦，克服这些摩擦力而消耗的势能称为水头损失。管道中的水头损失包含沿程水头损失和局部水头损失。沿程水头损失的大小与管道材料、管壁粗糙程度、管径、管内流动物质以及温度等因素有关。

在求得某点计算流量后，便可据此查表以确定该管道的管径，在确定管径时，还可查到与该管径和流量相对应的流速和每单位长度的管道阻力值。给水管网中连接各用水点的管段的管径是根据流量和流速来决定的，由下列公式可以看到三者之间的关系：

$$D = \sqrt{\frac{4Q}{\pi v}}$$

公式中当 Q 不变，D 和 v 互相制约，管径 D 大，管道断面积也大，流速 v 变小；反之 v 大 D 变小。以同一流量 Q，查水力计算表，可以查出多个管径来。如果选择大流速，用于管道的投资就可以减少，但是造成的水头损失就增大；反之，采用较大的管径以降低流速，但却要增加许多管材和基建费用。所以选择管段管径时，这二者要进行权衡以确定一个较适宜的流速。此外这一流速还受当地敷管单价和动力价格总费用的制约，这既不浪费管材增大投资，又不致使水头损失过大。这一流速就称为经济流速。经济流速可按下列经验数值采用：小管径 DN = 100~400mm 时，v 取 0.6~1.0m/s，大管径 DN > 400mm 时，v 取 1.0~1.4m/s。

（5）水头计算 在计算时，一般选择园内一个或几个最不利点进行计算。所谓最不利点是指因管线消耗水头多，或由于地形高或建筑高的关系要求水头较高的用水点。因为无论是采用城市自来水还是自设水泵取水，水在管道中流动，必须具有相当的水头来克服沿程的水头损失，并使水能达到一定的高度以满足用水点的要求。水头计算的目的有两个方面：一是计算出最不利点的水头要求；二是校核城市自来水配水管的水压（或水泵扬程）是否能满足公园内最不利点配水的水头要求。

公园给水管段所需水压可以下式表示：

$$H = H_1 + H_2 + H_3 + H_4$$

式中　　H——引水管处所需求的总压力（或水泵的扬程）（m 水柱）；

　　　　H_1——引水点与用水点之间的地面高程差（m）；

　　　　H_2——计算配水点与建筑物进水管的标高差（m）；

　　　　H_3——计算配水点所需流出水头（m 水柱）；

　　　　H_4——管内因沿程和局部阻力而产生的水头损失值（m 水柱）。

H_2 与 H_3 之和是计算用水点建筑或构筑物，从地面算起所需要的水压值，这数值在概略估算总水压时可参考以下数值。即，按建筑物层数，确定从地面算起的最小保证水头值；平房 10m 水柱；二层 12m 水柱；三层 16m 水柱。

H_3 值随阀门类型而定，一般取 1.5~2.0m 水柱。

H_4 数值由沿程水头损失及局部水头损失求得，沿程水头损失可用下列公式求取：

$$H_y = i \times l \times l / 1000$$

式中　　H_y——沿程水头损失（m 水柱）；

　　　　i——单位长度的水头损失（m 水柱/m）；

　　　　l——管段长度（m）。

钢管的各种管径及不同流量下单位管长的水头损失 i 值可查表获得。

管道的局部水头损失，一般情况下不必计算，而是按不同用途管道的沿程水头损失分比采用：生活用水管网——25%~30%；生产用水管网——20%；消防用水管网——10%。

通过水头计算应使城市自来水配水管的管压大于公园内给水管网所需总水压 H_0，当城市配水管的管压大于 H_0 很多时，应充分利用城市配水管的管压。在允许的限值内适当缩小某些管段的管径，以节约管材，当城市配水管的管压小于 H_0 不是很多时，为了避免设置局部升压设备而增加投资，可采取放大某些管段的管径，减少管网的水头损失来满足。

公园中的消防用水对一般较大型建筑物如一些文艺演出场地、展览馆等特别是古建筑的防火应该有专门设计。一般来说对消灭 2~3 层建筑物的火灾，消防管网的水压不小于 25m 水头。

在计算整个管网时，先将各用水点的设计流量 Q 及所要求的水压 H_0 求出，如各用水点用水时间一致，则各点设计流量的总和 $\sum Q$ 就是公园给水干管的设计流量，根据这一设计流量及公园结水管网布置所确定的管段长度，就可以查表求出各管段的管径、流速及其水头损失值。但实际上公园各用水点用水时间是不同的，例如食堂营业时间主要集中在中午前后，茶室营业时间比食堂要长，植物养护（浇灌）用水最好在清晨或傍晚，有些水景（如喷泉）用水则可能在整个公园开放时间内都要用水。由于用水时间不尽相同，可以通过合理安排用水时间把几项用水量较大的项目匀开，如植物灌溉用水时间应该和茶室、食堂用水时间错开等；另外像食堂、花圃等用水量较大的用水点可多设一些水池、水缸之类的储水设备，错过用水高峰时间在平时储水；像喷泉瀑布之类的水景，其用水可考虑自设水泵循环使用。这样就可以降低用水高峰时的用水量，对节约管材和投资是有很大意义的。另外，如果选用其他管材作为输水管道，在进行水力计算时则需查相应的管道水力计算表。

二、实例分析

1. 园博会寄思园给水平面图设计分析

给水设计说明如下：

1）给水管采用 PE 给水管，热熔或电热熔连接，人工浇灌采用快速取水器。喷泉给水管采用镀锌钢管，喷泉主要设备材料见表 6-2。

2）在土建施工时，应与土建专业密切配合，注意应预留孔洞及预埋管道或套管。管道穿水池壁处，参照国标"S312"预埋防水套管。

3）管道及闸阀试压强度为 1.0MPa。

4）给水管道埋地安装，埋深 0.7m。

5）安装完毕后应进行调试，通过调节各阀门开启度，使喷头达到设计喷射效果。

6）潜水泵设计时是以上海凯泉泵为参照，具体参数如下：

50WQ/25-11-1.5　$Q = 25m^3/h$　$H = 11m$　380V　1.5kW（说明：WQ 指排污潜水泵，50 指泵入口直径，25 指泵的流量，11 指扬程，1.5 指泵的功率）。

表 6-2　喷泉主要设备材料

序　号	名　　称	规格型号	数　量	单　位	备　注
1	潜水泵	50WQ/C241-1.5	1	台	$Q = 25m^3/h$　$H = 11m$
2	铜制雾化喷头	DN15	11	个	喷洒直径 2.5m
3	止回阀	DN50	1	个	
4	闸阀	DN15	11	个	
5	可曲挠橡胶接头	DN50	1	个	
6	镀锌钢管	DN20	现场计	m	
7	镀锌钢管	DN32	现场计	m	
8	镀锌钢管	DN40	现场计	m	
9	镀锌钢管	DN50	现场计	m	

由图 6-1 及给水设计说明可知，在园博会寄思园给水设计中，水源来自寄思园周边的河道。该园的供水分为两部分，一部分供给寄思园内一曲流水体，水体中设置喷雾喷头，所以自然给水网布置主要采取树枝式，并且采用潜水泵来增加水压，潜水泵的最大流量 Q 为 $25m^3/h$。因喷头的多少、管线的转折度、高程变化等因素的影响采取了 DN20、DN32、DN40、DN50 四种型号管径的镀锌钢管，共有 11 个喷头，每个喷头设置一个闸阀；另一部分供水主要用于寄思园的植物灌溉用水，线路较长，转折点相对较少，也采取枝干式管网，但管径采取 DN32、DN25 两种型号的镀锌钢管，结合寄思园高程的变化等设计水头 11m。因为地处年最低温度较高的地区，给水管道埋深 0.7m。

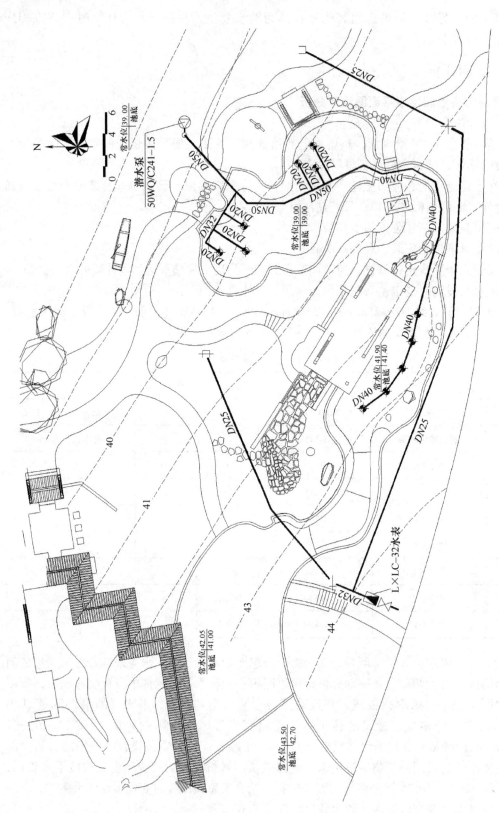

图 6-1　园博会寄思园园给水平面图

2. 翠海明珠环境景观工程给水管线平面设计分析

给水设计说明如下：

1）本设计喷灌喷头采用 TORO1550 系列喷头，要求水源水压不小于 0.4MPa，流量不小于 40m³/h。

2）绿化给水管采用 UPVC 给水管，粘接，TORO 1550 系列喷头立管为 DN25，与喷头连接采用铰接水池补水管阀门后及喷泉循环水管采用镀锌钢管，丝扣连接，埋地部分刷热沥青两遍。

3）快速取水器采用 TORO 474-00，置于 10 号阀门箱中，连接管均为 DN32。

4）绿化给水管应找不小于 0.003 的坡度，坡向阀门井，阀门井内设泄水阀，冬季泄水。

5）绿化给水管道埋深大于 0.8m。

6）给水管试验压力为 0.6MPa。

7）阀门井做法参见国标 S143。

8）喷灌喷头与环境景观采用同一方格网放线定位。

翠海明珠环境景观工程地处北京市，由图 6-2 及给水设计说明可知，该景观地块长 284m，宽 83m，绿化面积 23572m²，采用城市自来水供水，水网密布，呈树枝状分布。从水源入口根据所经路程及转折等的管径为 DN110、DN90、DN75、DN63、DN50、DN40、DN32 七种 UPVC 给水管，与喷头连接采用铰接水池补水管阀门后及喷泉循环水管采用镀锌钢管。北京冬天温度低，管道埋深大于 0.8m。因喷头多并有水幕，所以水流量大，最低不小于 40m³/h。

三、训练与评价

1. 目的要求

如图 6-3 所示为园博梅林景点景观设计图，请对其进行景观给水设计，要求：

1）结合梅林景点景观设计的状况选择合理的管网布置形式。

2）管网布置中注意该景观环境。

3）选择合理的埋深、管材、阀门及消火栓。

4）根据最高日用水量、最高时用水量与管段流量 Q 确定管段的管径 D 与水头 H。

2. 主要内容

管网布置、管材选择、管径选择、流量计算、水头设计。

3. 要点提示

1）给水管网的基本布置形式和布线要点：管网类型能结合地形、植被需水状况、水源来源合理选择。干管应靠近主要供水点，干管能随地形起伏敷设，和其他管道按规定保持一定距离。

2）管网布置的一般规定：管道埋深最低不小于 0.7m，根据当地最低气温而定。管材材料类型选择合理，在规定范围内安置阀门及消火栓。

3）给水管网计算：最高日用水量、最高时用水量符合该景点的用水需要，管段计算流量，管段的管径及水头设计合理。

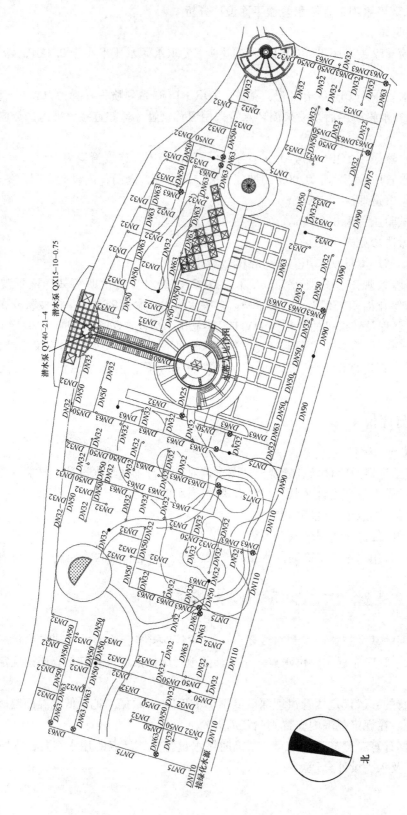

图 6-2 翠海明珠环境景观工程给水管线平面图

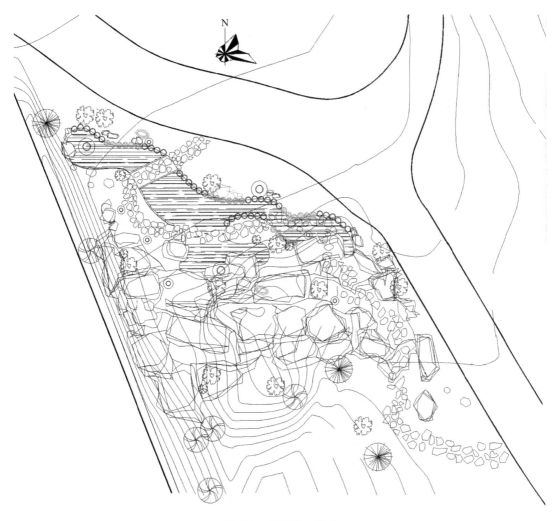

图 6-3　园博梅林景点

4. 自我评价

序　号	评价内容	评价标准	自我评定
1	管网布置	1. 管网布置类型在满足供水要求的前提下能节水（10分） 2. 管道埋深符合当地气候条件并充分考虑周边其他管道的影响（10分）	
2	管材选择	1. 管材类型选择经济合理（10分） 2. 阀门及消火栓的设置数量与设置距离满足需要（10分）	
3	管径选择	1. 流速选择合理（10分） 2. 管径选择合理（10分）	
4	用水量计算	1. 正确确定最高日用水量（10分） 2. 正确确定最高时用水量（10分）	
5	水头设计	1. 对最不利点的水头损失计算准确（10分） 2. 管道的局部水头损失选择准确（10分）	

四、思考练习

园林给水设计要考虑哪些因素？请详细说明给水设计中如何进行管网设计？

任务 2 园林排水工程设计

在人类的生活和生产中，使用大量的水。水在使用过程中受到不同程度的污染，改变了原有的化学成分和物理性质，这些水称为污水或废水。污水也包括雨水和冰雪融化水。按照来源的不同，污水可分为生活污水、工业废水和降水三类。而园林绿地中的污水，一般主要是降水和少量生活污水，本任务主要学习雨水的排除方法、管渠排水设计与防止地表径流冲刷地面的措施。

一、相关知识

1. 管渠排水设计

（1）雨水管渠的设计　雨水管渠设计的主要内容包括：确定暴雨量；划分排水流域，进行雨水管渠的定线；划分设计管段，计算雨水设计流量；进行雨水管渠的水力计算，确定管渠尺寸、坡度、标高及埋深；绘制管渠平面图及纵剖面图。

下面依照设计计算顺序进行介绍：

1）根据地形及道路等地面物划分汇水区、标出各区面积并确定水流方向。做管渠布置草图，在拟设计管渠的公园局部图样（附有地形的公园规划图）上画出管渠位置，并标示出各段管渠的长度。依地形图，求出管线上各节点的地面标高。

2）确定暴雨量。用所在地区的暴雨强度公式，求暴雨强度 q，计算时需确定两个有关参数：设计重现期 P，设计降雨历时 t。设计重现期就是选择暴雨强度是几年一遇。在公园中一般可在 0.33～2.0 年之间选取，对于洼地或怕淹的地区设计重现期可适当提高些。雨水管渠的设计降雨历时 t，包括地面集水时间 t_1 和雨水在管渠内流行时间 t_2 两部分，即 $t = t_1 + mt_2$，m：延缓系数，如不考虑因管渠充水时所延迟的时间，则 $m = 2$，$t = t_1 + 2t_2$。t_1 在实际工作中一般不作计算：采用 5～15min，t_2 则依该段管渠的长度及雨水在管渠中流行速度计算。在选定 P 及 t 后即可求暴雨强度 q，各地暴雨强度公式见《给排水设计手册》中我国部分城市降雨强度计算公式。

3）按该汇水区的地面性质（如草地、道路、建筑物等）求汇水区的平均径流系数。径流系数是指流到管渠中的雨水量和降落到地面上的雨水量的比值。由于雨水降落到地面后部分雨水被土壤或其他地面物所吸收，不可能全部流入沟管中，所以这一比值的大小主要视地表或地面物的性质而定，覆盖类型较多的汇水区应根据各类型所占汇水面积乘以表 6-3 中所规定的相应值再除以汇水总面积（即所谓加权平均法），求出平均径流系数。

表 6-3　径流系数 φ 值

地 面 种 类	φ 值	地 面 种 类	φ 值
各种屋面、混凝土和沥青路面	0.9	干砌砖石和碎石路面	0.4
大块石铺砌路面和沥青表面处理的碎石路面	0.6	非铺砌土地面	0.3
级配碎石路面	0.45	公园或绿地	0.15

4）根据设计暴雨强度可以确定雨水设计流量 Q。

$$Q = q \cdot \phi \cdot F \, (\text{L/s})$$

式中　q——设计暴雨强度 $[\text{L/}(\text{s} \cdot \text{hm}^2)]$；

　　　ϕ——径流系数；

　　　F——汇水面积（hm^2）。

5）管渠的水力计算。在求得雨水的设计流量 Q 后即可进行管渠的水力计算。为了避免繁琐的计算，可以直接查《给排水设计手册》管渠水力计算表。

6）确定各管段所需的管径、坡度、流速、管底标高及管道埋深等。

7）填写雨水自流管渠计算表及画出干管的总断面图。在园林排水设计中，如果只在某些小局部埋管或设渠排水，由于管渠数量有限也较简单，这项工作也可以不做或只填表，一般都把有关数据直接标明在管渠设计平面图上，不足之处再以文字补充说明，即可交付施工。

（2）雨水口、窨井及出水口的处理　园林中的雨水口、窨井如设置在某些重要地段，其外观应适当美化及伪装。其做法多种多样，有的在雨水井的铸铁箅子或窨井铁盖上铸出各种美丽的图案花纹，有的则采用园林艺术手法，以山石（或塑石）、植物等材料加以点缀。后一种做法在广州园林中应用颇多，效果很好，但是不管采用哪一种方法进行点缀或伪装，都应以不妨碍这些排水构筑物的功能为原则。

园林绿地中雨水管出水口的设计标高，应该参照水体的常水位和最高水位来决定。一般为了不影响园林景观，出水口最好设于常水位以下，但应考虑到雨季水位涨高时不致倒灌，影响排水。在滨海地区的城镇，其水系往往受潮汐涨落的影响，如公园中的雨水要往这些水体排放，也应采取措施防止倒灌。通常可在出水口处安装单向阀门，潮退时排水，潮涨时单向阀门自动关闭，防止水流倒灌。另外出水口如设在流动的水体中，出水方向应顺着流水方向，以免发生顶水现象。

（3）管渠排水相关规定

1）管道的最小覆土深度。根据雨水井连接管的坡度、冰冻深度和外部荷载情况决定，雨水管的最小覆土深度可采用 0.5～0.7m。

2）最小坡度。

① 雨水管道的最小坡度规定如表 6-4。

② 道路边沟的最小坡度不小于 0.002。

③ 梯形明渠的最小坡度不得小于 0.0002。

表 6-4　雨水管道各种管径最小坡度

管径/mm	200	300	350	400
最小坡度	0.004	0.0033	0.003	0.002

3）最小容许流速。

① 各种管道在自流条件下的最小容许流速不得小于 0.75m/s。

② 各种明渠不得小于 0.4m/s（个别地方可酌减）。

4）最小管径及沟槽尺寸。

① 雨水管最小管径不小于 150mm。公园绿地的径流中挟带泥沙及枯枝落叶较多，容易

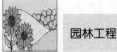

堵塞管道，故最小管径限值可适当放大，如上海园林部门经多年实践总结，目前最小管径采用 $Dg300$mm。

② 梯形明渠为了便于维修和流水通畅，其渠底宽度不得小于 30cm。

③ 梯形明渠的边坡，用砖石或混凝土块铺砌的一般采用 $1:0.75 \sim 1:1$ 的边坡。边坡在无铺装情况下根据不同土质可采用表 6-5 的数值。

表6-5　梯形明渠的边坡

明渠土质	边坡	明渠土质	边坡
粉砂	$1:3 \sim 1:3.5$	砂质黏土和黏土	$1:1.25 \sim 1:1.5$
松散的细砂、中砂、粗砂	$1:2 \sim 1:2.5$	砾石土和卵石土	$1:1.25 \sim 1:1.5$
细实的细砂、中砂、粗砂	$1:1.5 \sim 1:2.0$	半岩性土	$1:0.5 \sim 1:1$
粘质砂土	$1:1.5 \sim 1:2.0$		

5）排水管渠的最大设计流速。

① 管道：金属管为 10m/s；非金属管为 5m/s。

② 明渠：水流深度 h 为 $0.4 \sim 1.0$m 时，宜按表 6-6 采用。

表6-6　明渠最大设计流速

明渠类别	最大设计流速/(m/s)	明渠类别	最大设计流速/(m/s)
粗石及贫砂质黏土	0.8	草皮护面	1.6
砂质黏土	1.0	干砌块石	2.0

2. 防止地表径流冲刷地面的措施

降雨在地面流动时往往会造成地表被冲蚀，这主要是由于地表径流（径流是指在地表面流动的天然落水）的流速过大，解决这个问题可以从两个方面着手：

（1）竖向设计

1）注意控制地面坡度，使之不致过陡，有些地段如需较大坡度，应另采取措施减轻冲刷。同一坡度（即使坡度不太大）的坡面不宜延续过长，应该有起有伏，令地面坡度陡缓不一，使地表径流不致一冲到底形成流速较大的径流。

2）利用道路、谷线等拦截和组织排水。

3）种植设计时应考虑种植铺地植物来护坡。

（2）工程措施　在我国园林中有关防止冲刷、固坡及护岸等工程措施很多，现将常见的几种简述如下：

1）"谷方"。利用山谷或地表洼处作为汇水线时，为了避免地表被冲刷，在汇水线上散置一些山石，这些山石在雨季径流大时，可起到缓和水流的冲力、减低径流速度的作用。这种石头应具有一定体量，并且有相当部分埋置于土中，否则径流大时会被冲走。"谷方"如安置得当也可起到点缀园景的作用。

2）挡水石（也称为指路石）。利用山道边沟排水，在坡度变化较大之处（如在台阶两侧），由于水的流速大，表土土层往往被冲蚀，严重的甚至损坏路基；为了减少冲刷，在台阶两侧置石挡水，使山间沿山路排出的径流在这种坡度变化大的地段不断受阻减速，从而保护了地面和路基，挡水石往往和一些植物搭配形成很好的点景物。

3）出水口处理。园林中利用地面或明渠排水，在排入园内水体时，为了保护岸坡，出水口应做适当处理，常见有如下几种方式。

①排水槽：槽身的加固可采用三合土、混凝土或浆砌块石（或砖）。排水槽上下口高差大的，可以在槽底设置消力阶、礓礤或消力块。在园林中，雨水排水口还能结合造景，用山石布置成峡谷、溪涧。落差大的还可以处理成跌水，甚至小瀑布。这样不仅解决了排水问题，而且使地形更加生动逼真，丰富了园景。

②涵管引导：这种方法园林运用很广泛，即利用路面或道路两侧的明渠将雨水引至适当位置，设雨水口将水排出。

3. 园林污水的处理

园林中的污水是城市污水的一部分，但和城市污水不尽相同，它所产生的污水性质比较简单，污水量也较少，基本上由两部分组成：一是食堂、茶室等饮食部门的污水；二是由厕所等卫生设备产生的污水，在动物园或带有动物展览区的公园里还有部分动物粪便及清扫禽兽笼舍的脏水。由于园林污水性质简单量少，所以处理这些污水就相对简单些。

净化这些污水应根据其不同性质分别处理，如饮食部门的污水，主要是残羹剩饭及洗涤废水，污水中含有较多油脂。这类污水，可设带有沉淀室的隔油井，经沉渣、隔油处理后直接排出就近水体，这些肥水可以养鱼，也可以给水生植物施肥，水体广种藻类荷花，水浮莲等水生植物，这些水生植物通过光合作用产生大量的氧，溶解在水中，为污水的净化创造了良好的条件，处理得当，效果很好。

粪便污水处理则应采用化粪池。污水在化粪池中经沉淀、发酵、沉渣、液体再发酵澄清后，污水可排入城市污水管，少量的可排入偏僻的或不进行水上活动的园内水体。水体中也应种植水生植物。化粪池中沉渣污泥根据气候条件每3个月至1年清理一次。这些污泥是很好的肥料。

排放污水的地点应该远离如游泳场之类的水上活动区及公园的主要部分。排放时间也宜选择在闭园休息时。

二、实例分析

1. 园博会寄思园排水平面图设计分析（图6-4）

排水说明：

1）本图尺寸单位：高程、距离以 m 计，管径及检查井井径以 mm 计。

2）若管道铺设在地下水位以下，施工过程中应采取降低沟槽内地下水及槽壁加固措施。

3）管道施工时均按"给排水管道工程施工及验收规范"中有关规定施工及验收。

4）图样中说明与本说明相矛盾处，以图样说明为准。

5）管材：采用 UPVC 排水管，接口方式为粘接。

6）圆形雨水检查井按国标 S231 施工。

7）雨水口按国标 95S235-1 施工，在铺装的地方雨水口箅子与地面铺装材料结合。雨水口至雨水检查井之间的连接管均为 DN200，坡度均为 0.01，起端雨水口内底深 0.5m。

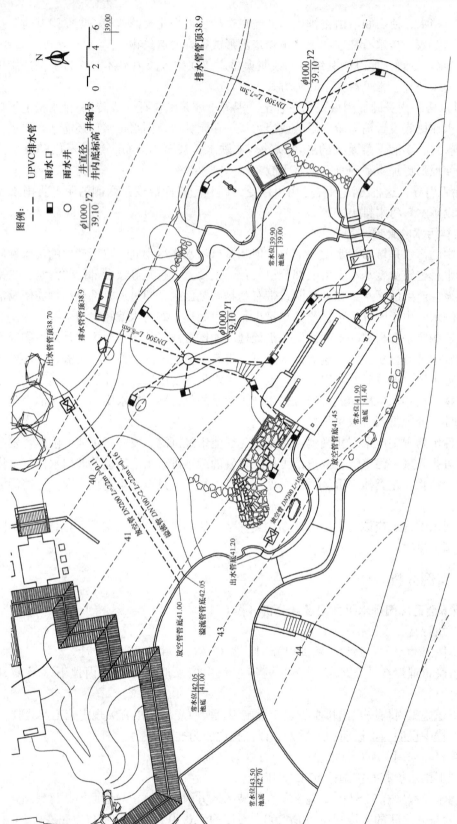

图例：

-- - -- UPVC排水管

■ 雨水口

○ 雨水井

$\dfrac{\phi1000}{39.10}$ Y2 井直径、井编号
井内底标高

图 6-4 园博会寄思园排水平面图

由图6-4及设计说明可知，该排水设计采取地形排水及管道排水相结合的形式，设置了13个雨水口、2个雨水井，采用 UPVC 排水管，管径有三种 $DN300$、$DN200$、$DN100$，坡度有 0.01，0.16、0.11 三种。

2. ××镇休闲广场排水平面图设计分析（图6-5）

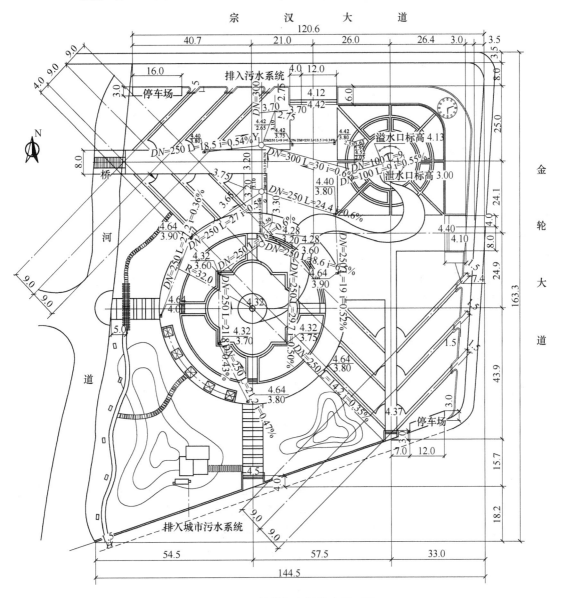

图6-5 ××镇休闲广场排水平面图

××镇休闲广场排水平面图图例见表6-7。

排水设计说明：

1）排水采用水泥管，水泥封口。

2）旱喷泉溢水管、泄水管采用镀锌管，溢水口和泄水口带钢丝网罩，泄水管在 Y4 窨井中带阀门。

表6-7　××镇休闲广场排水平面图图例

———■▮	雨水口
——○——	雨水井
— — —	雨水管
— · — · —	污水管

3）雨水井采用φ700砖砌圆形雨水检查井，参见S211-28-5，雨水口采用平箅式单算雨水口，参见S235-19-8，厕所化粪池采用3号。

4）排水工程应与土建工程密切配合，做好预埋、预留工作，施工安装参见给水、排水标准图集和国家颁布的有关规范。

5）广场雨水、污水排入城镇排水系统。

由图6-5和设计说明可知，宗汉镇休闲广场景观设计大体上可以分为三部分：南部主要是地形变化的自然景观，广场东北角是喷泉，广场其余部分是以硬质景观为主。该排水设计共设计13个雨水口，4个雨水井，1个溢水口和1个泄水口，该广场南部利用地形排水，最后向南排入城市污水系统，广场其余部分地形南高北低，通过13个雨水口与4个雨水井，最后通过排水管排入城市污水系统。该排水设计难点在于广场主体部分地形变化多，因而排水管的坡度也多种多样，但总体呈现南高北低的趋势，排水管采用直径为DN250、DN300的水泥管。

3. 香格里拉·嘉园排水平面图设计分析（图6-6）

设计说明

1）排水管一直定位于边线与找坡线或找坡线与找坡线之间居中的位置上，与土建冲突时，位置要调整。

2）庭院雨水管采用PVC多孔管，落水管及地下室悬吊管采用加厚PVC管。

3）管道采用专用溶剂（或粘剂）粘接。

4）找坡层的坡度为$i = 0.006$。

由图6-6及设计说明可知香格里拉·嘉园景观设计中，建筑四周布置，中间庭院景观设计中，地形变化较多。该排水设计首先利用地形自然排水，汇入排水管，在庭院的东南西三个角落分别设置一个雨水井，所有的排水管中的水最终排入雨水井，排水管的入水口处都是清扫口。采用DN100与DN75两种管径，选择PVC多孔管及加厚PVC管，排水管的坡度都是0.003。

三、训练与评价

1. 目的要求

如图6-3所示为深圳国际园林花卉博览园梅林景点景观设计图，请结合景观设计做该景点的排水设计，要求：

1）排水管线设计时，充分考虑地形排水与管线排水相结合，管线坡度设计在能满足排水的前提下尽量减少土方量，管线布置要合理。

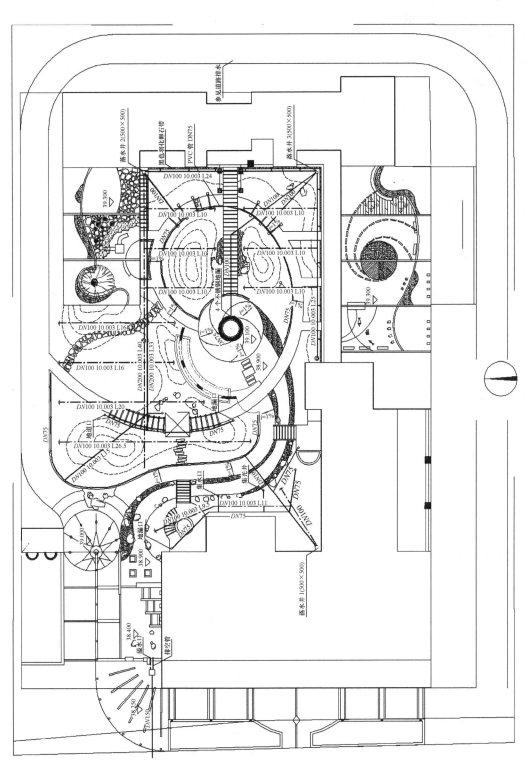

图 6-6 香格里拉·嘉园排水平面

2）排水口与排水井设置的数量和位置要能满足排水的需要。

3）排水管管径选择能满足排水量的需要，管材选择适当。

2. 主要内容

管线布置、管径大小、管道坡度、雨水口与雨水井设置、管材选择、出水口处理。

3. 要点提示

1）排水管线布置设计中，能结合地形及景观特点，管线布置合理，排水通畅无积水，节省管材。

2）排水口与排水井的设置，位置与数量的选择合理、高程能满足排水需要，便于清扫，同时不影响景点的效果。

3）管径大小选择要结合当地降雨量、景点地形与植物配置等情况。

4）出水口的设计标高应参照水体的常水位和最高水位来决定，防止水流倒灌，其外观应适当美化及伪装。

4. 自我评价

序　号	评价内容	评价标准	自我评定
1	排水管线布置设计	1. 能结合地形及景观特点，管线布置合理，节省管材（15分） 2. 排水通畅无积水（15分）	
2	排水口与排水井的设置	1. 位置与数量的选择满足排水要求（15分） 2. 设计高程满足排水需要（10分） 3. 不影响环境美观（5分）	
3	管径大小设计	1. 结合当地降雨量（15分） 2. 结合景点地形与植物配置等情况（10分）	
4	出水口的设计	1. 标高设计参照水体的常水位和最高水位来决定（10分） 2. 外观适当美化或伪装（5分）	

四、思考练习

请结合书中的三个实例，分析如何进行综合排水？三个实例的排水设计中分别是如何处理的？

任务3　园林喷灌工程设计

园林中的灌溉问题长期以来一直处于拉胶皮管的状况，这不仅花费许多劳动力，耗费胶管，而且容易损坏花木。目前，草坪的功能已逐步被人们所认识，各地的公园绿地已广铺草皮，灌溉量越来越重，实现灌溉管道化、自动化很有必要。

喷灌系统的布置和给水系统基本上是一样的，其供水可以取自城市给水系统，也可以单独设置水泵解决。喷灌系统的设计要点也是解决用水量和水压要求，不过对水质要求可稍低，只要无害于植物，不污染土壤和环境的水均可使用。

灌溉对于一座园林发挥其最佳使用功能和审美功能是非常重要的。虽然自然界所有的植物在自然条件下，在其自然地理位置中，通过接受降雨都能正常生长，包括一些引进的物种或处于非理想状态的物种，但仍然需要一定的灌溉来保证植物都能健康生长。为设计高效的灌溉系统，必须了解植物正常生长所需的必要的水量。如生长条件低于理想条件才有必要补充水分来缓解植物的生长危机。一些植物可能只在工程施工过程中用水，或是移植过程及以后用水，直到移植成功以后。可控制的供水设施可提高种子的发芽率，并从幼苗成长到壮苗。非本地品种的草坪对水是最需要的，虽然一些品种是耐干旱的，但是仍需要定期灌溉以确保绿色健壮的草坪。

喷灌是近年来发展较快的一种先进灌水技术，它是把有压力的水经喷头喷洒到地面，像阵雨一样对作物进行灌溉。喷灌与沟灌比较，有省水、省工、省地的优点，对盐碱土的改良也有一定作用，但基本建设投资高、受风的影响较大，超过 3～4 级风不宜进行。另外，近年来微灌与滴灌在精细农业、温室、苗圃、花圃等地逐渐普及应用，是一种比喷灌更节水的技术。

一、相关知识

1. 喷灌系统的组成与分类

（1）喷灌系统的组成　一般喷灌系统由水源、动力机、水泵、管道系统和喷头组成。

1）水源。许多喷灌工程项目中使用当地可提供的饮用水。除此之外，喷灌系统还可以考虑使用自然水体、地下水、中水（也称为回收水、灰水、回收污水、废水等，是指从市政或工业污水管中流出的经过处理的废水）等。对于喷灌系统来说需要注意水中的含沙量，如果水体较浑浊，则需使用过滤系统以免堵塞喷头。另外还应准确计算场地喷灌所需的水量，过高与过低的估计都会产生不必要的麻烦。

2）动力机与水泵。如果使用的水源没有压力或压力不足，则要考虑加压设备的应用。常用的水泵有离心泵、潜水泵和管道泵等。动力机可根据当地条件用电动机、内燃机或拖拉机，但要注意使动力机符合水泵的配套要求。

3）管道系统。管道系统的作用是把加压后的灌溉水送到喷头。所以要求管子能承受一定的压力（0.29～0.97MPa），通过一定的流量（管径一般为 50～300mm 左右）。固定管的管材一般选用铸铁管、钢管、硬聚氯乙烯塑料管等。移动管道的管材有胶管、锦纶塑料管、维纶塑料管、软塑料管，还有硬塑料管、合金铝管和薄壁钢管等。管道附件有三通、变径管、弯头、接头、堵头和闸阀等。

4）喷头。喷头是喷灌的专用设备，它的作用是把管道中有压力的集中水分散成细小的水滴，均匀撒布到地面。

（2）喷管系统的分类。

1）按系统获得压力的方式分为机压式和自压式两种。机压式喷灌系统是靠机械加压来获得工作压力的。自压式喷灌系统是利用地形的自然落差来获得工作压力的。

2）按系统的喷洒特征分为定喷式和行喷式两种。定喷式是喷洒设备（喷头）在一个位置上作定点喷洒，而行喷式是喷洒设备在行走移动过程中进行喷洒作业。

3）按系统的设备组成分为管道式和机组式两种。管道式喷灌系统是水源与各喷头间由一级或数级压力管道连接，根据管道的可移程度又分为固定管道式、移动式和半固定式。机组式喷灌系统是将喷头、水泵、输水管和行走机构等连成一个可移动的整体，称为喷灌机组或喷灌机。

2. 喷头的类型

根据喷头的结构特征和喷洒特点分为固定式和旋转式两类，固定式喷头又称为散水式或漫射式喷头，它的喷洒特点是在喷灌过程中，喷头的所有部件都固定不动而水流是在全圆周或部分圆周（扇形）同时向四周散开。旋转式喷头根据旋转机构的特点又分为反作用式、叶轮式和摇臂式。现普遍应用的是摇臂式。旋转式喷头的喷洒特点是压力水流通过喷管和喷嘴形成一股集中的水舌射出，由于水舌内存在涡流，又处在空气阻力和粉碎机构作用下，水舌被粉碎成细小的水滴，而旋转机构式喷管和喷嘴围绕竖管缓慢旋转，这样水滴就会喷洒在喷头的四周，形成一个半径等于喷头射程的圆形或扇形的湿润面。

按喷头的工作压力和控制范围的大小分为低压（近射程）喷头、中压（中射程）喷头、高压（远射程）喷头三种。这种分法目前还没有明确的界限，用得最多的是中压（中射程）喷头。

3. 喷灌的主要技术要求

喷灌的主要技术要求有三个：一是喷灌强度应该小于土壤的入渗〔或称为渗吸〕速度，以避免地面积水或产生径流，造成土壤板结或冲刷；二是喷灌的水滴对作物或土壤的打击强度要小，以免损坏植物；三是喷灌的水量应均匀地分布在喷洒面，以便能获得均匀的水量。下面对喷灌强度、水滴打击强度、喷灌均匀度作些说明。

（1）喷灌强度　单位时间喷洒在控制面的水深称为喷灌强度。喷灌强度的单位常用mm/h。计算喷灌强度应大于平均喷灌强度。这是因为系统喷灌的水不可能没有损失地全部喷洒到地面。喷灌时的蒸发、受风后雨滴的漂移以及作物茎叶的截留都使实际落到地面的水量减少。

（2）水滴打击强度　水滴打击强度是指单位受雨面积内，水滴对土壤或植物的打击动能。它与喷头喷洒出来的水滴质量、降雨速度和密度（落在单位面积上水滴的数目）有关。由于测量水滴打击强度比较复杂，测量水滴直径的大小也较困难，所以在使用或设计喷灌系统时多用雾化指标法。我国实践证明，质量好的喷头 pd（雾化指标）值在 2500 以上，可适用于一般大田作物，而对蔬菜及大田作物幼苗期，pd 值应大于 3500。园林植物所需要的雾化指标可以参考使用。

（3）喷灌均匀度　喷灌均匀度是指在喷灌面积上水量分布的均匀程度。它是衡量喷灌质量好坏的主要指标之一。它与喷头结构、工作压力、喷头组合形式、喷头间距、喷头转速的均匀性、竖管的倾斜度、地面坡度和风速风向等因素有关。

4. 喷灌系统规划设计的内容

影响喷灌设计的因素很多，如风、土壤特性、植物种类、喷灌时间、建筑、树木与其他已固定物、地形变化以及经济问题等，这些都是应综合考虑的因素。

风使灌溉系统中有规律喷洒的水变得杂乱，使该喷灌的地方得不到水，不该喷灌的地方却很湿。因此，喷灌的时间应尽量选择清晨风速最小的时间喷洒。另外，喷头的喷洒面积、弧度、位置的设计应能补偿风力所带来的不利影响，也可以选择低射角和大喷嘴的喷头来弥补。多风地方的蒸发量也比风小的地方大，也就需要更多的水。

土壤的渗水速度是影响喷灌设计的一个重要因素。在滴灌和大田漫灌中土壤的毛细作用对水的运动也很重要。对于滴灌系统，重要的是了解植物根系的深度，由此来决定滴头的位置以便包容这些区域。在降雨贫乏的地区，如果基本的水源只有滴灌系统，那么根系就趋向于水多的位置生长。如果雨量很充分，对设计的要求就更严格，因为根系分布很分散，在沙性土壤中需要更多的滴头。

植物种类的知识在设计喷灌系统时显得非常重要。要想植物达到最佳状态，就要满足不同植物的不同要求。例如如果把水喷到月季的叶面上，月季就很容易得霉病、锈病等。而像茶花、杜鹃和山杜鹃则更喜欢从顶部浇水。只有确定了用水量和喷灌历时才能确定水泵的大小（如果使用市政结水管网，则要确定干管的大小）。在任何给定的时段同时工作的喷头数越多，则用水越多，水的供给也就要求更多。清晨的时段是喷灌的最佳时间，因为此时风速一般最小，蒸发量最低，植物的叶子也不会长时间水湿。

在设计喷灌系统时必须考虑已经固定下来的地物。在进行项目设计之前就应在平面图上标注下来。喷头不能在近距离内直接喷向树木或灌丛，这可能伤害植物的枝叶。如果建筑物置于喷头喷洒范围之内，不但造成水的浪费，而且在地面上会形成一个水饱和区域。同时会使砖或其他石制品龟裂、风化，形成难看的水迹。此外还应考虑到产权线的位置。

如果场地内有显著的高差变化就需要一张地形图。喷灌系统中压力是一个重要的因素。地形变化会带来压力差。压力太小会改变喷洒形式，造成覆盖不完全，有时旋转喷头会不转。过大的压力会使喷头雾化程度过高，大量的水在空中损失掉。高差变化大造成的另一个问题是低位喷头排水。当干管阀门关闭后，最低位置的喷头仍在喷洒，直到比它高的管内的水空为止。喷灌系统的长期养护管理问题是设计需考虑的重要方面，例如伸缩式喷头的初始投资大于固定喷头，但在草坪区额外的养护费用将很快超出节省的费用，居民的故意破坏也是问题中重要的一个。

喷灌系统规划设计的内容一般包括：喷灌地区的勘测调查；喷灌系统的选型；水力计算和结构设计。

（1）喷灌地区的勘测调查 为要进行喷灌系统设计所必需的基本资料有以下几类：

1）地形资料。1/500～1/2000 的地形图上应有灌区范围的边界线以及现有水源或管线、主要建筑物、构筑物、道路等的位置以及植被情况，作为水源选择、确定水泵扬程及布置管道的依据。

2）气象资料。气象资料包括气温、降雨、风速风向、空气湿度等与喷灌密切相关的气象资料，主要作为确定需水量和制定灌溉制度的依据，而风向风速资料则是确定支管布置方向和确定喷灌系统有效工作时间所必需的。

3）土壤资料。土壤的持水能力和透水性是确定灌水量和喷灌强度的重要依据，为喷灌设计的需要应了解土壤的质地、土层厚度、土壤田间持水量和土壤渗吸速度等。

4）水文资料。主要是了解水源的条件。

5）植被情况及灌溉经验。了解喷灌地区内各种植物的种类、种植密度，并要重点了解现行的灌溉制度（灌水次数、每次灌水量、灌水时间等），作为初步拟定灌溉制度的基础。

(2) 喷灌系统的选型 设计喷灌系统在完成一系列技术说明之前很难确定造价，不同地区、地形的造价会明显不同。对于单位面积的造价，大面积草坪区比小面积混合种植方式的地方要小得多，安装技术与保养问题也应考虑在内。恰当的给水工程能为系统今后的养护节省许多费用。喷灌系统的长期养护管理问题也是设计需考虑的重要方面。喷灌系统的规划设计要经过反复的计算比较，不可能一次就完全确定下来。下面介绍的规划设计一般步骤，在规划设计中可能要反复多次、多方比较，并进行必要的测算，才能最后确定整个喷灌方案。

1）喷灌系统的选型。首先根据当地地形、植被、经济及设备条件，考虑各种形式喷灌系统的优缺点，选定适当的喷灌系统的形式。

2）选喷头（或喷灌机）与工作压力。

① 工作压力：根据管道系统的特点、喷灌对象、喷灌质量、投资、占地、可采用的喷头型号及现在设备条件等各方面的要求，综合考虑确定工作压力的大小。

② 喷头选择：首先要考虑喷头的水力性能应适合植被和土壤的特点，根据植被来选择水滴大小（即雾化指标）。还要根据土壤透水性来选定喷头，使系统的组合喷灌强度小于土壤的渗吸速度。

3）喷头的喷洒方式有全圆喷洒和扇形喷洒两种。一般在固定式和半固定式系统以及多喷头移动式机组中多采用全圆喷洒，全圆喷洒允许喷头有较大的间距，而且喷灌强度低。但在以下几种情况要采用扇形喷洒：固定式喷灌系统的地块边角要作180°、90°或其他角度的扇形喷洒；在地面坡度比较大的山丘区常需要向坡下作扇形喷洒；在风较大时作顺风方向扇形喷洒。对于定点喷洒的喷灌系统，存在着各喷头之间如何组合的问题（喷头组合形式）。在设计射程相同的情况下，喷头组合形式不同，支管和竖管或喷点的间距也就不同。喷头组合的原则是保证喷洒不留空白，并有较高的均匀度。

4）管道布置。应根据实际地形、水源条件提出几种可能的布置方案，然后进行可能的技术经济比较，在设计中应考虑的基本原则如下：

① 干管应沿主坡度方向布置，在地形变化不大的地区，支管应与干管垂直，并尽量沿等高线方向布置。

② 在经常刮风的地区应尽量使支管与主风向垂直。这样在有风时可以加密支管上的喷头，以补偿由于风造成喷头横向射程的缩短。

③ 支管不可太长，半固定式系统应便于移动，而且应使支管上首端和末端的压力差不超过工作压力的20%，以保证喷洒均匀。在地形起伏的地方干管应最好布置在高处，而支管自高处向低处布置，这样支管上的压力可以比较均匀。

④ 泵站或主供水点应尽量布置在整个喷灌系统的中心，以减少输水的水头损失。

⑤ 喷灌系统应根据轮灌的要求设有适当的控制设备，一般每根支管应装有闸阀。

(3) 水力计算和结构设计

1）设计灌水定额 m。单位面积一次灌水的灌水量称为灌水定额，一般用 mm 表示。

2）喷灌强度校核计算。在选择了喷头型号、布置间距以后，应校核其组合后的喷灌强度，看看是否在灌区土壤的允许范围之内。喷头的性能表中给出的是单喷头全圆喷洒时的计算喷灌强度，即此时的控制面积 $S = \pi R^2$。但在特定的喷灌系统中，由于采用的喷洒方式、喷头组合形式不同，单喷头实际控制面积往往不是以射程为半径的圆面积，组合后的喷灌强度需根据喷头的实际覆盖面积另行计算。

3）一次灌水所需时间。

$$t = \frac{m_{设}}{\rho_{系统}}$$

式中　$m_{设}$ 的单位为 mm。

4）压力管道的水头损失计算

① 干管沿程水头损失计算。干管沿程水头损失可按给水管网水力计算方法，根据管道内的流量与所选管径从水力计算表中读出单位管长的水头损失值，最后乘以管道长度，便求得管道全长的沿程水头损失值。

② 支管沿程水头损失计算。在喷灌系统的支管上，一般都装有若干个竖管、喷头，同时进行喷洒。此时支管每隔一定距离有部分水量流出，即支管上流量是逐段减少的。这时可假定支管内流量沿程不变，一直流到管末端，按进口处最大流量计算水头损失（即不考虑分流），然后乘上一个多口系数 F 值进行校正。

③ 局部水头损失计算。局部水头损失，在计算精度不太高时，为了避免繁琐的计算，可按沿程水头损失值的 10% 计算。

5）水泵的选择。喷灌系统设计流量应当略大于全部同时工作的喷头流量之和。

$$Q = n_{头} \cdot Q_p$$

式中　$n_{头}$——相同压力喷头的个数。

水泵的扬程 H 要考虑喷灌系统中典型喷头的要求，同给水设计的管道计算，应选择一个或几个最不利点进行校核。

根据 H、Q 值在水泵性能表中选用性能相近的水泵。

6）管道系统的结构设计。详细确定各级管道的连接方式，选定阀门、三通、弯头等规格。

二、实例分析

1. 天然气某分公司基地喷灌设计分析（图 6-7）

设计说明：

1）本设计采用地埋式旋转喷头 PGP，工作参数为：PGP（配 9 号喷嘴）：工作压力 0.34MPa，流量 1.8m/h，射程 6.5m。

2）管材均采用 UPVC 供水管，耐压不小于 0.6MPa。

3）管道埋深：干管 60cm，其他管道 50cm。

4）在适当位置安装快速连接阀，以方便随时取水，进行人工浇灌。

5）平均喷灌强度为 6.5mm/h。

6）管道过路部分须加防护套管。

7）水源要求：要求水源入口处流量 $Q \geqslant 25m/h$，压力 $P \geqslant 0.45MPa$。

8）若水源压力不能满足要求，须入口处加一台管道泵。

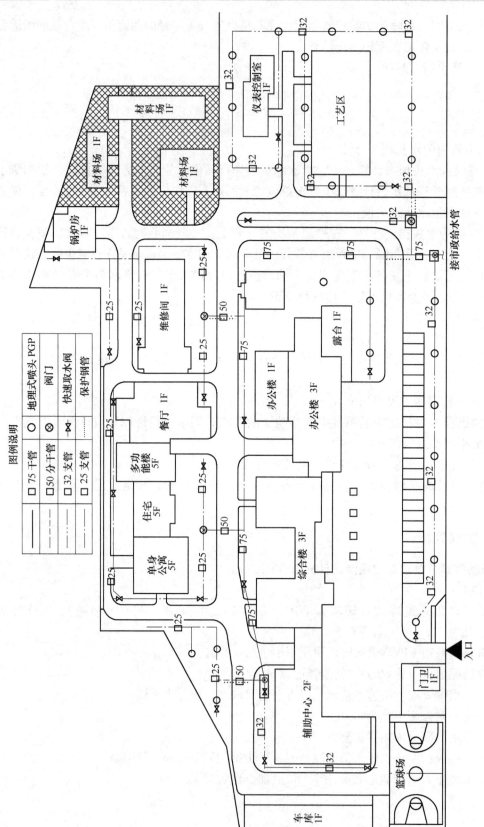

图 6-7 天然气某分公司绿化工程喷灌设计

9）该管网穿越马路时若与其他管线在高程上碰上、碰撞时可以采用下弯式穿越，弯头在路缘石外边。

由图6-7及设计说明可知，天然气某分公司绿化工程喷灌设计所用的设备有四种规格的 UPVC 供水管、喷头、阀门、快速取水器、保护钢管。管道埋深：干管60cm，其他管道50cm。管道过路部分加防护套管。采用埋式旋转喷头，管道绝大多数平行于建筑外立面布置，在需水量多的绿地，每隔15m左右设置一个喷头，需水不多的绿地设置快速取水器。平均喷灌强度为6.5mm/h，工作压力0.34MPa，流量1.8m/h，射程6.5m。

2. 标准足球场喷灌工程管道布置平面图（图6-8）

（1）水源

1）输送到运动场的水源必须具有足够的压力和流量，以满足喷灌系统的最佳喷洒效果，要求如下：

压力要求　系统工作压力：0.49MPa　　喷头工作压力：0.40MPa

流量要求　最大流量：16.56m³/h　　最小流量：13.34m³/h

现有可利用水源的流量和压力，若与以上要求不同，则需要改变设计。

2）输水管线、水量表、防止回流装置、压力控制装置、止回阀、水锤保护装置等设备及水源情况在图上未标出来。

（2）喷头布置

1）喷头布置和间距是以运动场的尺寸为基础。每一排喷头等间距平分运动场，每一个喷头等间距平分支管。在此设计方案中，喷头间距为18.3m；支管间距为17.1m。

2）喷头间距和支管间距随着运动场的长度不同而改变。所有的喷头型号和喷嘴号是根据喷头的性能、喷头间距和喷洒角度进行选择，也根据运动场的尺寸来选择。

（3）性能统计　流量统计是以设计所显示的资料为基础计算出来。运行压力、喷头间距和喷嘴号的改变将影响到平均降雨强度和喷洒效果。

平均降雨强度：360°喷洒=10.4mm/h；180°喷洒=20.8mm/h；90°喷洒=41.6mm/h。

灌水量为25.4mm时运行时间：360°喷洒区：每站运行2小时26分钟（基于平均降雨强度）；180°喷洒区：每站运行1小时13分钟（基于平均降雨强度）；90°喷洒区：每站运行37分钟（基于平均降雨强度）。

标准足球场的图例与相关说明见表6-8。

由图6-8与说明可知，标准足球场喷头工作压力4.1kg/cm²，水流量为16.56 m³/h～13.34m³/h。在喷头布置中，喷头布置和间距是以运动场的尺寸为基础。每一排喷头等间距平分运动场，每一个喷头等间距平分支管：喷头间距为18.3m；支管间距为17.1m。选择有三种喷角的喷头，其平均降雨强度为：360°喷洒=10.4mm/h；180°喷洒=20.8mm/h；90°喷洒=41.6mm/h。有3″、5/2″、2″、3/2″、5/4″五种型号的 PVC 水管（1″=25.4mm）。

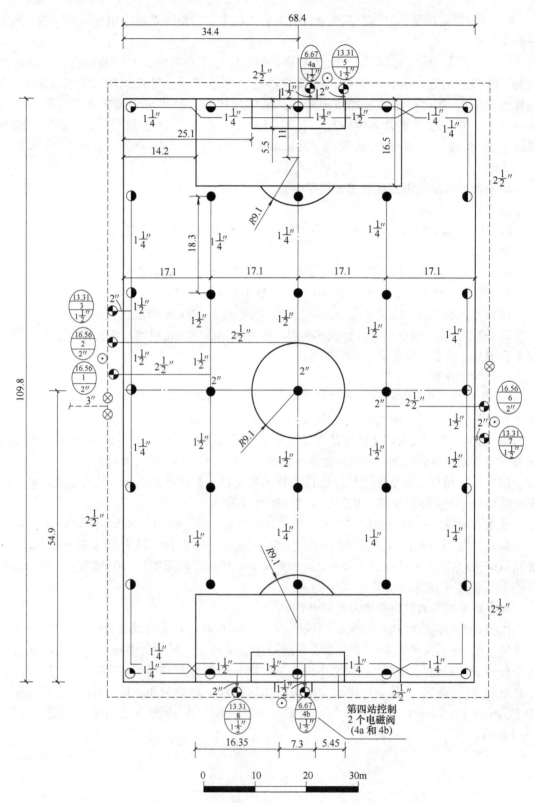

图6-8　标准足球场喷灌工程管道布置平面图

表6-8 标准足球场的图例与相关说明

图 例	产品型号	工作压力/（kg/cm²）	流量/（m³/h）	射程/m	喷洒角度	数量
●	Hunter I-31-36S-15 不可调角	4.1	3.25	17.1	360°	15
◑	Hunter I-31-ADS-15 可调角	4.1	3.25	17.1	180°	16
◔	Hunter I-31-ADS-15 可调角	4.1	3.25	17.1	90°	4
◓	Hunter ICV 或 HBV 电磁阀					9
Ⓒ	Hunter ICC 灌溉控制器（4-48 站）					1
⊙	快速分水阀（可选）					4
⊗	主管隔离闸阀（管径尺寸）					3
——	支管（建议用 1.0MPa 的 PVC 管）					
– –	干管（建议使用 1.25MPa 的 PVC 管）					
◣	逆止阀					

注：以上喷头均为不锈钢升降柱，也可以选塑料升降柱，型号为 I-31-36V-15 和 I-31-ADV-15 喷头。

三、训练与评价

1. 目的要求

梅林景点的景观设计如图6-3所示，根据景观需要做喷灌设计，要求：

1）喷灌地区的勘测调查：调查梅林景点所在地的地形资料、气象资料、土壤资料、水文资料、植被情况及灌溉经验。

2）喷灌系统的选型和规划：选定适当的喷灌系统的形式与喷头的类型；应根据实际地形、水源条件提出几种可能的布置方案，然后进行可能的技术经济比较。

3）水力计算和结构设计：设计灌水定额 m；喷灌强度校核计算；一次灌水所需时间；干管沿程水头损失计算；水泵的选择；管道系统的结构设计。

2. 主要内容

梅林景点勘测调查、喷灌系统的规划和选型、水力计算和结构设计。

3. 要点提示

1）喷灌系统选型：喷灌设计充分考虑灌区范围的边界线以及现有水源或管线、主要建筑物、构筑物、道路等的位置以及植被情况。喷灌强度符合梅林景点的要求。

2）喷头选择：喷头的水力性能应适合植被和土壤的特点，保证喷洒不留空白，并有较高的均匀度。

3）管道布置：干管应沿主坡度方向布置，在地形变化不大的地区，支管应与干管垂直，并尽量沿等高线方向布置。各级管道的连接方式，选定的阀门、三通、弯头等规格要达到安全要求。

4. 自我评价

序　号	评 价 内 容	评 价 标 准	自 我 评 定
1	喷灌系统选型	1. 水压选择满足喷灌要求（15 分） 2. 满足不同植物对供水的要求（10 分） 3. 考虑土壤特性要求与周边构筑物的影响（10 分）	
2	喷头选择	1. 喷头水力满足要求（15 分） 2. 喷头组合形式满足园区所有植物的供水要求（10 分）	
3	管道系统	1. 干管应沿主坡度方向布置，支管应与干管垂直，并尽量沿等高线方向布置（15 分） 2. 支管不可太长，支管上首端和末端的压力差不超过工作压力的20%（15 分） 3. 阀门、三通、弯头等规格要达到安全要求（10 分）	

四、思考练习

1. 喷灌有哪些技术要求？

2. 喷灌地区的基本资料对喷灌系统设计有哪些指导意义？

3. 在喷灌系统的规划与选型中，应考虑哪些因素，各因素之间有什么关联？

4. 水力计算和结构设计体现在喷灌设计的哪些方面？

单元七

园林供电工程设计

学习目标

通过学习园林供电工程设计明确负荷（等级）确定及供电要求，能进行电压选择，能进行变、配电所规划设计；了解园林路灯型式，能进行路灯布置，并能选择园林道路照明灯具的光源；掌握园林管线综合的一般原则，管线综合平面图的表示方法。

学习任务：

1. 园林道路照明设计
2. 园林管线工程设计的综合

【基础知识】

一、负荷（等级）确定及供电要求

负荷确定是供电规划的基础资料，对供电规划的合理性有决定作用。

1. 一级负荷

如果中断供电将造成人身伤亡、重大经济损失及政治影响，必须有两个独立的电源供电。

2. 二级负荷

如果中断供电将造成较大的政治影响、经济损失、公共场所秩序混乱，可考虑用"一回架空线（或电缆）"供电。

3. 三级负荷

不属一级、二级者，对供电无特殊要求者。

二、电压选择

我国现有的标准电压等级：

低压——1000V 以下，如 220V，380V；

中压——1kV ~ 10kV，如 3kV，6kV，10kV；

高压——>10kV，如35kV，66kV，110kV，220kV，330kV。

选择电网的电压，应根据电网内线路送电容量的大小和送电距离，按表7-1拟订方案进行比较。

表7-1 单回路输送功率和距离表

线路电压/kV	线 路 形 式	输出功率/kW	输出距离/km
0.22	架空线	50 以下	0.15 以下
	电缆	100 以下	0.20 以下
0.38	架空线	100 以下	0.25 以下
	电缆	175 以下	0.35 以下
6	架空线	2000 以下	10-5
	电缆	3000 以下	8 以下
10	架空线	3000 以下	15-8
	电缆	5000 以下	10 以下
35	架空线	2000 ~ 10000	50-20
110	架空线	10000 ~ 50000	150-50
220	架空线	100000 ~ 500000	300-100
330	架空线	200000 ~ 1000000	600-200

三、变、配电所规划设计

1. 送电工艺流程

2. 各级变电所的合理供电半径（表7-2）

表7-2 各级变电所合理供电半径表

变压所电压等级/kV	变压所二次侧电压/kV	合理供电半径/km
35	6,10	5 ~ 10
110	35,6,10	15 ~ 30
220	110,6,10	50 ~ 100

3. 所址选择要求

1）接近供电区域的负荷或网络中心，进、出线方便，接近电源进线侧。

2）尽量不设置在有剧烈振动的场所及易燃物附近。

3）不设置在地势低注及潮湿地区，枢纽变电所宜在百年一遇洪水水位之上。

4）交通运输方便，宜近主干道，且有一定距离间隔。

4. 变、配电所的形式及选择

变电和配电所按其位置和环境的不同有独立式、附设式、车间式、露天式、半露天式、杆上式、箱式等多种。

（1）独立式　一般用于供电负荷分散，容量较大，有美观要求以及有可能发生爆炸和火灾危险的场所，是独立的建筑物。

（2）附设式

1）内设式：适用于负荷大的建筑物内部供电。

2）内附式：适用于负荷中心偏于主要用电建筑物的一边者，并设于用电建筑物内部，且与建筑物共用外墙者。

3）外附式：设于用电建筑外，且与建筑物共用外墙。

（3）露天式　变压器位于露天地面上，用于小容量，且负荷较分散地区。

（4）半露天式　变压器位于露天地面上，但变压器的上方有顶板或挑檐防雨淋措施。

（5）杆上变电所　用于容量小，且负荷分散。容量在180kV及以下地区。

5. 变电所用地面积

考虑适当留有扩建余地．一般用地面积可参阅表7-3。

表7-3　变电所用地面积

电压/kV	主变压器台数及容量（MDA）	出线回路数	母 线 接 线	用地面积/m²
6，10	一台	线路变压器组		16×13
35	1×0.56~5.6	T接或线路		25×20
	2×0.56~5.6	变压器组		40×32
	2×0.56~5.6	2	桥形接线	50×42
		4	单母线分段	53×52
110	1×5.6~15	110kV1 回	T接或线路	61×57
		35kV2 回	变压器组	
	2×5.6~15（双）	110kV2 回	桥形接线	76×65
	2×5.6~15	110kV2 回	桥形接线	103×78
		35kV4 回		
		110kV2 回	单母线分段	120×97
		35kV4 回		
	2×20~60	110kV6 回	双母线带旁路	202×119
		35kV4 回		
220	2×120（单相）	220kV4 回	双母线带旁路	253×182
		110kV4~6 回		
	2×90	220kV4 回	单母线分段带旁路	143×93
		110kV5 回		
	2×120	220kV4 回	单母线分段带旁路	154×100
		110kV4 回		

（续）

电压/kV	主变压器台数及容量（MDA）	出线回路数	母线接线	用地面积/m²
330	2×90	330kV2回	角形接线	180×170
		110kV5~6回		610×140
	2×150	330kV4回	单母线带旁路	230×180
		110kV7~8回		

任务1 园林道路照明设计

一、相关知识

一般情况下，道路照明线都是从变电和配电所引出的一路路灯专用干线至路灯配电箱（控制箱）；再从配电箱引出多路路灯支线至各条园路线路上。

当供电距离长（一般在1km以上）时，可在路灯配电箱引出的支线上设置分配电箱。路灯线路长度控制在1km以内，以便减小路灯线路末端的电压损失，使其在允许值范围内。

园林路灯线路一般宜用电缆线埋地敷设的方式。

1. 园林路灯形式选择

园林路灯形式很多，一般分为杆式道路灯、柱式庭园灯、短柱式草坪灯等。

（1）杆式道路灯 杆式道路灯简称路灯，如图7-1所示。其一般采用镀锌钢管，底部管径 ϕ 为160~180mm，高 H 为5~8m，伸臂长度 B 为1~2m，灯具仰角 α 为0°、5°、10°，最大角度不大于15°。杆式路灯多用于有机动车辆行驶的主园路上，作为道路交通照明用。

（2）柱式庭园灯 柱式庭园杆简称庭园灯，如图7-2所示。根据不同的风格采用与之协调统一的灯具。其主要用于园林广场、游览步道、绿化带、装饰性照明等，灯高为3~4m。

（3）短柱式草坪灯 短柱式草坪灯简称草坪灯，如图7-3所示。其主要用于园林内小广场、绿化草地中，作为装饰照明。由于灯具短小，易受游人破坏，故灯具材料应选用质地坚硬者，尽量避免使用玻璃灯罩。灯高多为0.7~1.0m。

图7-1 路灯

图7-2 庭园灯

图7-3 草坪灯

2. 路灯布置

（1）路灯间距 园林道路照明，主要装饰型，点缀美化环境，但也需要一定的路面照度，确保游人的安全。为此，灯具间距一般为 10~20m，杆式道路灯间距可大一些，草坪灯间距可小一些。

（2）路灯排列形式 根据园林道路路幅宽度大小可采用双边对称布置，或交错布置，路幅小（<7m）的可单边（单排）布置。

草坪灯可根据绿化布置及小型广场形状灵活多样布置，以求总体协调统一。

在园路的弯道地段，路灯应布置在弯道的外侧；在交叉结点地段，灯具尽量布置在转弯角附近。

3. 园林道路照明灯具的光源

园林道路及绿化带照明所采用的光源，应根据灯具形式及照明功能和装饰性要求的不同采用不同的光源。

（1）杆式道路灯的光源 因主要是用于主园路交通，应有一定的照度，光源功率相对于其他灯型大，用电量也大，为节约用电和达到较好的照明效果，光源多采用高压钠灯或高压汞灯，这一类光源光效高、使用期长、照明效果好，一般不宜使用白炽灯。

（2）柱式庭园灯的光源 要求光色接近日光，多采用白炽灯或金属卤化物灯，前者光效低，使用期短，后者光效高，使用期也长，但造价高。

（3）短柱式草坪灯的光源 一般采用白炽灯或紧凑型节能荧光灯，既节能亮度又高，光线也柔和。

二、实例分析

1. 某市花园道路照明设计分析（图7-4）

花园道路照明材料及相关说明见表7-4。

表7-4 花园道路照明材料

序号	图例	灯型代号	灯具名称	型号、规格	光 源	数 量
1	⊗	a	草坪灯	$H=0.8m$	YJ、$1\times18W$	15
2	⊗	b	埋地射灯	$\phi220\times250$	SY、70W 或 ZJD、$1\times70W$	16
3	⊗	c	树木射灯	$\phi200\times270$	SY、70W 或 ZJD、$1\times70W$	11
4	⊗	d	水下彩灯	$\phi215\times105$	LSJ、12V、80W	6
5	M1		水景潜水泵			
6	▬	AL	动力配电箱			
7	⊙⊙		室外隔离变压器	220V/12V		

电气设计总说明：

（1）电源设置　本工程为小区绿化环境照明供电工程，由建筑室内配电房引380V/220V三相五线制到照明配电箱，供配电系统采用TN-S，TT制，在每个灯具处重复做接地（即采用三相五线制和单相三线制的配电方式）。放射式敷设系统，电源线均用铜芯电缆。

（2）线路的敷设

1）380V/220V低压配电回路中使用的绝缘导线、负荷电缆的额定电压不低于500V，进箱电缆的额定电压不低于1000V；控制电缆的额定电压不低于250V。

2）室内电缆、电线：动力和照明线路采用阻燃ZR-VV22电缆（或ZR-BVV电线）：室外电缆采用VV型电缆。

3）室外动力、照明和控制电缆敷设：采用穿UPVC管埋地敷设；穿越道路和广场处埋深0.8m，绿化地带埋深0.6m，控制电缆在绿化地带埋深可为0.5m。

4）室内电缆和电线敷设：采用穿UPVC难燃电线管或线槽沿柱、墙、板和地面暗敷。

5）水景动力和照明电缆：采用穿UPVC管埋地敷设或暗敷在水池底板结构内。

6）在室外电缆敷设的线路上，应设置人孔或手孔，直线段每隔50～100m设置一处手孔；电缆转弯和分叉处设置人孔；电缆跨越道路时，在道路两边应设置人孔或手孔；在电缆敷设线路上设置人孔和手孔的数量及位置，应按现场情况及需要确定。

7）电缆的弯曲半径应不小于其外径的15倍；电缆穿管的管径应不小于电缆外径的1.5倍。

8）连接设备或灯具的电缆，应预留适当长度（1.5m）作为检修和调试设备或灯具用。

（3）电器安装

1）在房间内采用嵌墙式的配电箱和控制箱，其底边距本层地板的高度为1.5m，当箱体高度大于80cm时，箱体的水平中线距地为1.6m。

2）配电设备、控制设备，均应标注与设计图上相同的符号或用途，方便操作和维修。

3）配电开关的安装：漏电开关后的N线不准重复接地，不同支路不准共用（否则误动），不准作保护线用（否则拒动），应另敷保护线（PE）或用漏电开关前的合用线（PN）。

（4）照明灯具

1）本设计照明灯具均采用交流220V电源电压，灯泡推荐采用进口产品。

2）草坪灯的安装间距约为6～8m左右，距路边0.3～0.5m；庭院灯的灯间距约为16m左右，距路边约0.5m或按图样；其余灯具的安装间距见图样。

3）庭院路灯及草坪灯具生产厂家在产品出厂前，每套灯具的电器箱内，应装配小电流熔断保险器，以及装配灯具接地引线装置；从灯具电器箱引上到灯泡采用ZR-BV-3×2.5电线。

4）从隔离变压器到水下灯器的电线：两个灯器采用VV-1kV-3×4电缆，一个灯器采用VV-1kV-3×2.5电缆。

5）所有气体放电灯具，在出厂前应装配提高功率因素的电解电容器，以保证气体放电灯具的功率因素 $\cos\phi = 0.85$。

6）本设计所选灯型仅供参考，在同等功率下，可选用其他样式灯型，具体选用由建设方确定。

（5）防雷接地

1）本工程采用 TN-S 系统接地。电气保安，防雷接地的接地电阻应小于 4Ω。

2）路灯防雷接地：采用沿照明线路水平埋地敷设 $\Phi 10$ 圆钢接地干线，接地干线应每隔 50m 左右与建筑防接地装置可靠连接；并由灯具引出 PE 线接至 $\Phi 10$ 圆钢接地干线。

3）所有设备、灯具的金属外壳及金属构件，应与供电系统的 PE 保护接地线可靠连接。

4）水池内所有设备、灯具、金属管道、构件及水池和水池周边建筑结构钢筋应做局部等电位联结，其做法参见国标图集《等电位联结安装》（02D501-2）。

5）在防雷与接地工程中，所用的各类金属体，接驳处均应电焊，焊缝长度，圆钢为其直径的 6 倍，扁钢为其宽度的 2 倍，接驳处外露在空气中时，焊接后应作防腐处理，接地装置应有测试记录，隐蔽工程应有施工记录，作为工程验收的依据。

（6）照明运行和符号表示　照明控制：采用时钟分时段自动控制灯亮和熄，并能手动和自动方式转换。

（7）其他

1）动力、照明配电箱的二次回路，由厂家另行设计，并交工程设计人审核确认。

2）符号标示：照明光源符号中，"ZJD"表示金属卤化物灯泡；"NG"表示钠灯泡；"YJ"表示节能灯泡；"LSJ"表示白炽；"SY"表示石英灯；"HM"表示灯具座地安装；"SP"表示灯具支架上安装；"CL"表示灯具灯杆上安装；"R"表示灯具嵌入式安装；"WR"表示灯具墙壁内安装；"RC"表示电线穿水煤气钢管敷设；"PC"表示电线穿聚氯乙烯管敷衍设；"FC"表示导线暗敷在地下；"CLC"表示导线沿柱敷设。

3）例：$10\text{-}e\cdot2\dfrac{1\times 150\text{W}\times NG}{0.2}$ 中，表示回路中有 10 套 e2 灯型的灯具，每套灯具有一个 150W 的钠灯泡，灯具安装高度为其灯罩面离现场地面 0.2m（如为"-"则表示灯罩面与地面平）。

由图 7-4 和设计说明可知，深圳市花园道路照明设计中需要注意以下几个方面：

1）电源设置。园林中的用电量及输送路程一般不远，通常采用 380V/220V 的照明配电箱即可，超过范围的，参考表 7-1 选择供电设施。

2）线路的敷设，要考虑照明电缆在园林中不同场地的埋深、控制电缆的定额电压、电缆的安全措施等。

3）照明灯具，根据照明要求、造景要求、节能要求及灯具自身的要求，给灯具选择合适的间距与安装位置。

4）路灯防雷接地：采用沿照明线路水平埋地敷设 $\Phi 10$ 圆钢接地干线，接地线干应每隔 50m 左右与建筑防接地装置可靠连接；并由灯具引出 PE 线接至 $\Phi 10$ 圆钢接地干线。

5）照明控制：采用时钟分时段自动控制灯亮和熄，并能手动和自动方式转换。

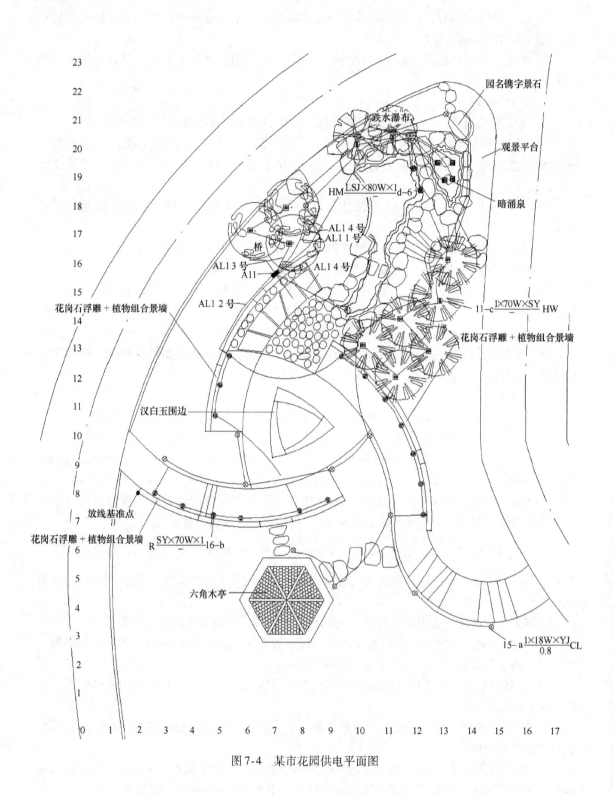

图 7-4　某市花园供电平面图

2. 园博会寄思园道路照明分析（图7-5）

园博会寄思园道路照明图例及材料相关说明见表7-5。

表7-5 图例及材料

图 例	名 称	功 率	数 量
▬▬▬	电缆线		
⊕	草坪灯	26W（节能灯）	7套
✪	石灯笼	26W（节能灯）	3套
✿	庭园灯	100W	5套
⊗	水下彩灯 （黄绿红间隔布置）	12V 50W	11套
✹	射灯	120W	1套
⊗	花灯（链吊安装）	60W	5套
◤	配电箱		1套
▭	一进六出专业铜质防水接线盒		3个
◁	潜水泵	1.5kW	1套
⊠	太阳能MP3背景音乐设备		2套

电气说明：

1）该区环境照明主要采用投射灯、庭园灯、草坪灯及水底灯等照明。

2）照明线路的敷设：该区照明线路的敷设采用VV-1kV的铜芯电缆线穿钢管埋地敷设。埋深0.7m，导线穿镀锌钢管敷设。

3）所有室内外灯具及用电设备的金属外壳均须可靠接地，接地电阻 $R \leqslant 10\Omega$。

4）配电箱由生产厂家按系统图订制。电源进线为低压（220～380V）供电。

5）配电箱装有定时及手动控制。根据业主的要求可设置成全夜及半夜控制。

6）植物投射灯的定位根据植物种植点来确定，投射灯投射角度在施工现场可调。

7）室外环境照明配电箱为防水防尘型，等级为IP65。电源进线方向由现场确定。

8）配电箱进线须做重复接地，接地电阻不大于10Ω。

9）水泵及水下照明电源线采用防水橡胶电缆YZ系列。接线盒到灯的电源线均为YZ-2×1.5橡套电缆。

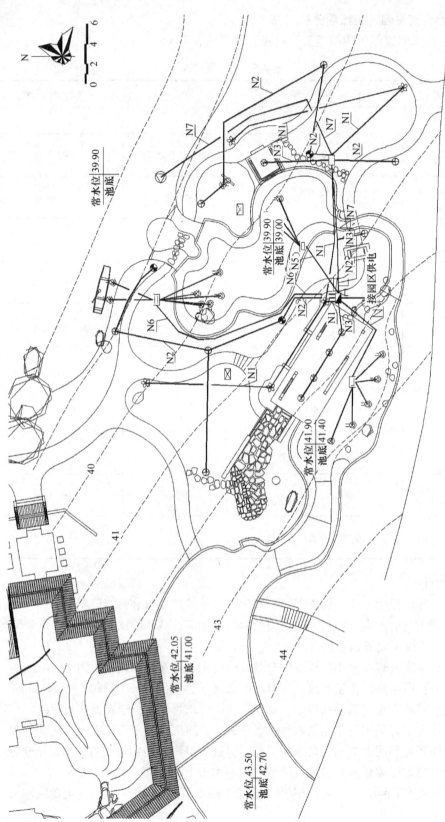

图 7-5　园博会寄思园道路照明设计图

10）户外庭园灯杆内接线处设一个 10A 单极空气开关，作为短路保护用。

11）线路敷设隔 30m 左右设一个接线手井，接线手井规格为 800×800×700（深），砖砌，混凝土盖板。

12）灯具基础为 C15 素混凝土，具体尺寸由供货专业灯具厂家提供。

13）水泵均设低水位控制，由水泵厂家配套。

14）待调试完毕后，防水接线盒内填满环氧树脂，以提高防水性。

15）背景音乐系统采用太阳能 MP3 背景音乐设备，由专业公司安装。

由图 7-5 和设计说明可知，园博会寄思园道路照明设计中，主要采用投射灯、庭园灯、草坪灯及水底灯等。照明线路埋深 0.7m，导线穿镀锌钢管敷设。防雷接地电阻 $R \leqslant 10\Omega$。配电箱电源进线为低压（220V～380V）供电。线路敷设隔 30m 左右设一个接线手井。植物投射灯的定位根据植物种植点来确定，投射灯投射角度在施工现场可调。

3. 某市碧水天源高级住宅道路照明设计图分析（图 7-6）

设计说明：

1）该园区照明主要采用投光灯、草坪灯、路灯及庭院灯照明。

2）照明线路的敷设：该区照明线路的敷设采用铜芯电缆穿硬质塑料 0.7m，导线过马路或穿建筑物须穿钢管保护。

3）所有室外灯具及用电设备的金属外壳均须可靠接地，接地电阻 $R \leqslant 10\Omega$。

4）配电箱由生产厂家按系统图定做。

5）照明回路均采用单相三线制供电，配电箱装有定时及手动控制。

6）施工时必须遵守有关施工、验收规范进行施工。

7）植物投光灯的定位根据植物种植点来确定，投光灯投射角度在施工现场可调。

8）室外环境照明配电箱电源进线方向及安装位置由业主现场确定。

9）配电箱进线须做重复接地，接地电阻不大于 10Ω。

10）配电箱内设定时控制系统，可手动自动进行，详见控制原理图。

11）室外灯具每隔约 40m 在灯具基础下增打一根接地极，接地极采用长为 2500mm 的 50×50×5 镀锌角钢，顶端打入地下 0.8m。

12）水泵电源线采用防水橡胶电缆 YHS 系列。

13）照明图例见表 7-6，照明材料表见表 7-7。

表 7-6　照明图例说明

名　称	符　号	说　明
投光灯	◎	植物用绿色光源　高压钠灯　MAXI250WHPSA　250W
草坪灯	◐	NB150/510/50MV　　1×50W　　$H=0.51m$
庭院灯	⊖	CPT80MV　　1×125W　　$H=2.2m$
路灯	⊗	CPT125MV　　1×175W　　$H=4.5m$
水底灯	✪	MAM-N-INC/100W　100W
配电箱	◣	

表 7-7　照明材料表

序号	名　称	规 格 型 号	单位	数量	图　例	安装高度
1	投光灯	MAXI250WHPSA　1×250W	只	5	◎	植物用绿色光源 高压钠灯
2	草坪灯	NB150/510/50MV　1×50W	只	7	◗	$H=0.51\text{m}$
3	路灯	CPT125MV　1×175W	只	19	⊗	$H=4.5\text{m}$
4	庭院灯	CPT80MV　1×125W	只	25	◒	$H=2.2\text{m}$
5	水底灯	MAM-N-INC/100W　1×100W	只	3	✪	
6	配电箱	PX-3A-3×5/CM	m	1		
7	电力电缆	VV-1kV-4×25+1×16	m			
8	钢保护管	SC50	m			
9	塑料保护管	UPVC-32	m			
10	塑料保护管	UPVC-40	m			
11	电缆 VV-1kV	VV-3×6	m			
12	电缆 VV-1kV	VV-3×10	m			

由图 7-6 及设计说明可知，某市碧水天源高级住宅主要采用投光灯、草坪灯、路灯及庭院灯照明；明线路的敷设采用铜芯电缆穿硬质塑料 0.7m，导线过马路或穿建筑物须穿钢管保护；避雷接地电阻 $R\leqslant10\Omega$；室外灯具每隔约 40m 在灯具基础下增打一根接地极；水泵电源线采用防水橡胶电缆 YHS 系列等。

三、训练与评价

1. 目的要求

如图 6-3 所示，根据梅林景点景观要求做道路照明设计，梅林景点面积 126m×116m，景点东北边是一条河流，东北部有一人工喷泉水池，景点西南部是山林地，大量石头造景，要求：

1）灯光设计：整个梅林景点的灯光设计形成协调的整体，河道边的灯光主要考虑照明的需要，光线柔和；人工水池的灯光设计与水景喷泉相结合，营造水光掠影的效果；山石景

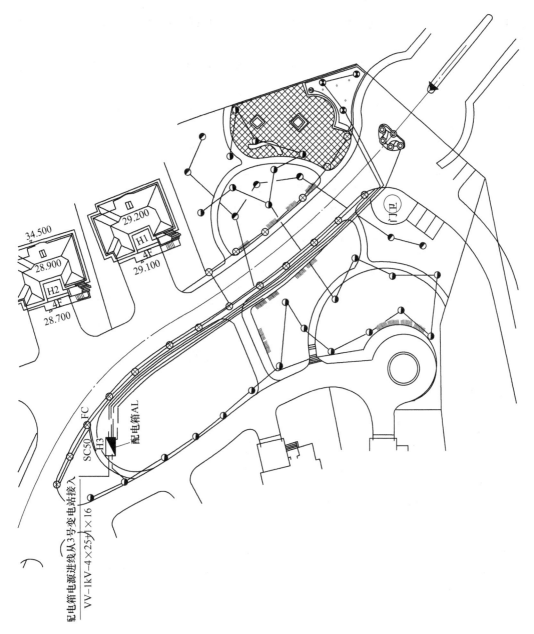

图 7-6 某市碧水天源高级住宅道路照明设计图

观中的灯光设计营造若隐若现的氛围；小径的灯光设计以满足照明亮度为宜。

2）照明设施设计安全：电源选择、照明线路敷设、防雷设施符合安全要求的规定。

3）节能：灯具类型的选择与灯具距离的选择、照明时间的控制要考虑节能的要求。

2. 主要内容

灯光设计、材料类型与数量、电源选择、安装要求。

3. 要点提示

1）灯光设计：整个梅林景点的灯光设计协调情况如何，河道灯光设计、水池灯光设计、山石灯光设计、小径灯光设计与各个景点的特点结合程度及营造的氛围与设计要求的符合程度。

2）照明设施设计安全：电源电压、照明线路敷设方式与埋深、防雷设施是否符合安全要求的规定。

3）节能设计：选择节能灯具、照明时间是否与该园的真实需灯使用情况吻合。

4. 自我评价

序号	评价内容	评价标准	自我评定
1	灯光设计	1. 河道灯光设计能展现河道主要景观（15分） 2. 水池灯光设计能结合水体设计要求（15分） 3. 山石灯光设计起点缀作用（10分） 4. 小径灯光设计满足照明要求（10分）	
2	照明设施设计	1. 电源电压设计满足照明要求（10分） 2. 照明路线敷设与埋深符合安全需要（10分） 3. 防雷设施符合安全要求的规定（10分）	
3	节能设计	1. 选择节能灯具（10分） 2. 照明时间设计与该园的真实需灯使用情况吻合（10分）	

四、思考练习

1. 举例说明园林中电压的选择标准有哪些？

2. 园林路灯有哪些类型？它们的距离与高度各有什么要求？

3. 不同类型园林道路灯具的光源各有什么特点？分别适合什么样的景观？

任务2　园林管线工程设计的综合

管线综合的目的是为合理安排各种管线，综合解决各种管线在平面和竖向上的相互关系。如果这方面缺乏考虑或考虑欠周，则各种管线在埋设时将会发生矛盾，从而造成人力物力及时间上的浪费，所以这项工作是很必要的。管线综合表现方法很多，园林中由于管线较城区少，所以一般采用综合平面图来表示。

一、基础知识

1. 一般原则

1）地下管线的布置，一般是按管线的埋深，由浅至深（由建筑物向道路）布置，常用的顺序如下：建筑物基础；电信电缆；电力电缆；热力管道；煤气管；给水管；雨水管道；污水管道；路缘。

2）管线的竖向综合应根据小管让大管，有压管让自流管，临时管让永久管，新建管让已建管进行布置。

3）管线平面应做到管线短，转弯小，减少与道路及其他管线的交叉，并同主要建筑物和道路的中心线平行或垂直敷设。

4）干管应靠近主要使用单位和连接支管较多的一侧敷设。

5）地下管线一般布置在道路以外，但检修较少的管线（如污水管、雨水管、给水管）也可布置在道路下面。

6）雨水管应尽量布置在路边，带消火栓的给水管也应沿路敷设。

2. 管线综合平面图的表示方法

园林中管线种类较少密度也小，因此其交叉的几率也较少。一般可在1∶1000或1∶2000的规划图样上确定其平面位置，遇到管线交叉处可用垂距简表表示。

所谓净距，是指管线与管线外壁间的距离。管线综合时应注意以下几方面：

1）电信电缆或电信管道一般在其他管线上面通过。

2）电力电缆一般在热力管道和电信管缆下面，但在其他管线上面超过。

3）热力管一般在电缆、给水、排水、煤气管上面越过。

4）排水管通常在其他管线下面越过。

二、实例分析

1. 某工厂三期管线综合图分析（图7-7）

设计说明：

1）设计依据：

① 建设方提供的建筑总平面图及专业管线总平面图。

②《城市居住区规划设计规范》（GB 50180—1993）（2002年版）。

③ 江苏省城市规划管理技术规定（2004年版）。

④ 各相关专业规范。

2）本工程给水由北边临近小区引入，天然气由盐马路引入。

3）本工程雨污水采用分流制，污水经化粪池处理后排入铁家巷，雨水直接排入铁家巷。

4）本工程电力管线由北侧康虹组团原有箱变S1（图示）引来。

5）本工程有线电视管线由康虹组团2号楼西侧引入。

6）本工程监控对讲管线引至传达室的监控控制台。

7）本工程电信管线由盐马路经油坊沟架空引来。

8）本工程管线最小敷土深度见表7-8：

表7-8　管线最小敷土深度　　　　　　　　　　　　　　　（单位：m）

序　号		1		2		3		4	5	6	7
管线名称		电力管线		电信管线		热力管线		燃气管线	给水管线	雨水管线	污水管线
		直埋	管沟	直埋	管沟	直埋	管沟				
最小覆土深度	人行道下	0.50	0.40	0.70	0.40	0.50	0.20	0.60	0.60	0.60	0.60
	车行道下	0.70	0.50	0.80	0.70	0.70	0.20	0.90	0.70	0.70	0.70

9）地下管线交叉避让原则：临时管线让永久管线，小口径管线让大口径管线，分支管线让主干管线，压力管让重力管，易弯曲管让不易弯曲管，技术要求低的管线让技术要求高的。

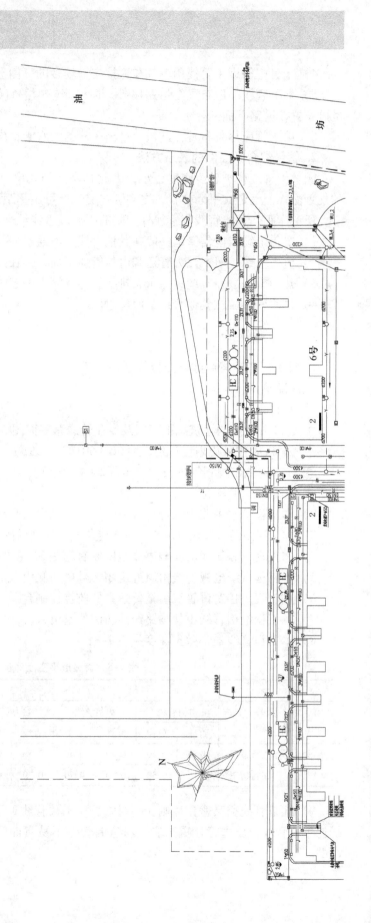

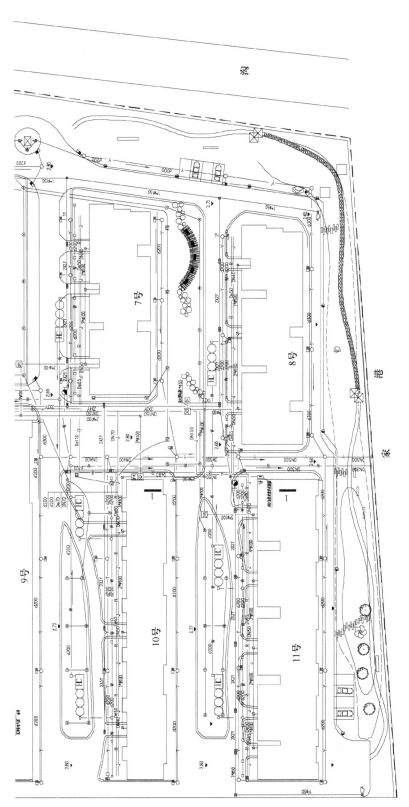

图 7-7　某工厂三期管线综合平面图

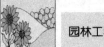

10）未尽事宜按有关规范规定执行。

11）材料图例及相关说明见表 7-9。

表 7-9　图例说明

图例	说明	图例	说明
G	有线电视光站	⊢⬤	室外消火栓
▷	有线电视放大器站	—— J ——	给水管
◎	电信接线井（600mm×600mm）	—— R ——	燃气管
⊠	有线电视、可视对讲接线井（400mm×600mm）	—— W ——	污水管
⊠	电信交换箱	—— Y ——	雨水管
S	箱式变压器	📷	黑白摄像机
DF	低压分线箱	▭	室外对讲接线箱（尺寸：1000mm×600mm×250mm 内配 220V 电源）
⊿	电缆手孔井	◁	室外音箱
◑	庭院灯	$n^*\phi100$	电力电缆穿管线路（n 表示穿 $\phi100$ 的 HDPE 保护管的根数）
⊙	草坪灯	——◑——	室外照明线路及背景音响线路
⊗←	地埋灯	mXnY	弱电穿管线（mXnY 表示穿管方式及规格）
IR	红外报警探测器	$n^*\phi150$	对讲监控穿管线路
▽	彩色摄像机（带云台）		

由图 7-7 及设计说明可知某工厂三期管线布置包含有电力管线、电信管线、热力管线、燃气管线、给水管线、雨水管线、污水管线。以人行道下的管线安排为例，各种管线的埋深如下：热力管线和电力管线平行在最上层；燃气管线、给水管线、雨水管线、污水管线平行在第二层；电信管线在最下一层。

2. 某花园南湾半岛大型别墅区综合管线设计分析（图 7-8）

设计说明：

1）过路管线埋深为 1.20m。

2）高、低压过路和埋地线路穿 DBS 无碱玻纤石英电缆导管。

3）弱电、燃气、给水过路管线穿 DBS 无碱玻纤石英电缆导管。弱电埋地线路穿 UPVC 电信管。

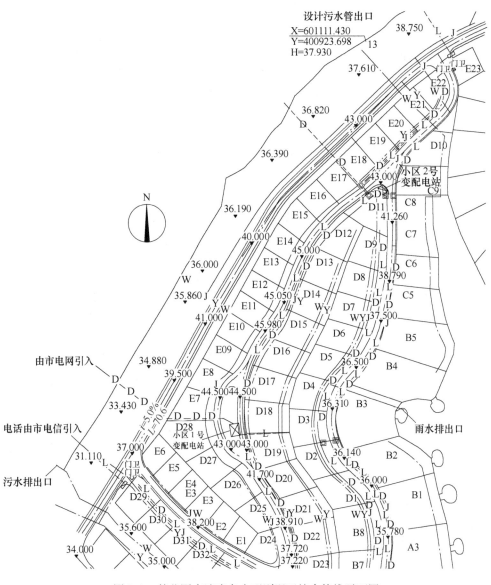

图 7-8　某花园南湾半岛大型别墅区综合管线平面图

4）给水干管（DN150）过路穿 D300 混凝土管

5）高压电缆采用穿管敷设；沿电缆走向每隔 30m 设置一个电缆井；电缆转角处设电缆转角井。

6）图例说明见表 7-10，管道综合断面图如图 7-9 所示。

由综合管线平面图、D-D 横断面图、图例及设计说明可知某花园南湾半岛大型别墅区管线从上到下布置的顺序依次：电信管线、电力管线、煤气管线、雨水管、污水管、给水管，其中雨水管与污水管同高，电信管线与电力管线分布在道路埋深 0.7m，给水管最低埋深 1.2m，过路管线埋深为 1.20m。所有管线过马路都套管，有石英电缆导管、UPVC 管和混凝土管。沿电缆走向每隔 30m 设置一个电缆井等。

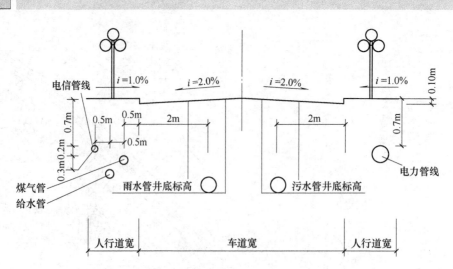

图 7-9 管道综合 *D-D* 横断面图

表 7-10 图例说明

图例	说明
—— — · ——	镀锌钢管给水管，主干管 *DN*150
◑	室外地上式消防栓，人行道靠边设置 采用国标 S1-01S201-13，型号为 SS150/80-1.0
—Ⓗ	给水接户管（带阀），接户管管径 *DN*40
—⊗—	给水阀门井采用 S144-8-4 施工
—⌒	绿化给水接口（带阀），接管管径 *DN*50 人行道靠边设置
————	供电线路
—·—— · ——	通信线路
⚡ALD	室外防水电箱
⊠	变配电房
▢	电缆手孔井
⌐Ⓛ	电力手孔井
⌐Ⓓ	电信手孔井
— —	PE 燃气管

三、训练与评价

1. 目的要求

如图 6-3 为梅林景点的景观设计图，请对该景点的综合管线的埋深与间距进行设计，要求：

1）给水管线、排水管线与电力管线的埋深与间距结合景点地形与类型进行设计。

2）给水管线、排水管线与电力管线过园路与过水池要采取防护措施。

2. 主要内容

给水管线、排水管线、电力管线。

3. 要点提示

1）给水管线、排水管线与电力管线的埋深在绿地中与过马路地段是否相关规定。

2）给水管线、排水管线与电力管线在需要的地段是否采取了相应的套管保证其安全要求。

4. 自我评价

序号	评价内容	评价标准	自我评定
	管线竖向综合	1. 小管让大管（10分） 2. 有压管让自流管（10分） 3. 临时管让永久管（10分） 4. 新建管让已建管（10分） 5. 管线的埋深，由浅至深（由建筑物向道路）布置，常用的顺序如下：建筑物基础；电信电缆；电力电缆；热力管道；煤气管；给水管；雨水管道；污水管道；路缘（30分）	
	管线平面综合	1. 管线短，转弯小，减少与道路及其他管线的交叉（10分） 2. 管线同主要建筑物和道路的中心线平行或垂直敷设（10分） 3. 干管应靠近主要使用单位和连接支管较多的一侧敷设（10分）	

四、思考练习

1. 园林综合管线的埋深有哪些原则？

2. 什么是净距？管线综合时应注意哪些方面？

单元八

园林植物种植工程设计

学习目标

通过学习园林种植工程设计明确园林植物配置的基本形式，掌握植物种植设计实施的方法与步骤，能运用绿地植物种植设计基本程序和方法，进行道路植物种植设计、广场植物种植设计、居住区植物种植设计、公园植物种植设计等不同类型城市绿地的植物种植设计。

学习任务：

1. 道路绿地植物种植工程设计
2. 广场绿地植物种植工程设计
3. 居住区绿地植物种植工程设计
4. 公园绿地植物种植工程设计

【基础知识】

1. 植物的类型

植物是有生命的园林设计要素，可以其形态、色彩、质感和芳香等特征创造园林主景和意境主题，还可以其季相变化构成四时演变的时序景观。

植物按照习性和自然生长发育的整体形状，从使用上可以分为乔木、灌木、藤本、花卉、草坪和地被植物等几类。

乔木是指树体高大的木本植物，通常高度在 5m 以上，具有明显而高大的主干。依照成熟期的高度，乔木可分为大乔木、中乔木和小乔木。大乔木高 20m 以上，如毛白杨、雪松等；中乔木高 11～20m，如合欢、玉兰、垂柳等；小乔木高 5～10m，如海棠花、紫丁香、梅花等。依生活习性，乔木还可分为常绿乔木和落叶乔木；依叶片类型则可分为针叶乔木和阔叶乔木。乔木是植物景观营造的骨干材料，景观效果突出，一般能熟练掌握乔木在园林中的造景方法是决定植物景观营造成败的关键。

灌木是指树体矮小、主干低矮或无明显主干、分枝点低的树木，通常高 5m 以下。有些乔木树种因环境条件限制或人为栽培措施可能发育成灌木状。灌木有常绿、落叶、针叶、阔叶，以及大灌木（2m 以上，如珊瑚树）、中灌木（如山茶、映山红、栀子花、黄杨等）、小灌木（不及1m）之分。

藤本植物是指其自身不能直立生长，需要依附他物的植物。根据攀援习性不同可分为缠绕类、吸附类、卷须类和蔓生类。缠绕类藤本植物依靠自然缠绕支持物而向上延伸生长，如紫藤、中华猕猴桃、金银花、牵牛花等。卷须类藤本植物依靠特殊变态器官——卷须而攀援，如葡萄、葫芦、炮仗花等。吸附类藤本植物依靠吸附作用而攀援，如爬山虎、凌霄、常春藤、络石等。蔓生类藤本植物没有特殊攀援器官，仅靠细柔而蔓生的枝条攀援，有的种类有钩刺起一定作用，如蔷薇、木香、叶子花等。

花卉是园林中重要的造景材料，包括一、二年生花卉和多年生花卉，后者又分为宿根花卉和球根花卉。花卉是重要的装饰材料，多用于花坛、花境等造景形式。一、二年生花卉是在一个或两个生长季节内完成生命周期，如鸡冠花、百日草、金盏菊、金鱼草等。宿根花卉为多年生，地下部分不发生变态，能多次开花结实，如菊花、芍药等。球根花卉也是多年生草本花卉，其地下茎或根膨大呈球状或块状，如美人蕉、水仙、郁金香、百合等。

草坪是可形成各种人工草坡地的生长低矮、叶片稠密、叶色美观、耐践踏的多年生草本植物。多为禾本科植物。一般根据适应性可分为暖季型和冷季型草坪。前者如狗牙根、结缕草等，后者如草地早熟禾、高羊茅。

地被植物指用于覆盖地面的矮小植物，既有草本植物，也包括一些低矮的灌木和藤本植物，高度一般不超过0.5m，如麦冬、扶芳藤、紫金牛等。地被植物对人的视线及运动不产生任何屏障和障碍作用，能引导视线，形成或暗示空间边缘。

2. 植物配置的基本形式

植物配置可归纳为两大类：规则式配置和自然式配置。

规则式又称为整形式、几何式、图案式等，是把树木按照一定的几何图形栽植，具有一定的株行距或角度，整齐、严谨、庄重，常给人以雄伟的气魄感，体现一种严整大气的人工艺术美，视觉冲击力较强，但有时也显得压抑和呆板。其常用于规则式园林和需要庄重的场合，如寺庙、陵墓、广场、道路、入口以及大型建筑周围等。

自然式又称为风景式、不规则式，植物景观呈现出自然状态，无明显的轴线关系，各种植物的配置自由变化，没有一定的模式。树木种植无固定的株行距和排列方式，形态大小不一，自然、灵活，富于变化，体现柔和、舒适、亲近的空间艺术效果。其适用于自然式园林、风景区和普通的庭院，如大型公园和风景区常见的疏林草地就属于自然式配置。

（1）乔灌木的配置

1）孤植。在一个较为开旷的空间，远离其他景物种植一株乔木称为孤植。孤植树也称为园景树、独赏树，在设计中多处于绿地平面的构图中心和园林空间的视觉中心而成为主景，也可起引导视线的作用，并可烘托建筑、假山或活泼水景，具有强烈的标志性、导向性和装饰作用。孤植常用于庭院、草坪、假山、水面附近、桥头、园路尽头或转弯处等，广场和建筑旁也常配置，如图8-1所示。

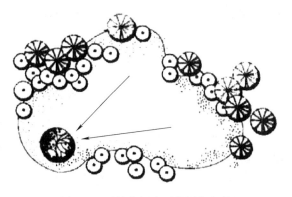

图8-1　开敞草坪中孤植树作主景

2）对植。将树形美观、体量相近的同一树种，以呼应之势种植在构图中轴线的两侧称为对植。对植强调对应的树木在体量、色彩、姿态等方面的一致性，只有这样，才能体现出庄严、肃穆的整齐美。对植常用于房屋和建筑前、广场入口、大门两侧、桥头两旁、石阶两侧等，起衬托主景的作用，或形成配景、夹景，以增强透视的纵深感。

3）列植。树木呈带状的行列式种植称为列植，有单列、双列、多列等类型。列植主要用于公路、铁路、城市街道、广场、大型建筑周围、防护林带、农田林网、水边种植等。园林中常见的灌木花径和绿篱从本质上讲也是列植，只是株行距很小。就行道树而言，既可单树种列植，也可两种或多种树种混用，应注意节奏与韵律的变化。西湖苏堤中央大道两侧以无患子、重阳木和三角枫等分段配置，效果很好。在形成片林时，列植常采用变体的三角形种植，如等边三角形、等腰三角形等。

4）丛植。由2～20株同种或异种的树木按照一定的构图方式组合在一起，使其林冠线彼此密接而形成一个整体的外轮廓线，这种配置方式称为丛植。在自然式园林中，丛植是最常用的配置方法之一，可用于桥、亭、台、榭的点缀和陪衬，也可专设于路旁、水边、庭院、草坪或广场一侧，以丰富景观色彩和景观层次，活跃园林气氛。运用写意手法，几株树木丛植，姿态各异、相互呼应，便可形成一个景点或构成一个特定空间。树丛景观主要反映自然界小规模树木群体形象美。这种群体形象美又是通过树木个体之间的有机组合与搭配来体现的，彼此之间既有统一的联系又有各自形态变化。在丛植中，有两株、三株、四株、五株以至十几株的配置。

① 两株丛植一般宜选用同一树种，但在大小、姿态、动势等方面要有变化，才能生动活泼，如图8-2所示。

② 三株树丛配合，可以用同一树种，也可用两种，但最好同为常绿树或同为落叶树，忌用三个不同树种，可全为乔木，也可乔灌结合。在平面布置上要把三株置于不等边三角形的三个角顶上，立面以一株为主，其余两株为辅。三株丛植如图8-3所示。三株丛植的忌用形式如图8-4所示。

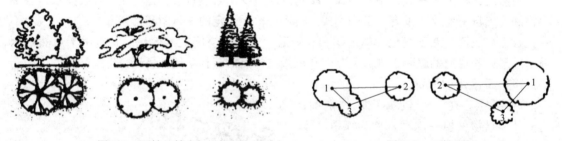

图8-2　两株丛植　　　　　　　　　　　图8-3　三株丛植

③ 四株树丛配合，用一个树种或两个不同的树种，必须同为乔木或同为灌木才能调和。要分组栽植，分两组，即三株较近，一株远离；或分为三组，即两株一组，另一株稍远，再一株远离。四株同一树种配置忌用形式如图8-5所示。四株配置的多样统一如图8-6所示。

④ 五株同为一个树种的组合，每株的体形、姿态、动势、大小、栽植距离都应不同。最理想分组方式为3:2，按大小分5个号，应1、2、4成组，或1、3、4成组，或1、3、5

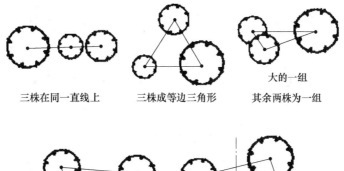

三株在同一直线上　　　　三株成等边三角形　　　　其余两株为一组

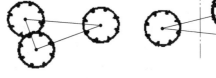

三株大小姿态相同　　　　两树种组成，各自构成一组

图 8-4　三株丛植的忌用形式

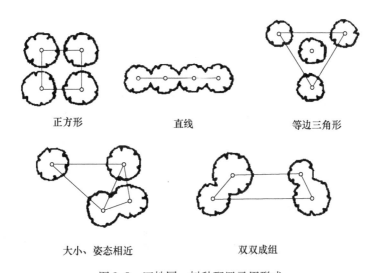

正方形　　　　　　直线　　　　　等边三角形

大小、姿态相近　　　　　　双双成组

图 8-5　四株同一树种配置忌用形式

成组。五株树丛为两个树种的组合，一个树种为三株，另一个树种为两株合适。配置可分为一株和四株两个单元，或二株和三株的两个单元。五株配置的多样统一如图 8-7 所示。

⑤ 五株以上的树丛：六株配置可按二株和四株组合，七株配置可按三株和四株或二株和五株的组合，八株配置可按三株对五株。以上可依次以基本的二、三、四、五组合。

5）群植。群植指成片种植同种或多种树木，常由二、三十株以至数百株的乔灌木组成。可以分为单纯树群和混交树群。单纯树群由一种树种构成。混交树群是树群的主要形式，完整时从结构上可分为乔木层、亚乔木层、大灌木层、小灌木层和草本层，乔木层选用的树种树冠姿态要特别丰富，使整个树群的天际线富于变化，亚乔木层选用开花繁茂或叶色美丽的树种，灌木一般以花木为主，草本植物则以宿根花卉为主。雪松树群组成的开阔空间如图 8-8 所示。

6）林植。林植是大面积、大规模的成带成林状的配置方式，形成林地和森林景观。林

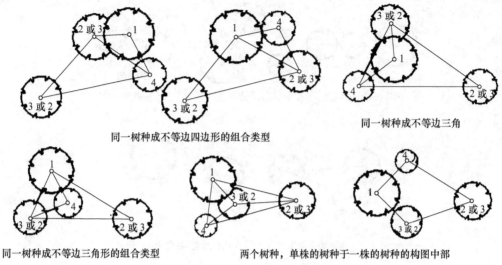

同一树种成不等边四边形的组合类型

同一树种成不等边三角

同一树种成不等边三角形的组合类型

两个树种，单株的树种于一株的树种的构图中部

图 8-6　四株配置的多样统一

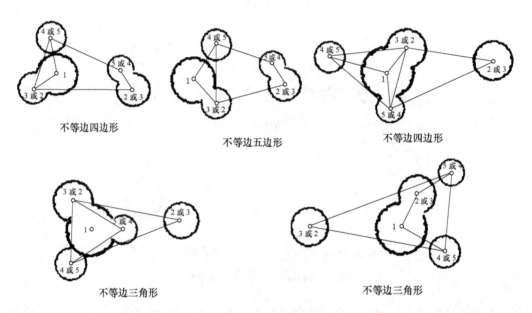

不等边四边形

不等边五边形

不等边四边形

不等边三角形

不等边三角形

图 8-7　五株配置的多样统一

植一般以乔木为主，有林带、密林和疏林等形式。林植时应注意林冠线的变化。林带一般为狭长带状，多用于周边环境，如路边、河滨、广场周围等。密林一般用于大型公园和风景区，郁闭度常为 0.7～1.0。密林有单纯密林和混交密林之分。密林无需作出所有树木定株定点设计，只需做小面积的树木大样设计。一般大样面积为 25m×（20～40）m。疏林常用于大型公园的休息区，并与大片草坪相结合，形成疏林草地景观。疏林地郁闭度一般为 0.4～0.6，而疏林草地的郁闭度可以更低，通常在 0.3 以下，常由单纯乔木构成，不布置灌木和花卉。

（2）花卉的配置　花卉是园林植物造景的基本素材之一，作为观赏和重点装饰、色彩构图之用，在烘托气氛、基础装饰、分隔屏障、组织交通等方面有独特的景观效果。花卉的

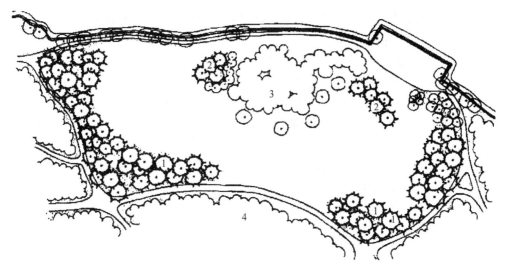

图 8-8 雪松树群组成的开阔空间
1—雪松群 2—雪松 3—桂花 4—广玉兰

主要配置形式有花坛、花境、花池、花台以及立体装饰、造型装饰等。

1）花坛是按照设计意图，在有一定几何形轮廓的植床内，以园林草花为主要材料布置而成的，具有艳丽色彩或图案纹样的植物景观。从植物景观设计角度，一般按照花坛坛面花纹图案分类，分为盛花花坛（由观花植物组成，表现盛花的色彩美）、模纹花坛（表现群体组成的图案美）、造型花坛（即立体花坛）、造景花坛（以自然景观为花坛构图中心）等。

2）花境是以宿根和球根花卉为主，结合一、二年生草花和花灌木，沿花园边界或路缘布置而成的一种园林植物景观，也可点缀山石、器物等。花境外形轮廓规整，通常沿某一方向做直线或曲折演进，而内部花卉的配置成丛或成片，自由变化。

3）花台是指在高于地面的空心台座（一般高 40~100cm）中填土或人工基质并栽植观赏植物。其适合近距离观赏，可与假山、座凳、墙基相结合，作为大门、窗前、墙基、角隅的装饰，但在花台下必须设盲沟以利于排水。

4）花丛是直接布置于绿地中，植床无围边材料的小规模花卉群体景观，更接近花卉的自然生长状态。

3. 植物种植设计实施的方法与步骤

（1）步骤一：现状调查与分析

1）获取项目信息。了解甲方对项目的要求：通过设计招标文件，掌握设计项目的相关信息：绿地的性质、绿化项目的目标定位、实施意义、服务对象、技术经济指标（如绿地率等）、工期、造价、对于植物的具体要求等内容。

获取图样资料：甲方向设计师提供基地的现状地形图、规划图、现状树木分布位置图以及地下管线图等图样。设计师可从相关图样中获取下列信息：设计范围（红线范围、坐标数字）；绿地规划范围内的地形、标高；周围用地性质和范围；基地的地下管线及其设施的位置、规格以及埋深深度等与植物种植设计相关的信息。

获取绿地基地其他信息：该道路地段的自然状况：水文、地质、地形、气象等方面的资料，主要包括：地下水位、年与月降雨量、年最高和最低温度及分布时间、主导风向等。植物状况：该地区的乡土植物种类、群落组成以及引种植物情况等。人文历史资料：该地区性质、历史文物、当地的风俗习惯、传说故事、居民人口和民族构成等。

由于以上信息能够对于植物的选择和植物景观的创造提供依据和素材，设计师应在拿到一个项目后要多方收集资料，详细深入地了解该项目的相关内容。

2）现场调查与测绘。现场踏查：必须认真到现场进行实地踏查。一方面是在现场核对所收集到的资料，并通过实测对欠缺的资料进行补充。另一方面，可进行实地的艺术构思，确定植物景观大致的轮廓或者配置形式，通过视线分析，确定周围景观对该地段的影响。在现场通常针对以下内容进行调查：自然条件、人工设施、环境条件、视觉质量。

现场测绘：如果甲方无法提供准确的基地测绘图，设计师就需要进行现场实测。

3）现状分析。现状分析的内容主要包括：基地自然条件（地形、土壤、光照、植被等）分析、环境条件分析、景观定位分析、服务对象分析、经济技术指标分析等方面。与植物种植主要相关的因素有：小气候、光照、风、人工设施、视觉质量。

4）编制设计意向书。通过对基地资料分析、研究，设计师确定总体设计原则和目标，并制定设计计划书。

（2）步骤二：绿地中各组成部分的划分　设计师根据现状分析以及设计意向书，确定绿地中所有的各组成部分类型：如人行道绿带、分车带、交通岛绿地等。确定道路中各类型绿地的功能，各功能所需的面积，及各功能区之间的关系，各功能区所服务的对象、所需要的空间类型等。根据各分区的功能确定植物主要配置方式，即植物功能分区。再具体细化确定各分区段内植物的种植形式、类型、大小、高度、形态等内容。

（3）步骤三：植物种植设计　植物种植设计是以植物种植分区为基础，确定植物的名称、规格、种植方式、栽植位置等。

1）植物种类的选择：首先要根据绿地基地自然情况，如光照、水分、土壤等，选择适宜的植物，即植物的生态习性与生境应该对应。其次，植物的选择应该兼顾观赏和功能的需要。另外，植物的选择还要与绿地功能和环境相吻合，如行道树绿地以为行人提供荫庇条件宜选用高大乔木。总之，在选择植物时，应该综合考虑各种因素：基地自然条件与植物的生态习性；植物的观赏特性和使用功能；当地的民俗习惯、人们的喜好；设计主题和环境特点；造价、苗源；后期养护管理等。

2）植物规格的选择：植物的规格与植物的年龄密切相关，如果没有特别的要求，施工时栽植幼苗，以保证植物的成活率和降低工程成本。但在种植设计中却不能按照幼苗规格配置，而应该按照成龄植物（成熟度75%～100%）的规格加以考虑，图样中的植物图例也要按照成龄苗木的规格绘制，如果栽植规格与图中绘制规格不符时应在图样中给出说明。

3）植物布局形式：取决于道路景观的风格。植物的布局形式应该与其他构景要素及周围环境相协调，比如周边建筑形式、地形地貌、水体等。

4）植物栽植密度：即植物的种植间距大小。要想获得理想的植物景观效果，应该在满足植物正常生长的前提下，保证植物成熟后相互搭接，形成植物组团。因此，设计师不仅要知道植物幼苗的大小，还应该清楚植物成熟后的规格。植物栽植间距可参考表8-1。

表 8-1　绿化植物栽植间距

名　　称		下限（中-中）/m	上限（中-中）/m
一行行道树		4.0	6.0
双行行道树		3.0	5.0
乔木群植		2.0	—
乔木与灌木混植		0.5	—
灌木群植	大灌木	1.0	3.0
	中灌木	0.75	2.0
	小灌木	0.3	0.5

5）相关技术规范要求：在《城市道路绿化规划与设计规范》（CJJ 75—1997）等与道路设计的相关规范中对植物种植设计都有一些具体的要求。如植物种植点位置与管线、建筑的距离；道路交叉口处视距三角形范围内要求等。

任务 1　道路绿地植物种植工程设计

一、相关知识

1. 城市道路类型

按照《城市道路设计规范》（CJJ 37—1990）规定，以道路在城市道路网中的地位和交通功能为基础，同时考虑对沿线的服务功能，将城市道路分为快速路、主干路、次干路以及支路 4 类。

此外，按道路的承载体分，则有列车行驶的铁路、汽车行驶的汽车路（包括公路和城市道路），人行的步行街、人行道（城市道路的一部分）等。按道路所处位置分，则有市区道路和市外道路。

2. 道路绿地的含义及组成

城市道路绿地指道路红线范围内的绿化用地，包括人行道绿带、分车绿带、交通岛绿地等（图 8-9）。城市道路绿地表现了城市设计的定位。主干道的行道树和分车带的布置是城市道路植物设计的主要部分。人行道绿带是指从车行道边缘至建筑红线之间的绿地，包括人行道和车行道之间的隔离绿地（行道树绿带）以及人行道与建筑之间的缓冲绿地（路侧绿带或基础绿地）。分车绿带是车行道之间的隔离带，包括快慢车道隔离带（两侧分车绿带）和中央分车带，起着疏导交通和安全隔离的作用。交通岛在城市道路中主要起疏导与指挥交通的作用，是为了回车、控制车流行驶路线、约束车道、限制车速和装饰街道而设置在道路交叉口范围内的岛屿状构造物，包括中心岛绿地、导向岛绿地和安全岛绿地。

3. 道路绿地的设计原则

（1）保障行车、行人安全　道路植物设计，首先要遵循安全的原则，保证行车与行人的安全。注意行车视线要求、行车净空要求、行车防眩要求等。

1）行车视线要求。道路中的交叉口、弯道、分车带等的植物设计对行车的安全影响最

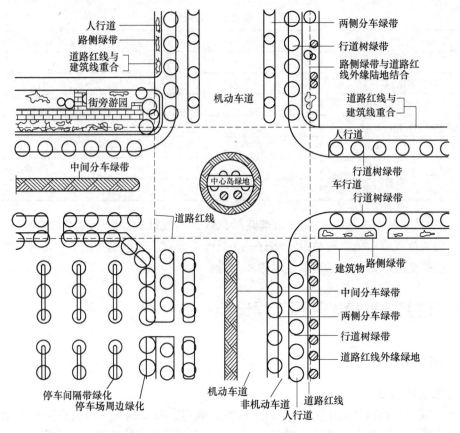

图 8-9　道路绿地名称示意图

大，这些路段的植物设计要符合行车视线的要求。如在交叉口设计植物景观时应留出足够的透视线，以免相向往来的车辆碰撞；弯道处要种植提示性植物，起到引导作用。

机动车辆行驶时，驾驶人员必须能望见道路上相当的距离，以便有充足的时间或距离采取适当措施，防止交通事故发生，这一保证交通安全的最短距离称为行车视距。

停车视距是行车视距的一种，指机动车辆在行进过程中，突然遇到前方路上行人或坑洞等障碍物，不能绕越且需要及时在障碍物前停车时所需要的最短距离，见表 8-2。

表 8-2　平面交叉视距表

计算行车速度/(km/h)		100	80	60	40	30	20
停车视距/m	一般值	160	110	75	40	30	20
	低限值	120	75	55	30	25	15

当有人行横道从分车带穿过时，在车辆行驶方向到人行横道间要留出足够大的停车视距的安全距离，此段分车绿带的植物种植高度应低于 0.75m。

当纵横两条道路呈平面交叉时，两个方向的停车视距构成一个三角形，称为视距三角形。进行植物景观设计时，视距三角形内的植物高度也应低于 0.7m，以保证视线通透，如图 8-10 所示。

道路转弯处内侧的建筑物、树木、路堑边坡或其他障碍物可能会遮挡司机的视线，影响行车安全。因此，为保证行车视距要求，在道路设计与建设时应将视距区内障碍物清除，道路植物景观必须配合视距要求进行设计。

2）行车净空要求。各种道路设计已根据车辆行驶宽度和高度的要求，规定了车辆运行的空间，各种植物的枝干、树冠和根系都不能侵入该空间内，以保证行车净空的要求。

3）行车防眩要求。在中央分车带上种植绿篱或灌木球，可防止相向行驶车辆的灯光照到对方驾驶员的眼睛而引起其目眩，从而避免或减少交通意外。

如果种植绿篱，参照司机的眼睛与汽车前照灯高度，绿篱高度应比司机眼睛与车灯高度的平均值高，故一般采用 1.5～2.0m。如果种植灌木球，种植株距应不大于冠幅的 5 倍。

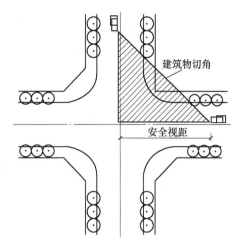

图 8-10　安全视距三角形示意图

（2）妥善处理植物景观与道路设施的关系　现代化城市中，各种架空线路和地下管网越来越多。这些管线一般沿城市道路铺设，因而与道路植物景观产生矛盾。一方面，在城市总体规划中应系统考虑工程管线与植物景观的关系；另一方面，在进行植物景观设计时，应在详细规划中合理安排。

一般而言，在分车绿带和行道树上方不宜设置架空线，以免影响植物生长，从而影响植物景观效果。必须设置时，应保证架空线下有不小于9m的树木生长空间。架空线下配置的乔木应选择开放型树冠或耐修剪的树种。树木与架空电力线路导线的最小垂直距离应符合表8-3的规定。

表 8-3　树木与架空电力线路导线的最小垂直距离

电压/V	1～10	35～110	154～220	330
最小垂直距离/m	1.5	3.0	3.5	4.5

新建道路或经改建后达到规划红线宽度的道路，其绿化树木与地下管线外缘的最小水平距离宜符合表8-4的规定。当遇到特殊情况不能达到规定的标准时，树木根茎处至地下管线外缘的最小距离可采用表8-5中的规定。最小距离是指以树木根茎处为中心，以表8-3中规定的最小距离为半径，包括水平和垂直距离。通过管线合理深埋，充分利用地下空间来解决两者的矛盾。

表 8-4　树木与地下管线外缘最小水平距离

管 线 名 称	距乔木中心距离/m	距灌木中心距离/m	管 线 名 称	距乔木中心距离/m	距灌木中心距离/m
电力电缆	1.0	1.0	污水管道	1.5	—
电信电缆（管道）	1.5	1.0	燃气管道	1.5	1.2
给水管道	1.5	—	热力管道	1.5	1.5
雨水管道	1.5	—	排水管道	1.0	—

表 8-5　各类管线常用的最小覆土深度

管 线 类 型		最小覆土深度/m	备 注
电力电缆		0.7	
		1.0	
电车电缆		0.7	埋在人行道下可减少 0.3m
电信锌装电缆		0.8	
电信管道		0.7	
热力管道	直接埋在土中	1.0	
	在地道中铺设	0.8	
给水管		1.0	>500mm 的管径
		0.7	<500mm 的管径
煤气管	干煤气	0.9	
	湿煤气	1.0	
雨水管		0.7	
污水管		0.7	

此外，进行道路植物设计还要充分考虑其他要素，如路灯灯柱、消火栓等公共设施，见表 8-6。

表 8-6　树木与其他设施最小水平距离

设 施 名 称	距乔木中心距离/m	距灌木中心距离/m	设 施 名 称	距乔木中心距离/m	距灌木中心距离/m
低于 2m 的围墙	1.0	—	电力、电信杆	1.5	—
挡土墙	1.0	—	消火栓	1.5	2.0
路灯灯柱	2.0	—	测量水准点	2.0	2.0

（3）近期与远期相结合　道路植物造景必须注重近期与远期结合的原则。道路植物景观从建设开始到形成较好的景观效果往往需要十几年时间。因此要有长远的观点，近期、远期规划相结合，近期内可以使用生长较快的树种，或者适当密植，以后适时更换、移栽，充分发挥道路绿化的功能。

我国现行城市规划有关标准规定，园林景观路（林荫道）绿地率不得小于 40%；红线宽度大于 50m 的道路绿地率不得小于 30%；红线宽度在 40～50m 的道路绿地率不得小于 25%；红线宽度小于 40m 的道路绿地率不得小于 20%。

4. 道路绿地断面布置形式

城市道路绿地断面布置形式与道路性质和功能密切相关。一般城市中道路由机动车道、非机动车道、人行道等组成。道路的断面形式多种多样，植物景观形式也有所不同。

我国现有道路多采用一块板、两块板、三块板式等，相应道路绿地断面也出现了一板二带、二板三带、三板四带以及四板五带式，如图 8-11 所示。

（1）一板二带式绿地　一板二带式是最常见的道路绿地形式，中间是车行道（机动车与非机动车不分），两侧是人行道，在人行道上种植一行或多行行道树。其特点是简单整齐、管理方便，用地比较经济，但当车行道过宽时行道树的遮阴效果较差，而且景观效果比较单调。同时，车辆混合行使，不利于组织交通，易出车祸。

一板二带式绿地适合于机动车交通量不大的次干道、城市支路和居住区道路。其宽度一般为 10 ～ 20m，行车速度控制在 15 ～ 25km/h 之间，大多选用单一行道树种，也可在两株乔木之间夹种灌木。如果道路两旁明显不对称，例如，一侧临河或建筑等不宜栽树，也可以只栽一行树。

（2）二板三带式绿地　二板三带式绿地除了在车行道两侧的人行道上种植行道树外，还用一条有一定宽度的分车绿带把车行道分成双向行驶的两条车道。分车绿带宽度不宜小于 2.5m，以 5m 以上景观效果为佳，可种植 1 ～ 2 行乔木，也可只种植草坪、宿根花卉或花灌木。

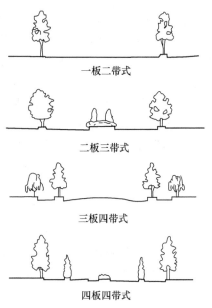

图 8-11　道路断面布置形式

这种形式主要用于城市区干道和高速公路，如工业区、风景区的干道，适于机动车交通量较大而非机动车流量较少的地段，可减少车辆相向行驶时相互干扰。

（3）三板四带式绿地　利用 2 条分车绿带把车行道分成 3 条，中间为机动车道，两侧为非机动车道，加上车道两侧的行道树共 4 条绿带。分车绿带宽 1.5 ～ 2.5m 的，以种植花灌木或绿篱造型植物为主，在 2.5m 以上时可以种植乔木。

该类型常用于主干道，宽度可达 40m 以上，车速一般不超过 60km/h。这种造景形式景观效果和夏季蔽荫效果较好，并且解决了机动车和非机动车混行、互相干扰的矛盾，交通方便、安全，尤其在非机动车多的情况下是较适合的。

（4）四板五带式绿地　利用 3 条分隔带将行车道分成 4 条，1 条机动车道、2 条非机动车道，使机动车和非机动车都分成上、下行而各行其道、互不干扰，保证了行车速度和安全。该类型适于车速较高的城市主干道或城市环路系统，用地面积较大，但其中的绿带可考虑用栏杆代替，以节约城市用地。

此外，由于城市所处的地理位置、环境条件不同，有的有特殊的山坡地、湖岸边等，所以考虑道路植物景观形式时要因地制宜。

5. 道路绿地各组成部分的种植设计

（1）人行道绿带的植物种植设计　人行道绿带是指从车行道边缘至建筑红线之间的绿地，包括人行道和车行道之间的隔离绿地（行道树绿带）以及人行道与建筑之间的缓冲绿地（路侧绿带或基础绿地）。人行道绿带既起到与嘈杂的车行道的分隔作用，也为行人提供安静、优美、遮阴的环境。

1）行道树的种植设计。行道树是城市道路植物景观的基本形式，也是迄今为止最为普遍的一种植物造景形式。行道树主要是为行人及非机动车庇荫。其宽度应根据道路性质、类别和对绿地的功能要求以及立地条件等综合考虑而决定，一般不宜小于 1.5m。

行道树的种植方式主要有树池式和树带式两种。

① 树带式。在人行道和车行道之间留出一条不加铺装的种植带，为树带式种植形式，可起到分隔护栏的作用。种植带宽度一般不小于1.5m，可植一行乔木和绿篱，或视不同宽度可种植多行乔木，并与花灌木、宿根花卉、地被结合。一般在交通、人流不大的情况下采用这种方式，有利于树木生长。可在种植带树下铺设草皮，以免裸露的土地影响路面的清洁。同时在适当的距离要留出铺装过道，以便人流通行或汽车停站。

② 树池式。在交通量比较大，行人多而人行道又狭窄的道路上，宜采用树池式。树池以正方形为好，边长不宜小于1.5m；若为长方形，边长以1.2~1.5m×2.0~2.2m为宜；若为圆形，其直径不宜小于1.5m。行道树宜栽植于树池的几何中心。为了防止树池被行人踏实，可使树池边缘高出人行道8~10cm。如果树池稍低于路面，应在上面加有透空的池盖，与路面同高，这样可使树木在人行道上占很小的面积，实际上既增加了人行道的宽度，又避免了践踏，同时还可以使雨水渗入树池内。池盖可用木条、金属或钢筋混凝土制造，由两扇合成，以便在松土和清除杂物时取出。

行道树绿带多采用对称式，两侧的绿带宽度相同，植物配置和树种、株距等均相同，如每侧1行乔木，或1行绿篱、1行乔木等。

道路横断面为不规则形式时，或道路两侧行道树绿带宽度不等时，宜采用不对称布置形式。如山地城市或老城道路较窄，采用道路一侧种植行道树，而另一侧布设照明等杆线和地下管线。当采用不对称形式时，根据行道树绿带的宽度，可以一侧1行乔木，而另一侧是灌木，或者一侧1行乔木，另一侧2行乔木等，或因道路一侧有架空线而采取道路两侧行道树树种不同的非对称栽植。

在弯道上或道路交叉口，行道树绿带上种植的树木，其树冠不得进入视距三角形范围内，以免遮挡驾驶员视线，影响行车安全。在一板二带式道路上，路面较窄时，注意两侧行道树树冠不要在车行道上衔接，也不宜配置较高的常绿灌木或小乔木，以便使汽车尾气、飘尘等悬浮污染物及时扩散稀释。

在行道树的树种配置方式上，常采用的有单一乔木、不同树种间植、乔灌木搭配等。其中单一乔木的配置是一种较为传统的形式，多用树池种植的方法，树池之间为地面硬质铺装。在同一街道采用同一树种、同一株距的对称方式，沿车行道及人行道整齐排列，既可起到遮阴、减噪等防护功能，又可使街景整齐雄伟而有秩序性，体现整体美，尤其是在比较庄重、严肃的地段，如通往纪念堂、政府机关的道路上。若要变换树种，一般应从道路交叉口或桥梁等处变更。

行道树要有一定的枝下高（根据分枝角度不同，枝下高一般应为2.5~3.5m），以保证车辆、行人安全通行。

行道树株距大小要考虑交通与两侧沟通的需要、树种特性（尤其是成年树的冠幅）、苗木规格等因素，同时不妨碍两侧建筑内的采光。一般不宜小于4m，如采用高大乔木，则株距应在6~8m间，以保证必要的营养面积，使其正常生长，同时也便于消防、急救、抢险等车辆在必要时穿行。树干中心至路缘石外侧不得小于0.75m，以利于行道树的栽植和养护，也是为了树木根系的均衡分布、防止倒伏。

我国城市多数处于北回归线以北，在盛夏季节南北向街道的东边及东西向街道的北边受到日晒时间较长，因此行道树应着重考虑路东和路北的种植；在两侧有高大建筑物的街道上，要根据道路方向和日照时数选择耐阴性强的树种。北方地区的行道树一般选用落叶树种，冬季不遮光，并有利于积雪融化，热带和南亚热带地区则以常绿树为主。市区道路人行道上尽量铺设能透气、透水的各色毛面砖，减少全封闭混凝土地面，以利于行道树的生长。

2）路侧绿带的种植设计。路侧绿带是街道绿地的重要组成部分，在街道绿地中一般占有较大比例。路侧绿带常见有 3 种情况：建筑物与道路红线重合，路侧绿带毗邻建筑布设，也即形成建筑物的基础绿带；建筑退让红线后留出人行道，路侧绿带位于两条人行道之间；建筑退让红线后在道路红线外侧留出绿地，路侧绿带与道路红线外侧绿地结合。

路侧绿带与沿路的用地性质或建筑物关系密切，有的建筑物要求有植物景观衬托，有的建筑要求绿化防护，因此路侧绿带应采用乔木、灌木、花卉、草坪等，结合建筑群的平面、立面组合关系、造型、色彩等因素，根据相邻用地性质、防护和景观要求进行设计，并在整体上保持绿带连续、完整和景观效果的统一。

人行道通常对称布置在道路两侧，但因地形、地物或其他特殊情况也可两侧不等宽或不在一个平面上，或仅布置在道路一侧。

① 道路红线与建筑线重合的路侧绿带种植设计。在建筑物或围墙的前面种植草皮、花卉、绿篱、灌木丛等，主要起美化装饰和隔离作用，行人一般不能入内。设计时注意建筑物做散水坡，以利排水。植物种植不要影响建筑物通风和采光，如在建筑两窗间可采用丛状种植。树种选择时注意与建筑物的形式、颜色和墙面的质地等相协调，如建筑立面颜色较深时，可适当布置花坛，取得鲜明对比。在建筑物拐角处，选择枝条柔软、自然生长的树种来缓冲建筑物生硬的线条。绿带比较窄或朝北高层建筑物前局部小气候条件恶劣、地下管线多、绿化困难的地带，可考虑用藤本植物来装饰。

② 建筑退让红线后留出人行道，路侧绿带位于两条人行道之间。一般商业街或其他文化服务场所较多的道路旁设有两条人行道：一条靠近建筑物附近，供进出建筑物的人们使用，另一条靠近车行道，为穿越街道和过街行人使用。路侧绿带位于两条人行道之间。植物造景设计视绿带宽度和沿街的建筑物性质而定。一般街道或遮阴要求高的道路，可种植两行乔木；商业街要突出建筑物立面或橱窗时，绿带设计宜以观赏效果为主，应种植矮小的常绿树、开花灌木、绿篱、花卉、草坪或设计成花坛群、花境等。

③ 建筑退让红线后，在道路红线外侧留出绿地，路侧绿带与道路红线外侧绿地结合。由于绿带的宽度增加，所以造景形式也更为丰富，一般宽达 8m 就可设为开放式绿地，如街头小游园、花园林荫道等。内部可铺设游步道和供短暂休憩的设施，方便行人进入游憩，以提高绿地的功能和街景的艺术效果，但绿化用地面积不得小于该段绿地总面积的 70%。

此外，路侧绿带也可与毗邻的其他绿地一起辟为街旁游园，或者与临街建筑的宅旁绿地、公共建筑前的绿地等相连接，统一设计。

（2）分车带的植物种植设计　分车带是车行道之间的隔离带，包括快慢车道隔离带（两侧分车绿带）和中央分车带，起着疏导交通和安全隔离的作用，目的是将人流与车流分开，机动车辆与非机动车辆分开，保证不同速度的车辆能全速前进、安全行驶。城市道路中常说的两块板、三块板的干道形式，就是用分车带来划分的。

分车带的宽度差别很大，窄的仅有 1m，宽的可达 10m 以上。目前我国各城市道路中的两侧分车带最小宽度一般不能低于 1.5m，通常都为 2.5～8.0m，但在不同的地区及地段均有所变化。在有些情况下，分车绿带会作为道路拓宽的备用地，同时是铺设地下管线、营建路灯照明设施、公共交通停靠站以及竖立各种交通标志的主要地带。分车带植物景观是道路线性景观及道路环境的重要组成部分，对道路的整体气氛影响很大。其植物配置首先要保证交通安全和提高交通效率。从景观角度而言，如果仅就分车带本身来考虑其植物景观，会造成道路景观的无序及零乱，这就要求把分车带纳入到道路景观的整体艺术来考虑，进行综合协调。所以应结合道路线形、建筑环境、交通情况等，并考虑人行道绿带的特点，通过不同植物造景方式来塑造出富有特色的道路景观。

常见的分车绿带宽为 2.5~8m，大于 8m 宽的分车绿带可作为林荫路设计。加宽分车带的宽度，可使道路分隔更为明确，街景更加壮观。同时，为今后拓宽道路留有余地，但也会使行人过街不方便。

为了便于行人过街，分车带应进行适当分段，一般以 75~100m 为宜，并尽可能与人行横道、停车站、大型商店和人流集中的公共建筑出入口相结合。被人行道或道路出入口断开的分车绿带，其端部应采取通透式栽植。通透式栽植是指绿地上配置的树木，在距相邻机动车道路面高度 0.9~3m 的范围内，其树冠不遮挡驾驶员视线的配置方式。采用通透式栽植是为了穿越道路的行人容易看到过往车辆，以利行人、车辆安全。当人行横道线通过分车带时，分车带上不宜种植绿篱或花灌木，但可种植草坪或低矮花卉，以免影响行人和驾驶员的视线。公共汽车或无轨电车等车辆的停靠站设在分车绿带上时，大型公共汽车每一路大约要留 30m 长的停靠站，在停靠站上需留出 1~2m 宽的地面铺装为乘客候车时使用，绿带尽量种植为乘客提供遮阴的乔木。

分车绿带的植物配置应形式简洁、树形整齐、排列一致。分车绿带形式简洁有序，驾驶员容易辨别穿行道路的行人，也可减少驾驶员视线的疲劳，有利于行车安全。为了交通安全和树木的种植养护，分车绿带上种植乔木时，其树干中心至机动车道路缘石外侧距离不能小于 0.75m。

1）中央分车带的种植设计。中央分车绿带应阻挡相向行使车辆的眩光。在距相邻机动车道路面高度 0.6~1.5m 的范围内种植灌木、灌木球、绿篱等枝叶茂密的常绿树能有效阻挡夜间相向行驶车辆前照灯的眩光，其株距应小于冠幅的 5 倍。

中央分车带的种植形式有以下几种：

① 绿篱式。将绿带内密植常绿树，经过整形修剪，使其保持一定的高度和形状。可修剪成有高低变化的形状，或用不同种类的树木间隔片植。这种形式栽植宽度大，行人难以穿越，而且由于树间没有间隔，杂草少，管理容易，适于车速不高的非主要交通干道上。

② 整形式。树木按固定的间隔排列、有整齐划一的美感。但路段过长会给人一种单调感。可采用改变树木种类、树木高度或者株距等方法丰富景观效果。这是目前使用最普遍的方式，可以采用同一种类单株等距种植或片状种植，也可采用不同种类单株间隔种植，或者用不同种类间隔片植。

③ 图案式。将树木或绿篱修剪成几何图案，整齐美观，但需经常修剪，养护管理要求高。可在园林景观路、风景区游览路使用。

实际上，目前我国在中央分车绿带中种植乔木的很多，原因是我国大部分地区夏季炎热，需考虑遮阴，而且目前我国城市中机动车车速不高，树木对驾驶员的视觉影响较小。

2）两侧分车带的种植设计。两侧分车绿带距交通污染源最近，其绿化所起的吸附烟尘、减弱噪声的效果最佳，并能对非机动车有庇护作用。因此，应尽量采取复层混交配置，扩大绿量，提高保护功能。两侧分车绿带的乔木树冠不要在机动车道上面搭接，形成绿色隧道，这样会影响汽车尾气及时向上扩散，污染道路环境。

两侧分车绿带常用的植物配置方式有：

① 分车绿带宽度小于 1.5m 时，绿带只能种植灌木、地被植物或草坪。

② 分车绿带宽度在 1.5～2.5m 时，以种植乔木为主。这种形式遮阴效果好，施工和养护容易。也可在两株乔木间种植花灌木，增加色彩，尤其是常绿灌木，可改变冬季道路景观，但要注意选择耐阴的灌木和草坪草，或适当加大乔木的株距。

③ 绿带宽度大于 2.5m 时，可采取落叶乔木、灌木、常绿树、绿篱、草坪和花卉相互搭配的种植形式，景观效果最好。

（3）交通岛绿地的植物种植设计　交通岛在城市道路中主要起疏导与指挥交通的作用，是为了回车、控制车流行驶路线、约束车道、限制车速和装饰街道而设置在道路交叉口范围内的岛屿状构造物。

交通岛多呈圆形，车辆绕岛作逆时针单向行使，其半径必须保证车辆能按一定速度以交织方式行驶，因此在交通量较大的主干道上，或有大量非机动车或行人多的交叉口不宜设置环形交通。

交通岛绿地分为中心岛绿地、导向岛绿地和安全岛绿地。通过在交通岛周边的合理植物配置，可强化交通岛外缘的线形，有利于诱导驾驶员的行车视线，特别是在雪天、雾天、雨天，可弥补交通标志的不足。

1）中心岛的种植设计。中心岛是设置在交叉口中央，用来组织左转弯车辆交通和分隔对向车流的交通岛，俗称转盘。中心岛一般多用圆形，也有椭圆形、卵形、圆角方形和菱形等。常规中心岛直径在 25m 以上，目前我国大中城市所采用的圆形交通岛，一般直径为 40～60m。

中心岛外侧汇集了多处路口，为保证清晰的视野，便于绕行车辆的驾驶员准确、快速识别路口，一般不种植高大乔木，忌用常绿乔木或大灌木，以免影响视线；也不布置成供行人休息用的小游园或吸引人的过于华丽的花坛，以免分散驾驶员的注意力，成为交通事故的隐患。通常以草坪、花坛为主，或以低矮的常绿灌木组成简单的图案花坛，外围栽种修剪整齐、高度适宜的绿篱。但在面积较大的环岛上，为了增加层次感，可以零星点缀几株乔木。在居住区内部，人流车流比较小，以步行为主的情况下，中心岛也可布置成小游园形式，增加群众的活动场地。

位于主干道交叉口的中心岛因位置适中，人流量、车流量大，是城市的主要景点，可在其中以雕塑、市标、组合灯柱、立体花坛等为构图中心，但其体量、高度等不能遮挡视线。

2）安全岛的种植设计。在宽阔的道路上，由于行人为躲避车辆需要在道路中央稍作停留，应当设置安全岛。安全岛除停留的地方外，其他地方可种植草坪，或结合其他地形进行种植设计。如杭州杨公堤尽头的安全岛，中间堆叠假山，假山上配以红枫、胡颓子、五针松等，周围种植四季草花，丰富了景观层次。

3）导向岛的种植设计。导向岛用以指引行车方向、约束车道、使车辆减速转弯，保证行车安全。导向岛植物景观布置常以草坪、花坛或地被植物为主，不可遮挡驾驶员视线。

（4）交叉路口的植物种植设计　交叉口绿地包括平面交叉口绿地和立体交叉绿地。

1）平面交叉口的种植设计。为了保证行车安全，在进入道路的交叉口时，必须在路的转角空出一定的距离，使驾驶员在这段距离内能看到对面开来的车辆，并有充分的刹车和停车的时间而不致发生撞车。这种从发觉对方汽车立即刹车到停住车不发生碰撞的最小距离，称为"安全视距"。根据两相交道路的两个最短视距，可在交叉口平面图上形成一个三角形，即"视距三角形"。在此三角形内不能有建筑物、构筑物、树木等遮挡司机视线的地面物。在布置植物时其高度不得超过 0.70m，或者在三角视距之内不布置任何植物。安全视距的大小，随道路允许的行驶速度、道路的坡度、路面质量而定，一般采用 30～35m 为宜。

2）立体交叉口的种植设计。立体交叉是指两条道路不在一个平面上的交叉。高速公路与城市各级道路交叉时，快速路与快速路交叉时必须采用立体交叉。大城市的主干路与主干路交叉时，视情况也可设置立体交叉。立体交叉使两条道路上的车流可各自保持其原来的车速前进，互不干扰，是保证行车快速、安全的措施。

立体交叉绿地包括绿岛和立体交叉外围绿地。立体交叉植物造景设计首先要服从立体交叉的交通功能，使行车视线通畅，突出绿地内交通标志，诱导行车，保证行车安全。例如，在顺行交叉处要留出一定的视距，不种乔木，只种植低于驾驶员视线的灌木、绿篱、草坪和花卉，在弯道外侧种植成行的乔木，突出匝道附近动态曲线的优美，以诱导行车方向，并使司乘人员有一种心理安全感，弯道内侧应保证视线通畅，不宜种遮挡视线的乔灌木。

植物造景设计应服从于道路的总体规划要求，与整个道路的绿地相协调；要与周围的建筑、广场等植物景观相结合，形成一个整体。绿地设计应以植物为主，发挥植物的生态效益。为了适应驾驶员和乘客的瞬间观景的视觉要求，宜采用大色块的造景设计，布置力求简洁明快，与立交桥宏伟气势相协调。植物配置应同时考虑其功能性和景观效果，注意选用季相不同的植物，尽量做到常绿树与落叶树相结合，快长树与慢长树相结合，乔、灌、草相结合。

匝道附近的绿地，由于上下行高差造成坡面，可在桥下至非机动车道或桥下人行道上修筑挡土墙，使匝道绿地保持一个平面，便于植物种植和养护，也可在匝道绿地上修筑台阶形植物带。在匝道两侧绿地的角部，适当种植一些低矮的树丛、灌木球及三五株小乔木，以增强出入口的导向性。也可以在匝道绿地上修筑低的档墙，墙顶高出铺装面 60～80cm，其余地面经人工修整后做成坡面（坡度 1:3 以下铺草；1:3 种植草坪、灌木；1:4 可铺设草坪，种植灌木和小乔木）。

绿岛是立体交叉中分隔出来的面积较大的绿地，多设计成开阔的草坪，草坪上点缀一些观赏价值较高的孤植树、树丛、花灌木等形成疏朗开阔的植物景观，或用宿根花卉、地被植物、低矮的常绿灌木等组成图案。一般不种植大量乔木或高篱，否则容易给人一种压抑感。桥下宜选择耐阴的地被植物，墙面进行垂直绿化。如果绿岛面积很大，在不影响交通安全的前提下，可设计成街旁游园，并在其中布置园路、座凳等园林小品和休憩设施，或纪念性建筑，供人们作短时间休憩。

6. 道路绿地的相关设计规范与规定

《城市道路绿化规划与设计规范》（CJJ 75—1997），自 1998 年 5 月 1 日起施行。该规范适用于城市的主干路、次干路、支路、广场和社会停车场的绿地规划与设计。

规范中包括：总则；术语；道路绿化规划；道路绿带设计；交通岛、广场和停车场绿地设计；道路绿化与有关设施；条文说明七个部分组成。主要内容有：道路绿化规划与设计遵循的基本原则；道路绿地率指标；道路绿地布局；道路绿化景观规划；树种和地被植物选择；分车绿带设计；行道树绿带设计；路侧绿带设计；交通岛绿地设计；广场绿化设计；停车场绿化设计；道路绿化与架空线；道路绿化与地下管线；道路绿化与其他设施等方面的相关规定。

二、实例分析

1. 杭州湾新区金溪路道路绿地植物种植工程设计（图8-12、图8-13）

金溪路道路为杭州湾新区内东西走向道路，位于南北走向的兴慈五路和兴慈七路之间，全长5km。道路中间绿化带共计4m，两侧绿化宽度共计约37m。道路机动车道宽16m，非机动车道宽4.5m。道路绿地中现状土壤为盐碱土，现状盐碱土壤已回填。两侧回填的盐碱土壤已开沟。

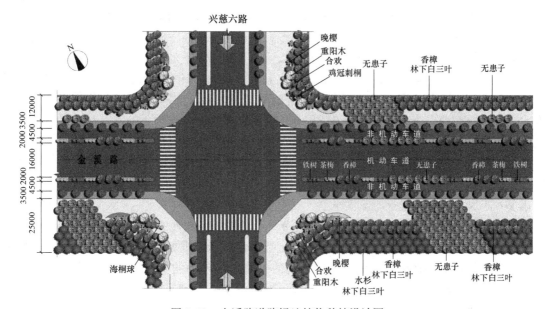

图8-12　金溪路道路绿地植物种植设计图

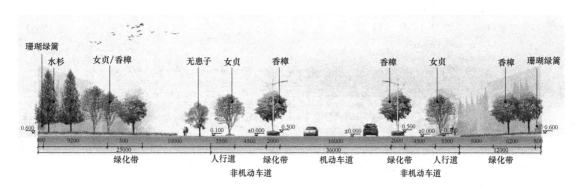

图8-13　金溪路道路绿地植物种植设计断面

道路绿地设计知识点分析：

1）金溪路道路断面形式为：三板四带式。

2）金溪路道路绿地包括：分车带绿地、人行道绿带两类型。其中分车带绿地为两侧分车带绿地，人行道绿带包括行道树绿带和路侧绿带。

3）金溪路各类型道路绿地配置。

① 两侧分车带绿地：金溪路分车带宽度为2m，宜以种植乔木为主。可在两株乔木间种植花灌木，宜选择：常绿、耐阴灌木及草坪草。金溪路在分车带中列植乔木：分别选用三株常绿樟树和六株落叶无患子间断配置，可增加列植乔木的色彩和形体变化。樟树和无患子之间配置灌木（三株茶梅和二株苏铁），使道路立面林冠线有节奏的起伏。

② 行道树绿带：金溪路人行道宽度3.5m，行道树的种植方式采用树池式，树池为正方形，边长为1.5m，保证有好的人流交通空间。树池边缘略高出人行道8cm。行道树选择女贞，采用对称式列植，间距5m。

③ 路侧绿带：金溪路路侧绿带一侧宽25m以多列列植樟树和水杉，形成背景林带。水杉为落叶速生高大尖塔树形，列植在樟树外侧，与常绿椭圆形树冠的樟树形成对比反差。同时路侧林带每间隔100m列植宽25m的无患子，使林带在延伸方向上有节律的变化重复。同时在列植的樟树中局部种植树型类似的常绿女贞，形成景观上的微差，同时丰富林带树种的多样性。金溪路另一侧路侧绿带宽12m，为多列列植樟树，其中间植女贞，每间隔100m列植宽25m的无患子。背景林带位于路侧绿带的外侧，内侧每间隔50m可丛植花灌木类和小乔木，如鸡冠刺桐、合欢、樱花等形成路侧绿带的前景，在常绿为主的背景林映衬下更显花色绚丽。在道路断面图上路侧绿带从内至外林冠线形成从低到高的布置。

4）道路交叉口植物种植设计。确定道路交叉口视距三角形的范围，在其范围内不种植阻挡道路中机动车司机视线的植物或保证高度不超过0.7m。金溪路在交叉口视距三角形范围内基本不种植植物来确保行车安全。

5）植物选择。金溪路道路所处位置滨海，经常受盐碱性强的海风影响，夏日多受台风侵袭。土壤为强的盐碱土，在植物种植方式上要考虑隔盐及排盐等特殊的施工措施。植物选择上应考虑植物的耐盐碱性。因此确定金溪路植物选择考虑的主要因素：植物的耐盐碱性强、乡土树种、观赏价值较高。因而确定植物种类有：鸡冠刺桐、海滨木槿、无患子、女贞、樟树、水杉等。

2. 合淮路道路绿地植物种植工程设计（图8-14）

合淮路北起淮河大桥南至徐庙，全长26km。本绿化设计路段是从国庆西路（安成铺）

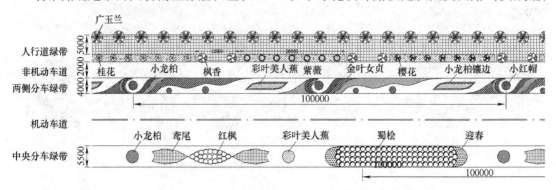

图8-14 合淮路道路绿地植物种植设计图

至金家岭段，长3.4km，位于田家庵区。中央绿化带100m为一个模式、外侧绿化带100m为一个模式、人行道40m为一个模式，循环布置。

道路绿地设计知识点分析：

1）合淮路道路断面形式为：四板五带式。

2）合淮路道路绿地包括：分车带绿地、人行道绿带两类型。其中分车带绿地包括中央分车带绿地和两侧分车带绿地，人行道绿带只有行道树绿带。

3）合淮路各类型道路绿地配置。

① 中央分车带绿地。绿带宽5.5m，植物配置为图案式。采取重复韵律的构图艺术手法，每100m为一个图案模块，有节奏的重复出现。100m的图案模块中由两个图形组团组成，分别是红枫＋红花酢浆草＋龙柏＋鸢尾组合、蜀桧＋迎春组合。两个图形组团间用群植彩叶美人蕉的圆形种植区分隔。每100m为一个图案模块用片植龙柏的圆形种植区分隔。选用灌木及小乔木高度控制在0.6～1.5m之间。防止对面车道车辆的眩光，保证行车安全。绿带色彩以绿色为主，适当增加景观色彩，如大面积的片植蜀桧及种植细叶高羊茅草坪等常绿色植物，其中小面积种植色彩丰富的红枫及彩叶美人蕉。以绿色为主调和简洁的图案组成以保证行车驾驶员的注意力集中于驾驶，保证行车安全。

② 两侧分车带绿地。绿带为机动车和非机动车分隔带。植物配置为图案式，形成道路整体风格。采取重复韵律的构图艺术手法，每50m为一个图案模块，龙柏＋金叶女贞＋红花檵木等组成飘动形式的模纹绿篱图案，图案以色彩为构图要素，形成绿色＋金黄色＋红色的色块构成。色块图案间群植有彩色美人蕉的菱形种植区。植物以低矮的灌木为主，以保证机动车驾驶员的视线能观察到非机动车道上的车辆情况，保证行车安全。

③ 行道树绿带。宽7m，绿带靠近非机动车带一侧采用树带式布置，分别间断成行种植桂花、紫薇、樱花，株间距为4m，每28m树带式绿带留出12m通道采用树池式种植两棵枫香。该侧植物以观赏性高的乔木为主，配置注重四季有景：春天樱花的浪漫、夏天紫薇的灿烂、秋天桂花的天香和枫香深红等。该绿带另一侧以树池式行植广玉兰为主，形成道路的整体统一的背景和林冠线。树池式的种植形式保证了行人的通行空间；选用的植物以高大的乔木为主，为行人提供荫庇；植物的色彩以绿色为主，形成统一沉稳的背景色，以衬托绿带另一侧的植物花及叶的丰富色彩。

4）植物选择。在分车带绿地中，选择植物应以抗性强、生长慢、耐修剪、落花落果少的植物为主。由于该道路植物设计中是以图案式布置，植物生长快，要保持图案构图，就会增加养护的工作量，并对道路交通产生影响。如该道路选择的蜀桧、龙柏、细叶高羊茅等植物抗性极强，且生长慢、耐修剪。行道树绿带应为行人提供好的荫庇和景观，因此选择植物上要注重植物的丰富多样性，在行道树绿带宽度许可的条件下，配置成多层结构，如该道路配置的紫薇＋葱兰＋石蒜混栽。多选用高大树冠宽广的大乔木，如广玉兰、樟树、枫香、七叶树、蜀桧、栾树等当地的乡土树种为主。

三、训练与评价

1. 目的要求

目的：掌握道路绿地中不同位置绿地的植物种植设计。

江南某城市快速干道，为五板七带式道路。中央分车带宽6.8m，机动车道宽7.4m，两侧分车带宽 2m，非机动车道宽 5m，人行道宽 5m，道路两侧绿带宽 15m。该道路为城市快速道，道路两侧以绿地为主，铺装为辅。请根据道路的环境特点及道路类型进行道路植物种植工程设计。要求：

1）分车带的植物种植设计：植物种类选择和配置形式符合行车安全要求，能保证行车的视线和行车防眩要求。保证不同速度和方向的车辆能全速前进、安全行驶。

2）人行道绿带：植物种类选择和配置形式能满足行人通行要求，保证行人安全，能提供较好的遮阳条件，植物配置形式有一定特色与周围环境协调。

3）交叉路口的植物种植设计：植物种类选择和配置形式符合行车安全要求，能保证行车的视线。

4）交通岛的种植设计：植物种类选择和配置形式符合交通岛的功能要求，能保证行车安全，植物配置形式有一定特色。

2. 设计内容

某城市道路植物种植设计：中央分车绿带、两侧分车绿带、人行道绿带的种植设计。

3. 要点提示

1）分车带的植物种植设计：植物选择上考虑养护简便、抗逆性强的乡土树种为主；植物配置形式主要以绿篱式、整形式、图案式等简洁有序的布置，保证行车的秩序和效率。被人行道或道路出入口断开的分车绿带，其端部应采取通透式栽植。中央分车绿带配置高度 0.6～1.5m 枝叶茂密的常绿灌木能有效阻挡夜间相向行驶车辆前照灯的眩光。两侧分车绿带宜考虑非机动车道的遮阴功能。

2）人行道绿带：根据人行道宽度选择适合的行道树的种植方式：树池式或树带式。在弯道上或道路交叉口，人行道绿带中在视距三角形范围内的植物不宜高于 0.7m，以保证行车安全。行道树的定干高度保证行人通行的净空要求。

3）交叉路口的植物种植设计：平面交叉路口设计中首先确定视距三角形范围，在该范围植物配置高度不应超过 0.7m。

4）交通岛的种植设计：确定交通岛的类型和功能，植物种类选择和配置形式首先要符合其功能要求，保证行车行人安全。植物配置应强化交通岛外缘的线形，以利于引导驾驶员的行车视线。

4. 自我评价

序号	评价内容	评价标准	自我评定
1	道路的分车绿带设计	1. 植物选择符合抗逆性强、养护简便、生长慢等要求，苗木规格选择适当（10分） 2. 植物配置形式简洁有序、符合交通行车安全要求（10分） 3. 植物景观有一定特色（5分）	
2	道路的人行道绿带设计	1. 植物选择符合遮阳、抗逆性强等要求，苗木规格选择适当（10分） 2. 植物配置形式符合行人通行及安全要求（10分） 3. 植物景观有一定特色（5分）	

（续）

序号	评价内容	评价标准	自我评定
3	道路交叉路口的植物种植设计	1. 植物选择符合通行安全、生态、景观等要求，苗木规格选择适当（10分） 2. 植物配置形式符合安全要求，合理考虑视距三角形（10分） 3. 植物景观有一定特色（5分）	
4	交通岛的种植设计	1. 植物选择符合通行安全、景观等要求，苗木规格选择适当（10分） 2. 植物配置形式符合行车安全要求；合理考虑视距三角形（10分） 3. 植物景观有一定特色（5分）	

四、思考练习

1. 城市道路绿地类型都有哪些？并简述各城市道路绿地类型的设计要点。

2. 城市道路绿地的断面布置形式有哪些？并绘制示意图说明。

3. 简述《城市道路绿化规划与设计规范》中，城市道路绿地植物种植设计与保证行车与行人安全的相关条文及要求。

任务2　广场绿地植物种植工程设计

一、相关知识

1. 城市广场的类型

城市广场是由于城市功能上的要求而设置的，是供人们活动的空间，通常是城市居民社会活动的中心，广场上可组织集会、供交通集散、组织居民游览休息、组织商业贸易的交流等。城市广场是城市空间环境中最具公共性和标志性、最富艺术魅力、最能反映城市文化特征的开放空间。

广场从功能上分，有市政广场、纪念性广场、交通广场、商业广场、文化广场、休闲广场以及建筑物前的附属广场等类型。

（1）市政广场　市政广场一般位于城市中心位置，通常是市政府、区政府、老行政区中心所在地。它往往布置在城市主轴线上，成为一个城市的象征。在市政广场上，常有表现该城市特点或代表城市形象的重要建筑物或大型雕塑等。

市政广场应该具有良好的可达性和流通性。为了合理有效地解决好人流、车流问题，有时甚至用立体交通方式，如地面层安排步行区，地下安排车行、停车等，实现人车分流。

市政广场一般面积较大，为了让大量人群在广场上有自由活动、节日庆典的空间，多以硬质材料铺装为主，使用临时的大型花坛组合等来表现节日气氛，如北京天安门广场。市政广场也有以软质材料为主的，如美国华盛顿市中心广场，其整个广场如同一个大型公园，配以坐凳等小品，把人引入绿化环境中去休闲、游赏。

市政广场布局一般为规则式，甚至是中轴对称的。标志性建筑物位于轴线上，其他建筑及小品对称或对应布局，广场中一般不安排娱乐性、商业性很强的设施和建筑。

（2）纪念性广场　城市纪念广场题材非常广泛，涉及面很广，可以是纪念人物的，也可以是纪念事件的。通常，广场中心或轴线以纪念雕塑（或雕像）、纪念碑、纪念建筑或其他形式纪念物为标志，主体标志物位于整个广场构图中心位置，如南京热河路的渡江纪念广场。

纪念广场的选址应远离商业区、娱乐区等，严禁交通车辆在广场内穿越，以免造成干扰，并注意突出严肃深刻的文化内涵和纪念主题。宁静和谐的环境气氛会使广场的纪念效果大大增强。由于纪念广场一般保存时间长，所以选址和设计都应紧密结合城市总体规划统一考虑。

纪念广场的大小没有严格限制，只要能达到纪念效果即可。因为通常要容纳众人举行缅怀纪念活动，所以应考虑广场中具有相对完整的硬质铺装地，而且与主要纪念标志物（或纪念对象）保持良好的视线或轴线关系。

（3）交通广场　交通广场的主要目的是有效地组织城市交通，包括人流、车流等，是城市交通体系中的有机组成部分。它连接交通的枢纽，起交通集散、联系过渡及停车的作用，植物景观只是点缀。

交通广场通常分两类：一类是城市内外交通会合处，主要起交通转换作用，如火车站、汽车站、民用机场和客运码头前的广场（即站前交通广场）；另一类是城市干道交叉口处交通广场（即环岛交通广场）。

站前交通广场是城市对外交通或者城市区域间的交通转换地，设计时广场的规模与转换交通量有关，包括机动车、非机动车、人流量等，广场要有足够的行车面积、停车面积和行人场地。对外交通的站前交通广场往往是一个城市的入口，其位置一般比较重要，并且可能是一个城市或区域的轴线端点。广场的空间形态应尽量与周围环境协调，体现城市风貌。

环岛交通广场地处道路交汇处，尤其是四条以上的道路交汇处，以圆形居多，三条道路交汇处常常呈三角形（顶端抹角）。环岛交通广场往往还设有城市标志性建筑或小品（喷泉、雕塑等）。西安市钟楼、法国巴黎的凯旋门都是环岛交通广场上的重要标志性建筑。

（4）休闲广场　在现代社会中，休闲广场已成为市民最喜爱的重要户外活动空间。它是市民休息、娱乐、游玩、交流等活动的重要场所，其位置常常选择在人口较密集的地方，以方便市民使用，如街道旁、市中心区、商业区甚至居住区内。休闲广场的布局不像市政广场和纪念广场那样严肃，往往灵活多变，空间形式自由、多样，但应与环境协调。广场的规模可大可小，没有具体的规定，主要根据现状环境来考虑。

休闲以让人轻松愉快为目的，因此广场尺度、空间形态、环境小品、植物景观、休闲设施等都应符合人的行为规律和人体尺度要求。休闲广场的主题常常是不确定的，甚至没有明确的主题，但每个小空间环境的主题、功能又是明确的。

（5）文化广场　文化广场是为了展示城市深厚的文化积淀和悠久历史，经过深入挖掘整理，从而以多种形式在广场上集中地表现出来。因此文化广场应有明确的主题，与休闲广场无需要主题正好相反，文化广场可以说是城市的室外文化展览馆，一个好的文化广场应让人们在休闲中了解该城市的文化渊源，从而达到热爱城市，激发上进精神的目的。

文化广场的选址没有固定模式，一般选择在交通比较方便、人口相对稠密的地段，还可以考虑与集中公共绿地相结合，甚至可结合旧城改造进行选址。其规划设计不像纪念广场那样严谨，更不一定需要有明显的中轴线，可以完全根据场地环境、表现内容和城市布局等因素进行灵活设计。

（6）古迹广场　古迹广场是结合城市的遗存古迹保护和利用而设的广场，可以生动地表现一个城市的古老文明。可根据古迹的体量高矮，结合城市改造和城市规划要求来确定其面积大小。

古迹广场是表现古迹的舞台，所以古迹广场的规划设计应从古迹出发组织景观。如果古迹是一幢古建筑，如古城楼、古城门等，则应在有效地组织人车交通的同时，让人在广场上逗留时能多角度欣赏古建筑，登上古建筑又能很好地俯视广场全景和城市景观。

（7）宗教广场　我国是一个信仰自由的国家，许多城市中还保留着宗教建筑群。一般宗教建筑群内部皆设有适合该教活动和表现该教之意的内部广场。而在宗教建筑群外部，尤其是入口处一般也设有供信徒和游客集散、交流、休息的广场空间。宗教广场是城市开放空间的组成部分。

宗教广场的规划设计首先应结合城市景观环境整体布局，不应喧宾夺主、重点表现。宗教广场设计应该以满足宗教活动为主，尤其要表现出宗教文化氛围和宗教建筑美，通常有明显的轴线关系，景物也是对称（或对应）布局，广场上的小品以与宗教相关的饰物为主。

（8）商业广场　商业功能可以说是城市广场最古老的功能，商业广场也是城市广场最古老的类型。商业广场的形态空间和规划布局没有固定模式可言，总是根据城市道路、人流、物流、建筑环境等因素进行设计，可谓"有法无式"、"随形就势"。但是商业广场必须与其环境相融，与功能相符，交通组织合理，同时充分考虑人们购物休闲的需要。

传统的商业广场一般位于城市商业街内，或者是商业中心区，而当今的商业广场通常与城市商业步行系统相融合，有时还作为商业中心的核心。如南京山西路广场，布置在南京步行街的尽头，周边是商业街。

2. 城市广场植物种植设计原则

1）广场植物景观应与城市广场总体布局统一，使植物景观成为广场的有机组成部分。

2）在植物种类选择上，应与城市总体风格协调一致，并符合植物区系规律。结合城市的地理位置、气候特征，突出地方特色。应考虑植物的文化内涵与当地城市风俗习惯、城市文化建设需求相一致。

3）广场植物景观规划应结合广场竖向特点，具有清晰的空间层次。充分运用对比和衬托、韵律与节奏等艺术原理，独立或配合广场周边建筑、地形等形成良好、多元、优美的空间体系。

4）协调好交通、人流等因素。避免人流穿行和践踏绿地，在有大量人流经过的地方不布置植物景观，必要时设置栏杆，禁止行人穿过。

5）广场植物景观应结合广场类型，并与广场内各功能区的特点一致，更好地配合和加强该区功能的实现。如休闲区规划应以落叶乔木为主，冬季的阳光、夏季的遮阴都是人们户外活动所需要的。

6）协调好植物配置与地下、地上管线和其他要素的关系，最重要的是热力管线，一定要按规定的距离进行设计。植物和道路、路灯、园椅、栏杆、垃圾箱等市政设施能很好地配合，最好一次性施工完成，并能统一设计。

7）一般选用大规格苗木，对场址上的原有大树应加强保护。保留原有大树有利于广场景观的形成，有利于体现对自然、历史的尊重。

3. 城市广场的植物种植形式

（1）规则式种植　这种形式属于整形式，适用于市政广场、纪念广场等，以及广场周围、大型建筑前和广场道路的植物造景。多用列植乔木或灌木的手段，以起到严整规则的效果。其既可以用作遮挡或隔离，又可以用作背景。早期的广场还常常采用大量的灌木篱墙和模纹。

为了使植物景观不单调，可在乔木之间加种灌木，在灌木之间加种花卉，但要注意使株间有适当距离，以保证有充足的阳光和营养面积。乔木下的灌木和花卉要选择耐阴种类。在株距的排列上近期可以密一些，几年以后通过间植而加宽。单排种植的各种乔灌木在色彩和体型上也要注意协调。

（2）集团式种植　为了避免成排种植的单调感，可以选择几个树种，乔灌木结合，配置成树丛。几个树丛可以有规律的排列在一定的地段上，也可以形成自然式搭配，还可以用花卉及矮灌木进行一定面积的片植，形成较为整体的景观效果。这种形式丰富、浑厚，远看时群体效果很壮观，近看又很细腻。

（3）自然式种植　其适于一般的休闲广场、文化广场等，或者其他广场的局部范围内。在一定的地段内，植物种植形式不受统一的株行距限制，疏落有致地布置；从不同的角度望去有不同的景致，生动而活泼。这种布置不受地块大小和形状的限制，并可以巧妙地解决与地下设施的矛盾。

自然式种植可以采用乔木、灌木、宿根花卉相结合的手法，配置成不同的树丛、树群，并结合自然地形的变化，因地制宜地进行布置。自然式布置要密切结合环境条件，才能使每一种植物茁壮生长。同时，在管理工作上的要求较高。

（4）广场草坪　草坪是广场植物景观设计运用普遍的手法之一，一般布置在广场的辅助性空地，也有用作广场主景的。草坪空间具有视野开阔的特点，可以增加景深和层次，并能充分衬托广场的形态美感和空间的开放性。常用的草坪草有早熟禾、黑麦草、假俭草、野牛草、剪股颖等。

广场草坪根据用途可分为休闲游戏广场草坪和观赏性广场草坪，前者可开放供人入内休息、散步，多选用耐践踏的草种，后者不开放，一般选用绿期长、观赏价值高的草种。

（5）广场花坛、花池　花坛、花池等花卉布置形式是广场的重要造景元素之一，可以给广场的平面、立面形态增加变化，尤其是在节庆日更是如此。如北京天安门广场的国庆花坛布置。广场上常见的花卉布置形式有花带、花台、花钵及花坛组合等，布置位置灵活多变。总体上，要根据广场的整体形式来安排，可放在广场中心，也可布置在广场边缘、四周；既可以是固定的，也可以是移动的，还可以与园椅、栏杆、灯具等广场设施结合起来加以统一处理。

此外，在一些非政治性的广场尤其是休闲广场常布置花架，在广场中既起点缀和联系空间的作用，也能给人提供休息、遮阴、纳凉的场所。

4. 各类型广场植物种植设计

不同的广场类型，功能各不相同，其对植物造景的要求不同，造景形式也各具特色。总体上，广场的植物景观必须与广场整体相协调，利用植物景观作为建筑艺术的补充和加强。广场植物种植设计需在充分考虑广场使用功能的基础上，通过植物合理的配置，以乔、灌、草与雕塑、花坛、花架等园林手段来完成。在有重大意义的节日或场合，可通过大型组合式花坛、主题花坛、大型花钵、花塔以及花架等来装饰及烘托气氛。

（1）市政广场 植物造景时，应根据其轴线形成规则式的种植手法，突出标志性建筑物，以加强广场稳重严整的气氛。

（2）纪念性广场 植物配置应以烘托纪念气氛为主，植物不宜过于繁杂，而以某种植物重复出现为好，达到强化的目的。在布置形式上多采用规整式，具体树种以常绿为最佳，常用松柏类树种，并可在广场后侧或纪念物周围布置规整的草坪或花坛。在广场周围可结合街道植物景观种植行道树，但要与广场气氛相协调。

（3）站前交通广场 植物景观应能疏导车辆和行人有序通行，保证交通安全。大多数站前广场以花台、树池的形式点缀，以强调铺装地面的功能。

（4）环岛交通广场 广场一般以植物造景为主，以利于交通组织和司乘人员的动态观赏。面积较小的广场可采用以草坪、花坛为主的封闭式布置，面积较大的广场可用树丛、灌木和绿篱组成不同形式的优美空间，但在车辆转弯处，不宜用过高、过密的树丛和过于艳丽的花卉，以免分散司机的注意力。

（5）休闲广场 强调植物造景是休闲广场的前提，其景观设计应注重生态原则。因此，形成一定植物景观是该类广场的一大特征。但植物配置灵活自由，要善于运用植物材料来划分和组织空间，使不同的人群都有适宜的活动场所，避免相互干扰。在满足植物生态要求的前提下，可根据景观需要选择植物材料。若想创造一个热闹欢乐的氛围，可以用开花植物组成盛花花坛或花丛；若想闹中取静，则可以倚靠某一角落设立花架，种植枝繁叶茂的藤本植物。南京北极阁广场的植物造景颇具特色，以银杏树阵、竹林、屋顶绿化，配合点缀的紫薇等多种种植形式。

（6）文化广场 广场的植物景观应该体现城市的文化韵味，如宁波的中山文化广场，利用参天古树，以体现城市历史的深厚。

（7）古迹广场 在植物造景设计时，为体现对历史的缅怀与对逝去的、现存的遗迹的祭奠，应选择常绿树为基调树种，色彩偏冷的花卉与藤本植物相间其中，并突出历史残留碎片的沧桑感。

（8）宗教广场 应根据不同的宗教信仰，选择合适的树种。如佛教中着重选择银杏、暴马丁香、松柏类、七叶树、菩提树等植物进行种植。

（9）商业广场 植物造景设计时应根据休息小品设施，种植遮阴树，体现四季变化的观花、观叶植物。将植物种植与坐凳、休闲设施相结合，并利用植物进行相关空间的分隔，形成人性化的环境。

二、实例分析

以肇庆市前河路中心广场植物种植设计为例，如图 8-15 所示。

广场植物设计的知识点分析如下：

1）中心广场的类型：该广场属于城市休闲广场，为市民提供休息、娱乐、游玩、交流等活动的重要场所。其位于街道旁，周边主要是居住小区，人口较密集，设置休闲广场以方便市民使用。广场用地三面被城市道路围合，南面是社区活动中心大楼，整个广场呈不规则多边形，形式自由，与环境协调。

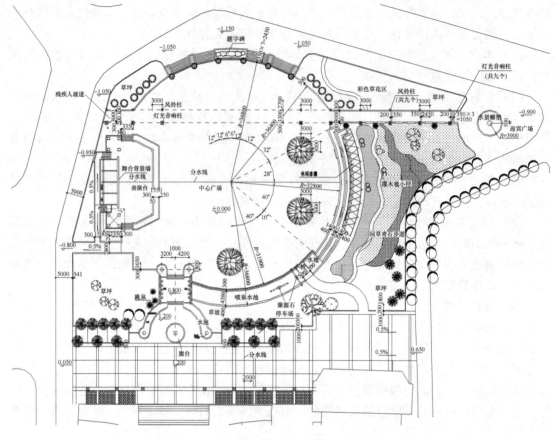

图 8-15　前河路中心广场植物种植设计图

2）中心广场的布局与功能区划分：该广场分为三个功能区，广场中心活动区、植物种植景观区、社区活动中心大楼前广场区。广场中心活动区为圆形硬质铺装广场，设置舞台、活动广场、休闲凉棚观赏室。广场四周都设置有入口，以方便市民到达中心广场活动。主入口设置在北面，广场与街道有 1.15m 的高差，通过台阶衔接，入口台地中心设置题词景石。东面设置有次入口，设计有直线道路从侧面与中心广场活动区相交，保证东西方向的行人快速通过，且保证不过度干扰中心活动区。广场北面有较宽的通道（8.5m）与北面社区活动中心大楼前广场区相通。广场北面次入口处设置有停车场。

3）中心广场的植物种植设计：北面主入口区主要是结合台阶设计花坛，在花坛中种植杜鹃、时令草花等。植物种植景观区以自然式种植为主，在较宽的种植区采用疏林草地形式，在草坪上丛植乔木或灌木。东面种植区比较宽，并有入口，地形为缓坡地，植物配置为灌木色块，呈自然波浪状，植物多样且量多产生较大的植物整体气势。植物种植景观区北面靠近主要街道，因此植物种植设计上采用重点彩化，大面积种植观赏价值高的彩色草花为主。中心广场活动区以大面积的活动场地为主，以保证露天剧院或舞场的活动空间。因此仅在活动场地东南面地内设置提供荫庇的庭荫树，及圆形活动场地周边设置庭荫树。为与圆形活动场地协调，围合的圆形活动场地形成向心性活动空间，因此庭荫树多为弧形列植。北面停车场规则式成行种植庭荫树，为车辆提供荫庇。北面社区活动中心大楼前广场以交通性硬质铺装为主，仅在大楼建筑物周边做基础绿化种植，多以花灌木为主，以保证建筑的采光和通风。

4）中心广场的植物选择：由于该广场位于广东南方地区，植物选择以南方植物为主，应优先考虑乡土植物，符合植物区系规律，同时还应结合城市的地理位置、突出地方特色。中心广场活动区的庭荫树应选择落叶大乔木，高大、冠幅大，如黄葛树、垂叶榕等。植物种植景观区东面坡地色块种植区可选叶色彩差异大、枝叶密集、株丛矮小、耐修剪的灌木或花灌木为主，如金叶女贞、栀子、杜鹃、福建茶等。前河路中心广场详细植物配置情况见表 8-7。

表 8-7 前河路中心广场植物配置表

序 号	植物名称	规格/cm	数 量	备 注
1	黄葛树	$\phi 10$	3 株	桩头，或以乌柿代替
2	白玉兰	$\phi 6 \sim 7$	1 株	
3	樱花	$\phi 4 \sim 6$	6 株	
4	红叶李	$\phi 4 \sim 5$	8 株	
5	垂叶榕	$\phi 4 \sim 6$	12 株	修剪成柱状
6	金丝梅	$H 100 \sim 150$	3 株	
7	天竺桂	$\phi 4 \sim 5$	3 株	
8	紫薇	$\phi 6 \sim 8$	1 株	
9	红花继木	$H 100 \sim 150$	6 株	修剪成球形
10	红枫	$\phi 2 \sim 4$	6 株	
11	桢楠	$\phi 6 \sim 8$	18 株	
12	灯台树	$\phi 3 \sim 4$	2 株	
13	杜鹃	$P 30 \sim 40$	按实际计算	
14	栀子	$P 30 \sim 40$	按实际计算	
15	金叶女贞	$P 40 \sim 60$	按实际计算	
16	勾叶结缕草		按实际计算	
17	四季草花		按实际计算	

注：ϕ—胸径；H—高度；P—蓬径。

三、训练与评价

1. 目的要求

浙江新昌市滨江休闲广场东面临新昌江，道路西面是城市公园。该广场是滨江绿带的一个重要节点。该滨江广场长约 95m，宽约 88m，面积约为 0.5hm²，如图 8-16 所示。请根据广场的性质功能要求，及广场不同功能区域的要求进行植物种植设计，要求：

1）植物选择：植物种类选择以乡土植物为主，符合休闲广场要求。

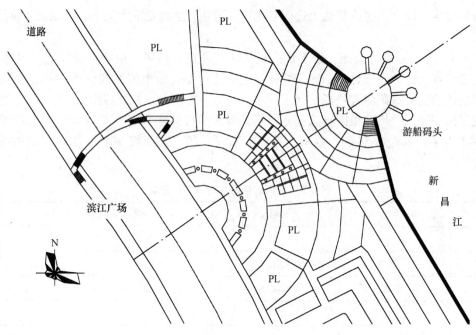

图 8-16　某城市滨江广场植物种植设计范围

2）植物配置：植物种植设计形式应符合广场性质功能要求，植物种植符合其生态习性要求，注重速生树种和慢生树种的搭配，近远期植物景观综合考虑，植物空间具有亲和性。

3）植物景观特色：能合理利用植物文化或植物季相变化等特性营造特有的广场植物景观，以致使广场具有一定的景观标识性。

4）苗木规格选择：选用市场常用苗木种类及规格，能熟悉苗木市场价格，考虑植物种植工程概算，控制工程造价。

2. 设计内容

某城市滨江休闲广场植物种植设计，对该广场的不同功能区域进行植物种植设计，能合理利用植物文化营造出该广场特有的植物景观。

3. 要点提示

1）植物的选择：熟悉且列举出浙江新昌地区常用园林植物种类，熟悉各类型植物的生态习性，根据广场的特色定位选择生态习性和景观特色符合要求的植物种类。

2）植物的配置：该公园为休闲广场，为市民提供休息、娱乐、游玩、交流等活动场所，因此广场植物空间形式应自由、多样，植物配置应多考虑人的行为规律、人体尺度要求。根据广场的不同功能区合理配置植物形式：如广场铺装活动区人流活动密集，可以花坛为主，结合布置庭荫树、孤植树，以丰富的色彩来突出植物景观。广场周边休息区可结合自然布置的植物空间，形成相对独立的庭荫、休憩、观景的自然空间。

3）植物景观特色：可突出某一季相景观，如秋季的色叶或春季的花为主题；或突出某一地域文化为主题。

4）苗木规格要求：应根据当地苗木造价信息选择适合配置的苗木种类，并根据工程投资要求和景观配置要求选择适合的苗木规格。

4. 自我评价

序号	评价内容	评价标准	自我评定
1	植物的选择	1. 植物宜以地带性乡土植物为主（10分） 2. 植物的选择能突出广场景观特点（5分）	
2	植物的配置	1. 广场各分区的植物配置形式与功能相符（10分） 2. 植物配置科学，能按照植物的生态习性配置与组合（10分） 3. 植物配置美观，能形成有特色的植物景观（10分）	
3	植物景观特色	1. 植物选择与景观主题相符（10分） 2. 植物配置形式能营造出特色鲜明的植物景观（10分）	
4	苗木规格的选择	1. 所列苗木规格符合苗木市场规格要求（10分） 2. 苗木规格的相应价格总和与工程投资基本相符（10分）	
5	工程图样的规范	1. 苗木图例符合其规格要求（5分） 2. 植物配置表达美观、正确及完整性（10分）	

四、思考练习

1. 什么是城市广场？包括哪些类型？
2. 休闲广场的植物种植设计要求有哪些？
3. 交通广场的植物种植设计要求有哪些？
4. 城市广场的植物种植形式有哪些？各适合什么类型的广场？

任务3 居住区绿地植物种植工程设计

一、相关知识

1. 居住区绿地的类型

我国城市居住区规划设计规范规定，居住区绿地应包括公共绿地、宅旁绿地、配套公用建筑所属绿地和道路绿地等。而居住区内的公共绿地，应根据居住区不同的规划组织、结构、类型，设置相应的中心公共绿地，包括居住区公园（居住区级）、小游园（小区级）和组团绿地（组团级），以及儿童游乐场和其他块状、带状的公共绿地。

2. 居住区绿地植物种植设计的原则

（1）生态性原则　居住区植物造景应把生态效益放在第一位，以生态学理论为指导，以改善和维持小区生态平衡为宗旨，从而提高居民小区的环境质量，维护与保护城市的生态平衡。

居住小区的植物景观应采用自然植物群落景观，表现植物的层次、色彩、疏密和季相变化等，形成以生态效益为主导的生态园林，根据不同植物的生态学特点和生物学特性，科学配置，使单位空间绿量达到最大化。

首先，强化物种的多样性，形成完整的群落。物种多样性是促进绿地自然化的基础，也是提高绿地生态系统功能的前提。应掌握地带性群落的种类组成、结构特点和演替规律，合理选择耐阴植物，充分开发利用绿地空间资源，丰富林下植被，改变单一物种密植的做法，形成稳定而优美的居住区自然景观。从改善空气质量方面来说，应强调"以乔木为主，乔木、灌木、草坪相结合，立体绿化"的原则。

其次，选择植物种类应考虑环境特点，强调其适应性。居住小区内植物规划设计要结构多层次化，树种应保持多样性，搭配科学合理。如建筑楼群的相对密集，常使植物栽植地光照不足，这种情况下，楼群的南面尽量选择阳性树种，楼群的背阴面应尽量选择耐阴树种；地下管线较多的地方，应选择浅根性树种，或干脆栽植草坪；在建筑垃圾多、土质较差的地方，应选择生长较粗放、耐瘠薄、易成活的树种。

（2）美观性原则　由于树木的高低、树冠的大小、树形的姿态与色彩的四季不同，都能使居住环境具有丰富的变化，增加绿化层次，加大空间感，打破建筑线条的平直、单调的感觉，使整个居住区显得生动活泼、轮廓线丰富。同时，居住区通过植物景观，还能使各个建筑单体联合为一个完整的布局。

充分发挥园林植物的美化功能，利用不同花期、花色，不同大小的植物，按照孤植、丛植、群植、垂直绿化、花坛、花境等不同的配置方式，形成四季有景、三季有花，并能体现本地特色的优美园林景观。如由迎春花、桃花、丁香等组成春季景观；由紫薇、合欢、石榴等组成的夏季景观；由桂花、红枫、银杏等组成秋季景观；由腊梅、忍冬、南天竹等组成冬季景观。

（3）功能性原则　居民区绿地是居民业余户外活动的主要场所，要留有一定面积的居民活动场地。我国居民的生活习惯，业余户外活动主要是体育锻炼。根据居住小区的总体规划，除主干道两边的居民早晚能利用道路进行就近锻炼与乘凉外，一般都要在居民区公共绿地进行，其面积大小要与服务半径相适应。但在规划设计中，硬化铺装的地面与园路、建筑小品加在一起，面积应不超过整个小区绿地总面积的10%为宜。

居住区与人们的日常生活密切相关，在植物配置中要充分考虑建筑的通风、采光，以及与生活相关的各种设施的布置。例如，植物种植位置要考虑与建筑、地下管线等设施的距离，避免有碍植物的生长和管线的使用与维修种植树木与建筑物、构筑物、管线的水平距离见表8-8。

表8-8　种植树木与建筑物、构筑物、管线的水平距离

名　　称	最小间距/m		名　　称	最小间距/m	
	至乔木中心	至灌木中心		至乔木中心	至灌木中心
有窗建筑物外墙	2.0	1.5	给水管网	1.0	不限
无窗建筑物外墙	1.0	0.5	电力电缆	1.5	
高2m以下围墙	1.0	0.75	热力管	2.0	1.0
挡土墙、陡坡、人行道旁	0.75	0.5	电缆沟、电力电信杆	2.0	
体育场地	3.0	3.0	路灯电杆	2.0	
排水明沟边缘	1.0	0.5	消防龙头	1.2	1.2
测量水准点	2.0	1.0	煤气管	1.5	1.5

（4）文化性原则　居住区是居民长时间生活和休息的地方，应努力创造丰富的文化景观效果，以人为本，体现文化气息。绿地意境的产生可与居住区的命名相联系。每个居住区

（居住小区、组团）都有自己的命名，以能体现命名的植物来体现意境，能给人以联想、启迪和共鸣。如桃花苑选择早春开花的桃树片植、丛植，早春来临满树桃花盛开，喜庆吉祥；杏花苑选择北方早春开花的杏树片植、群植、孤植相结合，深受居民喜爱。同样，桂花、木芙蓉、樱花、合欢、紫薇、海棠、丁香等，均可以成为居住区的特色植物。

植物是意境创作的主要素材。园林中的意境虽也可以借助于山水、建筑、山石、道路等来体现，但园林植物产生的意境有其独特的优势，这不仅因为园林植物有优美的姿态，丰富的色彩，沁心的芳香，美丽的芳名，而且园林植物是有生命的活机体，是人们感情的寄托。例如合肥西园新村分成6个组团，按不同的绿化树种命名为："梅影"、"竹荫"、"枫林"、"松涛"、"桃源"、"桂香"。居民可赏花、听声、闻香、观景、抒情，融入优美的自然环境中去。

由于建筑工业化的生产方式，在一个居住区中，往往其小区或组团建筑形式很相似，这对于居民及其亲友、访客会造成程度不同的识别障碍。因此，居住区除了建筑物要有一定的识别导引性，其相应的种植设计也要有所变化，以增加小区的可识别性。在形式和选用种类上，要以不同的植物材料，采用不同的配置方式。如常州清潭小区以"兰、竹、菊"为命名组团，并且大量种植相应的植物，强调不同组团的植物景观特征，效果很明显。

（5）人性化原则　人是居住区的主体，居住区的一切都是围绕着人的需求而进行建设的，植物造景要适合居民的需求，也必须不断向更为人性化的方向发展。植物造景和人的需求完美结合是植物造景的最高境界。强调人性化的住宅小区设计，更要特别强调植物造景的人性化。人们进入绿地是为了休闲、运动和交流。因此，园林绿化所创造的环境氛围要充满生活气息，做到景为人用，富有人情味。

从使用方面考虑，居住区植物的选择与配置：应该给居民提供休息、遮阴和地面活动等多方面的条件；要符合居住卫生条件，适当选择落果少、少飞絮、无刺、无味、无毒、无污染物的植物，以保持居住区内的清洁卫生和居民安全；应尽量选择病虫害少、适应性强的乡土树种和花卉，不但可以降低绿化费用，而且还有利于管理养护。

行道树及庭院休息活动区，宜选用遮阴效果好的落叶乔木，成排的乔木可遮挡住宅西晒；儿童游戏场和青少年活动场地忌用有毒和带刺的植物；而体育运动场地则避免采用大量扬花、落果、落叶的树木。

3. 居住区各类型绿地的植物种植设计

居住区绿地规划应与居住区总体规划紧密结合，要做到统一规划，合理组织布局，采用集中与分散，重点与一般相结合的原则，形成以中心公共绿地为核心，道路绿地为网络，庭院与空间绿化为基础，集点、线、面为一体的绿地系统。

（1）居住区公共绿地　居住区公共绿地是居民公共使用的绿地，其功能主要服务于小区居民的休息、交往和娱乐等，有利于居民心理、生理的健康。居住区公共绿地集中反映了小区绿地质量水平，一般要求有较高的设计水平和一定的艺术效果，是居住区绿化的重点地带。

公共绿地以植物材料为主，与自然地形、山水和建筑小品等构成不同功能、变化丰富的空间，为居民提供各种特色的空间。居住区公共绿地位置应适中，靠近小区主路，适宜于各年龄组的居民使用；应根据居住区不同的规划组织、结构、类型布置，常与老人、青少年及儿童活动场地相结合。

公共绿地根据居住区规划结构的形式分为居住区公园、居住区小游园、居住生活单元组团绿地以及儿童游戏场和其他块状、带状公共绿地等。各类公共绿地的设置内容应符合表8-9的要求。

表8-9 各类公共绿地设置规定

公共绿地名称	设置内容	要 求	最小规模/hm²
居住区公园	花木草坪、花坛水面、凉亭雕塑、小卖部、茶座、老幼设施、停车场和铺装地面等	园内布局应有明确的功能分区和清晰的游览路线	1.0
小游园	花木草坪、花坛水面、雕塑、儿童设施和铺装地面等	园内布局应有一定功能划分	0.4
组团绿地	花木草坪、桌椅、简易儿童设施等	灵活布局	0.04

1）居住区公园。居住区公园为居住区配套建设的集中绿地，服务于全居住区的居民，面积较大，相当于城市小型公园。公园内的设施比较丰富，有各年龄组休息、活动的用地。

此类公园面积不宜过大，位置设计适中，服务半径为500～1000m。该类绿地与居民的生活息息相关，为方便居民使用，常常规划在居住区中心地段，居民步行约10分钟可以到达。可与居住区的公共建筑、社会服务设施结合布置，形成居住区的公共活动中心，以利于提高使用效率，节约用地。公园有功能分区、景区划分，除了花草树木以外，有一定比例的建筑、活动场地和设施、园林小品，应能满足居民对游憩、散步、运动、健身、游览、游乐、服务、管理等方面的需求。

居住区公园与城市公园相比，游人成分单一，主要是本居住区的居民，游园时间比较集中，多在早晚，特别夏季的晚上。因此，要在绿地中加强照明设施，避免人们在植物丛中因黑暗而造成危险。另外，也可利用一些香花植物进行配置，如白兰花、玉兰、含笑、腊梅、丁香、桂花、结香、栀子、玫瑰、素馨等，形成居住区公园的特色。

居住区公园是城市绿地系统中最基本最活跃的部分，是城市绿化空间的延续，又是最接近居民的生活环境。因此在规划设计上有与城市公园不同的特点，不宜照搬或模仿城市公园，也不是公园的缩小或公园的一角。设计时要特别注重居住区居民的使用要求，适于活动的广场、充满情趣的雕塑、园林小品、疏林草地、儿童活动场所、停坐休息设施等应该重点考虑。

居住区公园内设施要齐全，最好有体育活动场所和运动器械，适应各年龄组活动的游戏场及小卖部、茶室、棋牌室、花坛、亭廊、雕塑等活动设施和丰富的四季景观植物配置。以植物造景为主，首先保证树木茂盛、绿草茵茵，设置树木、草坪、花卉、铺装地面、庭院灯、凉亭、花架、雕塑、凳、桌、儿童游戏设施、老年人和成年人休息场地、健身场地、多功能运动场地、小卖部、服务部等主要设施，并且宜保留和利用规划或改造范围内的地形、地貌及已有的树木和绿地。

居住区公园户外活动时间较长、频率较高的使用对象是儿童及老年人。因此在规划中内容的设置、位置的安排、形式的选择均要考虑其使用方便，在老人活动、休息区，可适当地多种一些常绿树。专供青少年活动的场地，不要设在交叉路口，其选址应既要方便青少年集中活动，又要避免交通事故，其中活动空间的大小、设施内容的多少可根据年龄不同、性别不同合理布置。植物配置应选用夏季遮阴效果好的落叶大乔木，结合活动设施布置疏林地。可用常绿绿篱分隔空间和绿地外围，并成行种植大乔木以减弱喧闹声对周围住户的影响。观赏树种避免选择带刺的或有毒、有异味的树木，应以落叶乔木为主，配以少量的观赏花木、草坪、草花等。在大树下加以铺装，设置石凳、桌、椅及儿童活动设施，以利老人坐息或看管孩子游戏。在体育运动场地外围，可种植冠幅较大、生长健壮的大乔木，为运动者休息时遮阴。

自然开敞的中心绿地是小区中面积较大的集中绿地，也是整个小区视线的焦点，为了在密集的楼宇间营造一块视觉开阔的构图空间，植物景观配置上应注重：平面轮廓线要与建筑协调，以乔灌木群植于边缘隔离带，绿地中间可配置地被植物和草坪，点缀树形优美的孤植乔木或树丛、树群。人们漫步在中心绿地里有一种投入自然怀抱、远离城市的感受。

2）居住区小游园。小游园面积相对较小，功能也较简单，为居住小区内居民就近使用，为居民提供茶余饭后活动休息的场所。它的主要服务对象是老人和少年儿童，内部可设置较为简单的游憩、文体设施，如儿童游戏设施、健身场地、休息场地、小型多功能运动场地、树木花草、铺装地面、庭院灯、凉亭、花架、凳、桌等，以满足小区居民游戏、休息、散步、运动、健身的需求。

居住区小游园的服务半径一般为 300～500m。此类绿地的设置多与小区的公共中心结合，方便居民使用；也可以设置在街道一侧，创造一个市民与小区居民共享的公共绿化空间。当小游园贯穿小区时，居民前往的路程大为缩短，如绿色长廊一样形成一条景观带，使整个小区的风景更为丰满。由于居民利用率高，因而在植物配置上要求精心、细致、耐用。

小游园以植物造景为主，考虑四季景观。如要体现春景，可种植垂柳、玉兰、迎春、连翘、海棠、樱花、碧桃等，使得春日时节，杨柳青青，春花灼灼。如要体现夏景，则宜选悬铃木、栾树、合欢、木槿、石榴、凌霄、蜀葵等，炎炎夏日，绿树成荫，繁花似锦。

在小游园因地制宜地设置花坛、花境、花台、花架、花钵等植物应用形式，有很强的装饰效果和实用功能，为人们休息、游玩创造良好的条件。起伏的地形使植物在层次上有变化、有景深，有阴面和阳面，有抑扬顿挫之感。如澳大利亚布里斯班高级住宅区利用高差形成下沉式的草坪广场，并在四周种植绿树红花，围合成恬静的休憩场所。

小游园绿地多采用自然式布置形式，自由、活泼，易创造出自然而别致的环境。通过曲折流畅的弧线形道路，结合地形起伏变化，在有限的面积中取得理想的景观效果。植物配置也模仿自然群落，与建筑、山石、水体融为一体，体现自然美。当然，根据需要，也可采用规则式或混合式。规则式布置采用几何图形布置方式，有明确的轴线，园中道路、广场、绿地、建筑小品等组成有规律的几何图案。混合式布置可根据地形或功能的特点，灵活布局，既能与周围建筑相协调，又能兼顾其空间艺术效果，可在整体上产生韵律感和节奏感。

3）组团绿地。组团绿地是结合居住建筑组团布置的公共绿地。随着组团的布置方式和布局手法的变化，其大小、位置和形状均相应变化。其面积大于 0.4hm^2，服务半径为 60～200m，居民步行几分钟即可到达，主要供居住组团内居民（特别是老人和儿童）休息、游戏之用。此绿地面积不大，但靠近住宅，居民在茶余饭后即来此活动，游人量比较大，利用率高。

组团绿地的设置应满足有不少于 1/3 的绿地面积在标准的建筑日照阴影线之外的要求，

方便居民使用。块状及带状公共绿地应同时满足宽度不小于8m、面积不小于400m² 及相应的日照环境要求。规划时应注意根据不同使用要求分区布置,避免互相干扰。组团绿地不宜建造许多园林小品,不宜采用假山石和建大型水池,应以花草树木为主,基本设施包括儿童游戏设施、铺装地面、庭院灯、凳、桌等。

组团绿地常设在周边及场地间的分隔地带,楼宇间绿地面积较小且零碎,要在同一块绿地里兼顾四季序列变化,不仅杂乱,也难以做到,较好的处理手法是一片一个季相。并考虑造景及使用上的需要,如铺装场地上及其周边可适当种植落叶乔木为其遮阴;入口、道路、休息设施的对景处可丛植开花灌木或常绿植物、花卉;周边需障景或创造相对安静空间地段则可密植乔灌木,或设置中高绿篱。

组团绿地是居民的半公共空间,实际是宅间绿地的扩大或延伸,多为建筑所包围,受居住区建筑布局的影响较大,布置形式较为灵活,富于变化,可布置为开敞式、半开敞式和封闭式等。

① 开敞式:也称为开放式,居民可以自由进入绿地内休息活动,不用分隔物,实用性较强,是组团绿地中采用较多的形式。

② 封闭式:绿地被绿篱、栏杆所隔离,其中主要以草坪、模纹花坛为主,不设活动场地,具有一定的观赏性,但居民不可入内活动和游憩,便于养护管理,但使用效果较差,居民不希望过多采用这种形式。

③ 半开敞式:也称为半封闭式,绿地以绿篱或栏杆与周围有分隔,但留有若干出入口,居民可出入其中,但绿地中活动场地设置较少,而禁止人们入内的装饰性地带较多,常在紧临城市干道,为追求街景效果时使用。

组团绿地增加了居民室外活动的层次,也丰富了建筑所包围的空间环境,是一个有效利用土地和空间的办法。在其规划设计中可采用以下几种布置形式。

① 院落式组团绿地:由周边住宅围和而成的楼与楼之间的庭院绿地集中组成,有一定的封闭感,在同等建筑的密度下可获得较大的绿地面积。

② 住宅山墙间绿化:指行列式住宅区加大住宅山墙间的距离,开辟为组团绿地,为居民提供一块阳光充足的半公共空间。既可打破行列式布置住宅建筑的空间单调感,又可以与房前屋后的绿地空间相互渗透,丰富绿化空间层次。

③ 扩大住宅间距的绿化:指扩大行列式住宅间距,达到原住宅所需间距的1.5~2倍,开辟组团绿地。可避开住宅阴影对绿化的影响,提高绿地的综合效益。

④ 住宅组团成块绿化:指利用组团入口处或组团内不规则的不宜建造住宅的场地布置绿化。在入口处利用绿地景观设置,加强组团的可识别性;不规则空地的利用,可以避免消极空间的出现。

⑤ 两组团间的绿化:因组团用地有限,利用两个组团之间规划绿地,既有利于组团间的联系和统一,又可以争取到较大的绿地面积,有利于布置活动设施和场地。

⑥ 临街组团绿地:在临街住宅组团的绿地规划中,可将绿地临街布置,既可以为居民使用,又可以向市民开放,成为城市空间的组成部分。临街绿地还可以起到隔声、降尘、美化街景的积极作用。

(2)宅旁绿地 宅旁绿地是居住区绿地中属于居住建筑用地的一部分。它包括宅前、宅后,住宅之间及建筑本身的绿化用地,最为接近居民。在居住小区总用地中,宅旁绿地面积最大、分布最广、使用率最高。宅旁绿地面积约占35%，其面积不计入居住小区公共绿地指标中，在居住小区用地平衡表中只反映公共绿地的面积与百分比。一般来说，宅旁绿化面积比小区公共绿地面积指标大2~3倍，人均绿地面积可达4~6m²。对居住环境质量和城市景观的影响最明显，在规划设计中需要考虑的因素也较复杂。

1）宅旁绿地的植物种植设计要求。宅旁绿地的主要功能是美化生活环境，阻挡外界视线、噪声和尘土，为居民创造一个安静、舒适、卫生的生活环境。其绿地布置应与住宅的类型、层数、间距及组合形式密切配合，既要注意整体风格的协调，又要保持各幢住宅之间的绿化特色。

① 以植物景观为主：绿地率要求达到90%~95%，树木花草具有较强的季节性，一年四季，不同植物有不同的季相，使宅旁绿地具有浓厚的时空特点，让居民感受到强烈的生命力。

② 布置合适的活动场地：宅间是儿童，特别是学龄前儿童最喜欢玩耍的地方，在绿地规划设计中必须在宅旁适当做些铺装地面，在绿地中设置最简单的游戏场地（如沙坑）等，适合儿童在此游玩。同时还布置一些桌椅，设计高大乔木或花架以供老年人户外休闲用。

③ 考虑植物与建筑的关系：宅旁绿地设计要注意庭院的尺度感，根据庭院的大小、高度、色彩，建筑风格的不同，选择适合的树种。选择形态优美的植物来打破住宅建筑的僵硬感；选择图案新颖的铺装地面活跃庭院空间；选用一些铺地植物来遮挡地下管线的检查口；以富有个性特征的植物景观作为组团标识等，创造出美观、舒适的宅旁绿地空间。

靠近房基处不宜种植乔木或大灌木，以免遮挡窗户，影响通风和室内采光，而在住宅西向一面需要栽植高大落叶乔木，以遮挡夏季日晒。此外，宅旁绿地应配置耐践踏的草坪，阴影区宜种植耐荫植物。

2）宅旁绿地的植物种植设计。

① 住户小院的绿化。

a. 底层住户小院：低层或多层住宅，一般结合单元平面，在宅前自墙面至道路留出3m左右的空地，给底层每户安排一专用小院，可用绿篱或花墙、栅栏围合起来。小院外围绿化可作统一安排，内部则由每家自由栽花种草，布置方式和植物种类随住户喜好，但由于面积较小，宜简洁，或以盆栽植物为主。

b. 独户庭院：别墅庭院是独户庭院的代表形式，院内应根据住户的喜好进行绿化、美化。由于庭院面积相对较大，一般为20~30m²，可在院内设小型水池、草坪、花坛、山石，搭花架缠绕藤萝，种植观赏花木或果树，形成较为完整的绿地格局。

② 宅间活动场地的绿化。宅间活动场地属半公共空间，主要供幼儿活动和老人休息之用，其植物景观的优劣直接影响到居民的日常生活。宅间活动场地的绿化类型主要有：

a. 树林型：树林型是以高大乔木为主的一种比较简单的绿化造景形式，对调节小气候的作用较大，多为开放式。居民在树下活动的面积大，但由于缺乏灌木和花草搭配，因而显得较为单调。高大乔木与住宅墙面的距离至少应为5~8m，以避开铺设地下管线的地方，便于采光和通风，避免树上的病虫害侵入室内。

b. 游园型：当宅间活动场地较宽时（一般住宅间距在30m以上），可在其中开辟园林小径，设置小型游憩和休息园地，并配置层次、色彩都比较丰富的乔木和花灌木，是一种宅间活动场地绿化的理想类型，但所需投资较大。

c. 棚架型：一种效果独特的宅间活动场地绿化造景类型，以棚架绿化为主，其植物多选用紫藤、炮仗花、珊瑚藤、葡萄、金银花、木通等观赏价值高的藤本植物。

d. 草坪型：以草坪景观为主，在草坪的边缘或某一处种植一些乔木或花灌木，形成疏朗、通透的景观效果。

③ 住宅建筑的绿化。住宅建筑的绿化应该是多层次的立体空间绿化，包括架空层、墙基、窗台、阳台、墙面、屋顶花园等几个方面，是宅旁绿化的重要组成部分，它必须与整体宅旁绿化和建筑的风格相协调。

a. 架空层绿化：近些年新建的高层居住区中，常将部分住宅的首层架空形成架空层，并通过绿化向架空层的渗透，形成半开放的绿化休闲活动区。这种半开放的空间与周围较开放的室外绿化空间形成鲜明对比，增加了园林空间的多重性和可变性，既为居民提供了可遮风挡雨的活动场所，也使居住环境更富有通透感。高层住宅架空层的绿化设计与一般游憩活动绿地的设计方法类似，但由于环境较为阴暗且受层高所限，植物选择应以耐阴的小乔木、灌木和地被植物为主，园林建筑、假山等一般不予以考虑，只是适当布置一些与整个绿化环境相协调的景石、园林建筑小品等。

b. 屋基绿化：指墙基、墙角、窗前和入口等围绕住宅周围的基础栽植，如图8-17所示。墙基绿化使建筑物与地面之间增添绿色，一般多选用灌木作规则式配置，也可种爬墙虎、络石等藤本植物将墙面（主要是山墙面）进行垂直绿化。墙角可种小乔木、竹子或灌木丛，形成墙角的"绿柱"、"绿球"，可打破建筑线条的生硬感觉。对于部分居住建筑来说，窗前绿化对于室内采光、通风、防止噪声、视线干扰等方面起着相当重要的作用。植物配置方法多种多样。如一丛竹子植于窗外形成"移竹当窗"小景；在距窗前1~2m处种一排花灌木，高度遮挡窗户的一小半，形成一条窄的绿带，既不影响采光，又可防止视线干扰，保护私密性使来往行人不致临窗而

图8-17 屋基绿化

过；窗前设置花坛、花池，能形成五彩缤纷的美化效果。住宅入口处，多与台阶、花台、花架等相结合进行绿化配置，形成住宅入口的标志，也作为室外进入室内的过渡，有利于消除眼睛的强光刺激，或兼作"门厅"之用。

c. 窗台、阳台绿化：人们在楼层室外与外界自然接触的媒介。不仅能使室内获得良好环境，而且也丰富建筑立面造型并美化了城市景观。阳台有凸、凹、半凸半凹3种形式，所得到的日照及通风情况不同，也形成了不同的小气候，这对于选择植物有一定的影响。要根据具体情况选择不同习性的植物。种植植物的部位有三处：一是阳台板面，根据阳台面积的大小来选择植株，但一般植物可稍高些，用阔叶植物从室内观看效果更好，使阳台的绿化形成小"庭院"的效果。其二是置于阳台拦板上部，可摆设盆花或设凹槽栽植，但不宜种植太高的花卉，因为这有可能影响室内的通风，也会因放置的不牢固，大风时发生安全问题。三是沿阳台板向上一层阳台成攀援，或在上一层板下悬吊植物花盆成"空中"绿化，这种绿化能形成点、线，甚至面的绿化形态，无论是从室内或是室外看都富有情趣，但要注意不要种植满，以免封闭了阳台。阳台绿化一般采用盆栽的形式以便管理和更换，一般要考虑放

置花盆的安全问题。另外阳台处日照较多，且有墙面反射热对花卉的灼烤，故应选择喜阳耐旱的植物。

d. 墙面绿化和屋顶花园：在城市用地十分紧张的今天，进行墙面和屋顶的绿化，即垂直绿化，无疑是一条增加城市绿化量的有效途径。墙面绿化和屋顶花园不仅能美化环境、净化空气、改善局部小气候，还能丰富城市的俯视景观和立面景观。

总之，居住区宅旁庭院绿化是居住区绿化中最具个性的绿化，居住区公共绿地要求统一规划、统一管理，而居住区宅旁绿地则可以由住户自己管理，不必强行推行一种模式。居民可根据对不同植物的喜好，种植各类植物，以促进居民对绿地的关心和爱护，使其成为宅旁庭院绿化的真正"主人"。

（3）居住区道路绿地 由于道路性质不同，居住区道路可分为主干道、次干道、小道3种。主干道（居住区级）用以划分小区，在大城市中通常与城市支路同级；次干道（小区级）一般用以划分组团；小道即组团（级）路和宅间小路，组团（级）路是上接小区路、下连宅间小路的道路，宅间小路是住宅建筑之间连接各住宅入口的道路。

居住区的道路把小区公园、宅间、庭院连成一体，它是组织联系小区绿地的纽带。居住区道旁绿化在居住区占有很大比重，它连接着居住区小游园、宅旁绿地，一直通向各个角落，直至每户门前。因此，道路绿化与居民生活关系十分密切。其绿化的主要功能是美化环境、遮阴、减少噪声、防尘、通风、保护路面等。绿化的布置应根据道路级别、性质、断面组成、走向、地下设施和两边住宅形式而定。

1）主干道。主干道（区级）宽10～12m，有公共汽车通行时宽10m或14m，红线宽度不小于20m。主干道联系着城市干道与居住区内部的次干道和小道，车行、人行并重。道旁的绿化可选用枝叶茂盛的落叶乔木作为行道树，以行列式栽植为主，各条干道的树种选择应有所区别。中央分车带可用低矮的灌木，在转弯处绿化应留有安全视距，不致妨碍汽车驾驶人员的视线；还可用耐阴的花灌木和草本花卉形成花境，借以丰富道路景观，也可结合建筑山墙、绿化环境或小游园进行自然种植，既美观、利于交通，又有利于防尘和阻隔噪声。

2）次干道。次干道（小区级）车行道宽6～7m，连接着本区主干道及小路等，以居民上下班、购物、儿童上学、散步等人行为主，通车为次。绿化树种应选择开花或富有叶色变化的乔木，其形式与宅旁绿化、小花园绿化布局密切配合，以形成互相关联的整体。特别是在相同建筑间小路口上的绿化应与行道树组合，使乔、灌木高低错落自然布置，使花与叶色具有四季变化的独特景观，以方便识别各幢建筑。次干道因地形起伏不同，两边会有高低不同的标高，在较低的一侧可种常绿乔、灌木，以增强地形起伏感，在较高的一侧可种草坪或低矮的花灌木，以减少地势起伏，使两边绿化有均衡感和稳定感。

3）小道。生活区的小道联系着住宅群内的干道，宽3.5～4m。住宅前小路以行人为主。宅间或住宅群之间的小道可以在一边种植小乔木，一边种植花卉、草坪。特别是转弯处不能种植高大的绿篱，以免遮挡人们骑自行车的视线。靠近住宅的小路旁绿化，不能影响室内采光和通风，如果小路距离住宅在2m以内，则只能种花灌木或草坪。通向两幢相同建筑中的小路口，应适当放宽，扩大草坪铺装；乔、灌木应后退种植，结合道路或园林小品进行配置，以供儿童就近活动；还要方便救护车、搬运车能临时靠近住户。各幢住户门口应选用不同树种，采用不同形式进行布置，以利辨别方向。另外，在人流较多的地方，如公共建筑的前面、商店门口等，可以采取扩大道路铺装面积的方式来与小区公共绿地融为一体，设置花台、园椅、活动设施等，创造一个活泼的活动中心。

（4）临街绿地 居住区沿城市干道的一侧，包括城市干道红线之内的绿地为临街绿地。其主要功能是美化街景，降低噪声，也可用花墙、栏杆分隔，配以垂直绿化或花台、花境。临街绿化树种的配置应注意主风向。据测定，当声波顺风时，其方向趋于地面，这里自路边到建筑的临街绿化应由低向高配置树种，特别是前沿应种植低矮常绿灌木。当声波逆风时，其方向远离地面，这里的树种应顺着路边到建筑由高而低进行配置，前边种高大的阔叶常绿乔木，后边种相对矮小的树木。街道上汽车的噪声传播到后排建筑时，由于反射会影响到前排建筑背后居民的安静，因此要特别加强临街建筑之间的绿化。

4. 居住区绿地的相关设计规范与规定

《城市居住区规划设计规范》（GB 50180—1993），施行日期：1994 年 2 月 1 日。该规范适用于城市居住区的规划设计。

规范中包括：总则；术语、代号；用地与建筑；规划布局与空间环境；住宅；公共服务设施；绿地、道路、竖向、管线综合、综合技术经济指标；附录；条文说明九个部分组成。与植物种植设计相关的主要规范内容在 7 绿地的相关规定。

二、实例分析

以南京某居住小区植物种植设计为例，如图 8-18 所示。该居住小区位于南京市玄武区，总用地面积 3.28hm²，规划容积率为 1.35，绿地率 30%。14 幢多层住宅和会所及幼儿园配属公建楼组成，小区建筑布局为围合式布置。小区设置南北两个入口。

居住区绿地植物设计的知识点分析如下：

（1）居住小区的绿地类型 该居住小区绿地类型主要有：居住小区游园、组团绿地、宅旁绿地、幼儿园及会所绿化（即配套公用建筑所属绿地）和道路绿地。

（2）居住小区中心游园的植物种植设计 居住小区中心游园位于小区中央，东西长140m，南北平均长 30m，面积约为 0.42hm²。中心游园结合会馆和幼儿园布置，是为整个小区提供休息、交往、娱乐等功能的公共活动空间。该中心游园被南北贯穿的小区主干道分为东西两个部分，西部游园为怡乐园，主要设置有晨曦广场，是小区居民参加体育锻炼和开展文艺活动的主要场地。西部游园主要设置有绿地、花坛、休息廊架、休息座凳、游戏器械、铺装地面等内容。东部游园主要设置有会所和幼儿园公共建筑和信步园。信步园主要设置有庭荫广场和卵石滩，是小区居民休息、散步、阅读的场所，有休息亭、休息座凳、铺装地面、卵石滩水景、矮墙景观小品等内容。

1）西部游园晨曦广场和怡乐园植物种植设计：以春景为主题，兼顾四季景观，如图 8-19 所示。西部游园中心位置以配置日本晚樱、白玉兰、碧桃、春鹃等春季开花的植物为主，兼顾配置有夏季开花植物：栀子花，秋色叶植物：枫香、鸡爪槭，常色叶植物：红叶李。配置中注重落叶与常绿植物的数量比例，该部游园以开花观色的落叶植物为主，适当配置常绿植物：香樟、广玉兰、龟甲冬青等以免冬季的萧条。该部游园四周以列植马褂木，形成围合的内向活动空间。晨曦广场前入口处设置有花坛，配置四季时花，面积为 44.5m²。入口处道路两旁列植红叶李，形成色彩醒目的入口空间。该部游园中心植物配置以自然式配置为主，配置形式有：丛植、片植、孤植等形式。如日本樱花 11 株的配置为片植形式，白玉兰 3 株、白玉兰 5 株的配置为丛植形式，香樟 1 株为孤植形式等。

2）东部游园信步园的植物种植设计：以秋季景观为主，兼顾四季，如图8-20所示。信步园中心设置石板庭荫广场，配置的庭荫植物为秋季色叶植物：无患子为主。兼顾配置有春季开花植物：山茶、紫荆、云南黄馨，夏季花灌木：紫薇、六月雪、金丝桃，秋季色叶植物：鸡爪槭，常色叶植物：红枫。配置中注重落叶与常绿植物的数量比例，适当配置常绿植物：广玉兰、山茶等以免冬季的萧条。该部游园四周以列植马褂木，形成围合的内向活动空间，并与西部游园形成统一。该部游园中心植物配置以自然式配置为主，配置形式有：丛植、片植、孤植等形式。如无患子18株、山茶23株的配置为片植形式，红枫6株、紫薇5株、紫荆3株的配置为丛植形式，合欢1株为孤植形式等。

（3）居住小区组团绿地植物种植设计

1）该小区10、11、14号楼围合有一组团绿地，用地形状为三角形，长40m，宽15m，面积约为420m²，为开敞式组团绿地，主要供该居住组团内居民，特别是老人和儿童的休息、游戏之用。该组团绿地为禅石园，以安静休息和冥想为主。设置有趣味石阶提供安静休息和冥想的场所，同时起景观小品装饰作用；还设置有浅石滩、绿地等内容。

禅石园的植物种植设计：以冬季植物景观为主，兼顾四季，如图8-21所示。以冬季的岁寒三友松、竹、梅（即选用雪松、腊梅、孝顺竹）为配置主体，配置在园中心位置，形成植物主景。兼顾配置有秋季色叶植物：榉树、鸡爪槭，香花植物：桂花。配置中注重落叶与常绿植物的数量比例，适当配置常绿植物：杜英、桂花等，以免冬季的萧条。该组团绿地植物配置以自然式配置为主，配置形式主要为丛植、孤植等形式，如腊梅5株、孝顺竹4株、鸡爪槭3株、雪松2株的配置为丛植形式，杜英1株、金桂1株为孤植形式。

2）该小区4、5、7号楼围合有一组团绿地，用地形状为三角形，长70m，宽10m，面积约为606m²，为开敞式组团绿地，主要供该居住组团内居民，特别是老人和儿童的休息、游戏之用。该组团绿地为闲停园，以安静休息和散步为主。设置有铺装地面、休息座凳、绿地等内容。

闲停园的植物种植设计：以色叶植物和秋季植物景观为主，兼顾四季，如图8-22所示。以秋季色叶植物：榉树、枫香、鸡爪槭、无患子为配置主体，配置在园中心位置，形成植物主景。兼顾配置有常色叶植物：红叶李，春季开花植物：春鹃，夏季开花植物：含笑。配置中注重落叶与常绿植物的数量比例，适当配置常绿植物：杜英、含笑等以免冬季的萧条。该组团绿地植物配置以自然式配置为主，配置形式主要为群植、丛植、孤植等形式，如春鹃201株为群植，杜英4株、鸡爪槭3株、榉树2株等的配置为丛植形式，合欢1株为孤植形式。

（4）居住小区宅旁绿地的植物种植设计　宅旁绿地是宅前、宅后、住宅之间及建筑本身的绿化用地，最为接近居民，面积分布最广。本小区宅旁绿地植物种植设计以9号住宅建筑的宅旁绿地为例介绍，如图8-23所示。

9号住宅楼宅旁绿地南面绿地长60m，宽平均10m，面积681m²；北面长60m，宽平均4m，面积219m²。植物种植设计：范围内只作基础种植，不种植高大乔木，以低矮灌木为主，兼顾配置花灌木。9号住宅楼南面基础群植建筑外墙5m八角金盘和春鹃。建筑外墙5m外适当丛植庭荫树合欢（落叶、枝叶开展，保证夏季适当荫蔽及冬季的日照），结合配置芭蕉，形成入口植物主景，东北部孤植金桂，道路一侧间隔列植：丹桂、红枫。9号住宅楼北侧宽度小，紧靠中心游园周围道路，道路宽4m，为保证更宽交通的用地，该部绿地采用植草砖铺地。植草砖铺地场地同时兼起临时地面停车的功能。

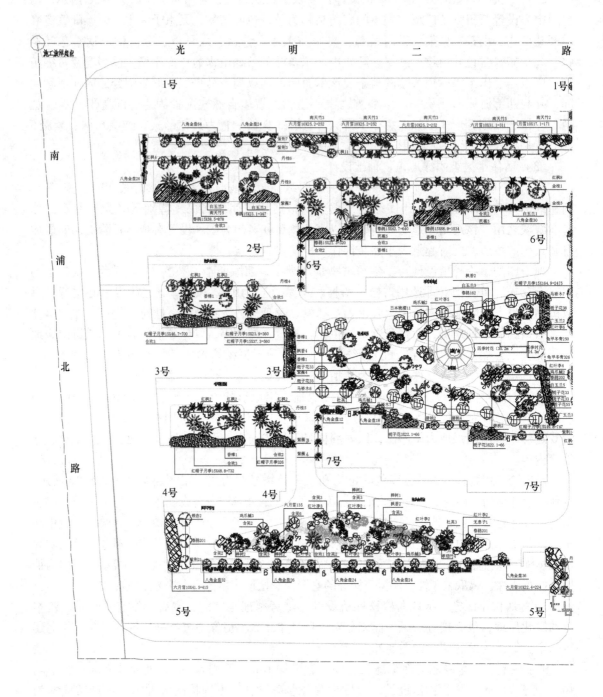

图 8-18 南京某居住

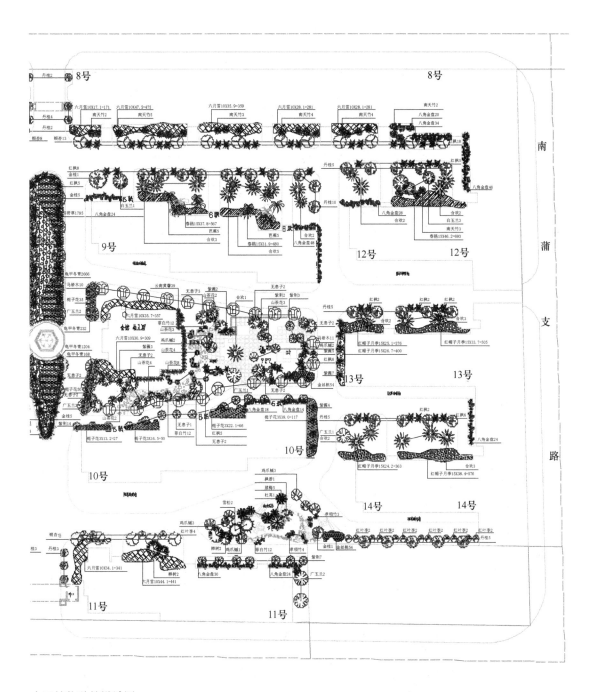

小区植物种植设计图

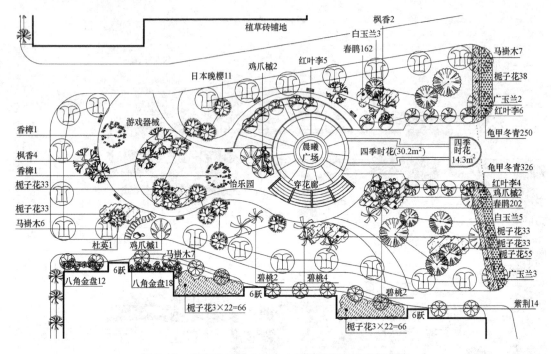

图 8-19 南京某居住小区中心游园西部植物种植设计

图 8-20 南京某居住小区中心游园东部植物种植设计

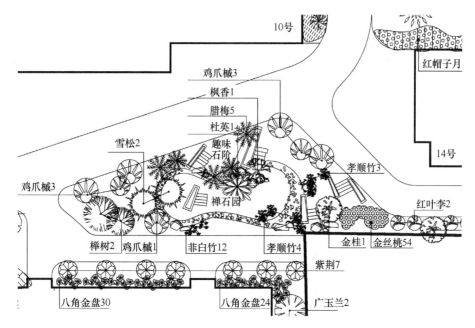

图 8-21　南京某居住小区组团绿地 1 植物种植设计

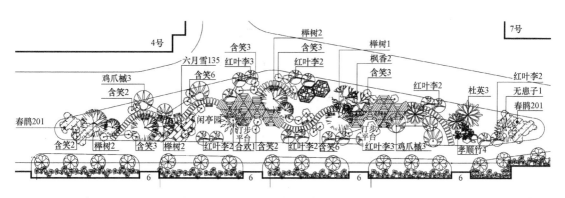

图 8-22　南京某居住小区组团绿地 2 植物种植设计

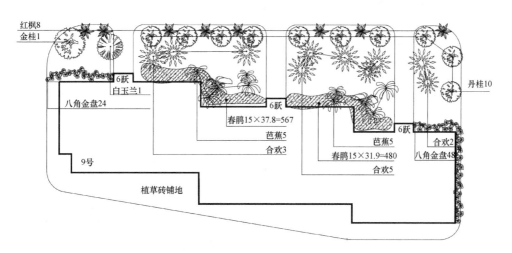

图 8-23　南京某居住小区宅旁绿地植物种植设计图

（5）居住小区道路绿地的植物种植设计　居住小区主入口道路宽9m，小区主干道宽10m，为双向车道。次入口道路宽度8m。住宅入户前道路宽一般5m，入户小路宽3m。道路绿地的植物配置主要为列植：丹桂＋红枫、或丹桂＋红叶李、银杏＋红枫。小区主干道分车带绿地上层乔木配置为列植：金桂、红枫，下层片植：龟甲冬青、红帽子月季、书带草，主次入口为对植丹桂，如图8-24所示。

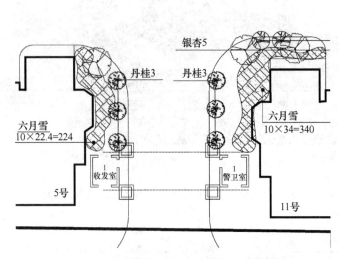

图8-24　南京某居住小区主入口植物种植设计

（6）居住小区植物种植设计苗木配置表（表8-10）

表8-10　苗木配置表

序号	名称	规格			数量/株	备注
		胸径/cm	冠径/m	高度/m		
1	银杏	10	2.6	3	28	
2	雪松		3.0	3.8	2	
3	榉树	8	2.5	3	11	
4	马褂木	8	2.2	3	41	
5	广玉兰	5~8	2.2	3	14	
6	枫香	6	2	2.8	9	
7	香樟	10	2	3.5	6	
8	合欢	7	2.8	3	44	
9	杜英	5~8	2.1	3	5	
10	丹桂		1.2	2	68	
11	金桂		2	3	18	
12	南天竹			0.51~0.7	44	叉5~6枝
13	芭蕉			3	20	
14	孝顺竹			3	11	
15	日本晚樱	5	2	2.4	11	

（续）

序号	名　称	规　格			数量/株	备　注
		胸径/cm	冠径/m	高度/m		
16	腊梅		1.2	2	5	
17	紫薇	4	1.2	2	21	
18	鸡爪槭	3	0.7	1.5	22	
19	白玉兰	4	1.2	2.1	19	
20	紫荆	7	1.2	2	89	
21	无患子	8	2.5	3	19	
22	红枫	3	0.7	1.5	120	
23	红叶李	3	1.2	1.8	47	
24	碧桃	3~5	1~1.5	1.5~2	8	
25	重瓣茶花		0.6	0.8	26	
26	含笑		0.71~0.9	1.21~1.5	30	
27	八角金盘		0.6	0.6	602	
28	菲白竹		0.41~0.5	0.51~0.6	36	
29	云南黄馨		0.41~0.5	0.51~0.6	39	
30	金丝桃		0.41~0.5		108	5株/m²
31	六月雪		0.21~0.3	0.31~0.4	5027	10株/m²
32	春鹃		0.41~0.5	0.41~0.5	5725	15株/m²
33	红帽子月季			0.41~0.5	8120	15株/m²
34	栀子花	0.8	0.31~0.4	0.51~0.6	702	33株/m²
35	书带草				1795	用于花坛边缘25株/m²
36	龟甲冬青		0.21~0.3	0.21~0.3	4846	20株/m²

三、训练与评价

1. 目的要求

目的：能掌握居住区绿地各类型绿地：公共绿地、宅旁绿地、配套公用建筑所属绿地和道路绿地的植物种植设计要点。

某市居住小区高层住宅周边绿化工程种植设计，主要对建筑物周边的组团绿地和宅旁绿地进行种植设计，如图8-25所示，要求如下：

1）明确设计范围内居住区绿地的类型，各类型绿地的主要功能。

2）公共绿地的植物种植设计：根据公共绿地面积范围明确该居住区绿地公共绿地类型，选择适宜设置的休憩设施内容。植物种类选择及配置形式符合公共绿地功能和特色要求。能以植物造景为主，突出某一植物季相。

3）宅旁绿地：以植物造景为主，植物选择和配置能形成有特色的符合居民户外活动的庭院空间，具有一定的组团识别性，要保证临近建筑的采光与通风的功能性要求。

4）道路与入口广场绿地：植物选择与配置应符合行车和行人的安全要求。入口广场绿

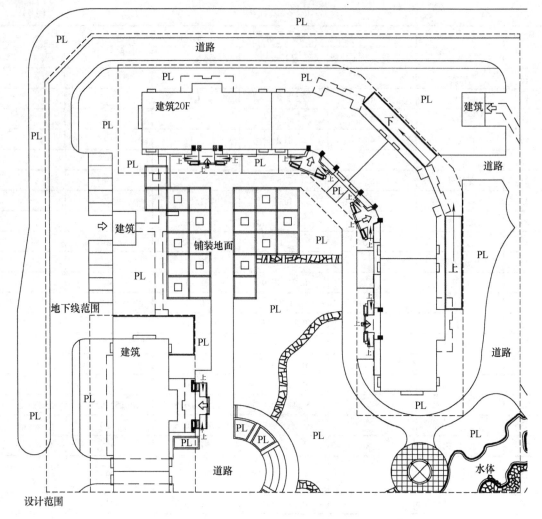

图 8-25　某居住小区高层住宅周边植物种植设计范围

地要求进行重点彩化和美化，能突出居住区的文化或景观特色，且与入口建筑协调。

5）要求居住小区或各组团有明确的植物景观特色，各居住区组团的植物配置特色各有区分，能做好整个居住小区植物景观特色的多样统一。

2. 设计内容

某市居住小区高层住宅周边绿化工程种植设计，能对居住区绿地各类型绿地：公共绿地、宅旁绿地、配套公用建筑所属绿地和道路绿地进行植物种植设计。

3. 要点提示

1）明确居住区绿地类型：居住区绿地包括公共绿地、宅旁绿地、配套公用建筑所属绿地和道路绿地等。根据平面图可判断该小区范围有：组团绿地、宅旁绿地、道路绿地、入口广场绿地等类型。

2）居住区各类型绿地的植物种植设计：

① 组团绿地：其面积大于 $0.04\mathrm{hm}^2$，有不少于 1/3 的绿地面积在标准的建筑日照阴影线之外的集中绿地为组团绿地，主要供居住组团内居民（特别是老人和儿童）休息、游戏之

用。地势平坦，一般设置桌椅简易儿童设施等设施。植物配置以花坛、疏林草地为主。

② 宅旁绿地：考虑植物与建筑的关系，靠近房基处不宜种植乔木或大灌木，以免遮挡窗户，影响通风和室内采光。在住宅西向可栽植高大落叶乔木，以遮挡夏季日晒。建筑北面阴影区宜种植耐阴植物。注重墙基绿化使建筑与自然环境过渡自然协调。建筑周围地下管线多，注意植物种植与管线的关系，合理选择种植植物类型。

③ 道路与入口广场绿地：通车干道注重通车安全，保证视线通透，特别是转弯处绿化应留有安全视距。植物种植设计以行列式栽植为主，注重行道树配置。次干道及小道以居民上下班、购物、儿童上学、散步等人行为主，植物配置为自然布置。入口广场绿地应突出整个小区的植物景观特色，可运用花坛、花境配置形式进行重点彩化，乔木可设置成规则的树阵，形成高大整齐风格与建筑规整布局相一致。

3）植物景观特色：居住小区应突出营造一定的人文意境，关怀和愉悦人的精神思想。中国植物文化丰富，可通过植物文化来营造居住小区或各组团间的景观特色，同时起到各组团间的区分与识别。如各组团可取"梅园"、"竹屿"、"枫林"、"松涛"、"桃坞"、"桂香园"为题，运用不同的观花、色叶等观赏植物的文化形成意境。

4）苗木规格要求：应根据当地苗木造价信息选择适合配置的苗木种类，并根据工程投资要求和景观配置要求选择适合的苗木规格。

4. 自我评价

序号	评价内容	评价标准	自我评定
1	植物的选择	1. 植物选择符合居住区各分区的功能要求和安全要求（5分） 2. 植物选择符合分区的植物景观特色要求（10分） 3. 不同生境选择配置的植物符合生态习性要求（10分）	
2	植物的配置	1. 植物组合科学和合理，符合各自生态习性要求（10分） 2. 植物配置形式与各功能分区要求一致（10分） 3. 植物配置形式能有助于植物景观特色的形成（10分）	
3	植物景观特色	1. 植物选择与景观主题相符（5分） 2. 植物配置形式能营造出特色鲜明的植物景观（5分）	
4	苗木规格的选择	1. 所列苗木规格符合苗木市场规格要求（10分） 2. 苗木规格的相应价格总和与工程投资基本相符（10分）	
5	工程图样的规范	1. 苗木图例符合其规格要求（5分） 2. 植物配置图样表达美观、正确及完整性（10分）	

四、思考练习

1. 居住区绿地包括哪些类型？简述各类型绿地的含义。

2. 居住区公共绿地指什么？包括哪些类型？各类公共绿地设置的内容和最小规模有哪些规定？

3. 宅旁绿地的植物种植设计有哪些要求？

4. 什么是房屋基础绿化？其植物种植设计有哪些要求？

5. 简述《城市居住区规划设计规范》中有关绿地的相关规定。

任务4　公园绿地植物种植工程设计

一、相关知识

1. 公园绿地的类型

公园绿地指各种公园和向公众开放的绿地，以游憩为主要功能，兼具生态、美化、防灾等作用。公园绿地包括综合公园、社区公园、专类公园、带状公园和街旁绿地，含其范围内的水域。公园绿地中除"小区游园"之外，都参与城市用地平衡，相当于"公共绿地"。在国家现行标准《城市用地分类与规划建设用地标准》（GBJ 137—1990）中，"公共绿地"被列为"绿地"大类下的一个中类，包括"公园"和"街头绿地"两个小类。

公园是公园绿地的一种类型。狭义的公园是指面积较大、绿化用地比例较高、设施较为完善、服务半径合理、通常有围墙环绕、有公园一级管理机构的绿地；广义的公园除了上述的公园之外，还包括设施较为简单、具有公园性质的敞开式绿地。一般公园是向公众免费开放的。公园的主要功能是供公众游览、观赏、休憩、开展户外科普、文体及健身等活动。

综合公园是指有大片的种植绿地和游憩活动设施，是群众性文化教育、娱乐、休息的场所，一般不少于10公顷，按其服务范围可分为市级公园和区级公园。

专类公园是指具有特定内容或形式，有一定游憩设施的公园，主要包括儿童公园、动物园、植物园、历史名园、纪念公园等。

社区公园是指为一定居住用地范围内的居民服务，具有一定活动内容和设施的集中绿地，包括"居住区公园"和"小区游园"，不包括居住组团绿地等分散式的绿地。

街旁绿地是指位于城市道路用地之外，相对独立成片的绿地，包括小型沿街绿地、街道广场绿地等。街旁绿地有两个含义：一是指属于公园性质的沿街绿地；二是指绿地必须不属于城市道路广场用地。

带状公园位于规划的道路红线以外。带状公园的最窄处必须保证游人的通行，绿化种植带的延续以及小型休息设施的布置。

2. 公园的功能分区

综合性公园的功能分区根据公园的活动和内容，应进行分区布置，一般可分为：安静游览区、文化娱乐区、体育活动区、儿童活动区、公园管理区等。安静游览区主要是作为游览、观赏、休息、陈列用，一般游人较多，但要求游人的密度较小，故需大片的风景绿地，在公园内占的面积比例大，是公园的重要部分。文化娱乐区是人流集中的场所，区内游人密度大，应考虑足够的道路广场和生活服务设施。公园管理区是为公园经营管理的需要而设置的内部专用地区，按功能该区可分为管理办公部分、仓库工场部分、花圃苗木部分、生活服务部分等。

植物园是植物科学研究机构，也是以采集、鉴定、引种驯化、栽培实验为中心，可供人们游览的公园。其功能分区一般可分为植物科普展览区、科研实验区、职工生活区等。植物科普展览区通常可设置植物进化系统展示区、经济、抗性、水生、岩石、树木、专类园、温室区等。

动物园是集中饲养、展览和研究野生动物及少量优良品种家禽、家畜的可供人们游览休息的公园。其功能分区一般可分为宣传教育科学研究区、动物展示区、经营管理区、职工生活区等。

儿童公园是城市中儿童游戏、娱乐、开展体育活动，并从中得到文化科学普及知识的专类公园。其功能分区一般可分为幼儿活动区、儿童活动区、少年活动区、体育活动区、管理区等。

3. 公园各功能区的植物种植设计

各类型公园的功能分区会有所不同，植物的选择和配置也会因公园的性质不同有其不同需求和差异，但不同类型公园的同类功能区又有其共性。

（1）公园出入口 公园出入口是公园的"脸面"，植物选择与配置要与公园特色、大门建筑风格、周围环境等相适应和协调。出入口的植物种植设计主要是为了更好的突出装饰和美化入口区，使公园在入口区就能引起游人的兴趣，能向游人展示其特色或造园风格。例如，用对称式植物布置于规则式建筑的大门两侧，用高大的乔木配以美丽的观花灌木或草花，营造一个优雅的小环境，也可用花坛、花境、花钵或灌丛突出园门的高大或华丽等。

公园主要出入口内外都需要设置游人集散广场。集散广场种植设计的布置应考虑交通安全视距和人流通行，场地的树木枝下净空应大于2.2m。

公园出入口如附近没有停车场时，则需要设置停车场。出入口的停车场四周可用乔灌木绿化，以便夏季遮阴及隔离周围环境。停车场种植的树木间距应满足车位、通道、转弯、回车半径的要求。庇荫乔木枝下净空的标准为：大、中型汽车停车场大于4.0m；小汽车停车场大于2.5m；自行车停车场大于2.2m；场内种植池宽度应大于1.5m，并应设置保护设施。

（2）观赏游览区 观赏游览区是公园中景色最优美的区域，植物作为观赏主景时，可把观花植物、观果植物、形体别致的植物等配置在一起，形成花卉观赏区或专类园，结合地形和环境等自然景观、历史文物、名胜古迹，让游人充分领略植物自然美，或利用植物组成不同外貌的群落，以体现植物群体美；也可采用密林的方式绿化，在密林中分布很多的散步小路、林间空地等，并设置休息设施；还可设庇荫的疏林草地和空旷草坪等。

（3）文化娱乐区 娱乐区使游人通过游玩互动的方式进行文化教育和娱乐活动。该区植物景观以花坛、花境、草坪为主，便于游人集散，还可用高大的乔木把区内各项娱乐设施分隔开，区域保持较强的可达性和流动性；也可用花色、叶色或果色鲜艳的植物烘托热烈的气氛，或者用文化内涵丰富及地域性较强的植物营造一种文化氛围。草坪植物要选择耐践踏的草种。

娱乐区演出场地内不应布置阻碍视线的植物，观众席铺栽草坪应选用耐践踏的草种。在演出台前以开阔草坪为观众的看台，侧后方可以种植乔灌木，以分隔其他园区。

该区域人流集中，在人流集中场所宜选用大规格苗木；严禁选用危及游人生命安全的有毒植物；不应选用在游人正常活动范围内枝叶有硬刺或枝叶呈尖硬剑、刺状以及有浆果或分泌物坠地的种类；不宜选用挥发物或花粉能引起明显过敏反应的种类。

（4）安静休息区 该区是专供人们休息、散步、欣赏自然风景的地方。一般说来，要和喧闹的文化娱乐区有一定距离，可用密林植物与其他区域分隔，也可选择面积较大、游人密度较小、树木较多的地方，密林内布置自然式小空地、林中小草地或疏林草地，给游人提供一定的自由活动空间。

（5）儿童活动区 该区是供儿童游玩、运动、休息及开展其他课余活动、学习知识、开阔眼界的场所，植物选用：乔木宜选用高大荫浓的种类，夏季荫蔽面积应大于游戏活动范围的50%；活动范围内灌木宜选用萌发力强、直立生长的中高大型种类，树木枝下净空应大于 1.8m，不影响儿童的游戏活动。

儿童活动区在树种选择和配置上应注意以下两方面的问题：

1）忌用植物。有毒植物：凡花、叶、果有毒或散发难闻气味的植物，如凌霄、夹竹桃、苦楝、漆树等；有刺植物：易刺伤儿童皮肤和刺破儿童衣服的植物，如枸骨、刺槐、蔷薇等；有过多飞絮的植物：此类植物易引起儿童患呼吸道疾病，如杨树、柳树、悬铃木等；浆果植物：如柿树等；以及易招致病虫害的植物。

2）强化造型。可利用耐修剪的植物整形成一些童话中的动物或人物雕像，以及茅草屋、石洞、迷宫等，以体现童话色彩，并选用叶、花、果形状奇特、色彩鲜艳能引起儿童兴趣的树木，如马褂木、扶桑、白玉兰、竹类等。

（6）体育活动区　该区应以速生、强健、落叶晚、发叶早的落叶阔叶树为主，树种的色调要求单纯，以便形成绿色背景；不宜选用树叶反光发亮的树种，以免产生眩光，刺激运动人员的眼睛；也不宜选用易落花落果或果实、种子等易产生飞絮的种类，如构树、樱花、悬铃木、雌性垂柳、杨树等。运动场四周的绿化带应离开场地 5~6m，场内尽量用草坪覆盖，有条件的地方可直接把运动场地安排在大面积的草坪之中，应设花架，提供阴凉场所，以利于运动人员休息。四周宜用常绿植物与其他区域分隔开来。

成人活动场地的种植宜选用高大乔木，枝下净空不低于 2.2m，夏季乔木庇荫面积宜大于活动范围的 50%。

（7）公园管理区　植物选择与配置要与管理区建筑风格相协调，同时考虑功能需求。一般应考虑隐蔽和遮挡视线的要求。选择一些枝叶茂密的常绿高灌木和乔木，使整个区域荫蔽映在树丛之中。

（8）动物园或综合性公园的动物展示区　该区植物种植首先要维护动物生活，结合动物生态习性和生活环境，创造自然的生态模式，也要为游人创造良好的休息条件。在园的外围应设置宽 30m 的防风、防尘、杀菌林带。在陈列区，特别是兽舍旁，应结合动物的生态习性，表现动物原产地的景观，既不能阻挡游人的视线，又要满足游人夏季遮阳的需要。

4. 公园绿地的相关设计规范与规定

《公园设计规范》（CJJ 48—1992），自 1993 年 1 月 1 日起施行，该规范适用于新建、扩建、改建和修复的各类公园设计。

规范中包括：总则、一般规定、总体设计、地形设计、园路及铺装场地设计、种植设计、建筑物及其他设施设计、附录、条文说明九个部分组成。与植物种植设计相关的主要规范内容有：一般规定、游人集中场所、动物展览区、植物园展览区及相关的条文说明等方面的相关规定。

二、实例分析

1. 上海松江区思贤公园植物种植设计　（图 8-26）

思贤公园位于松江区政府新址西南面，市民广场以西，施贤路以北，龙兴路以东，占地面积约 9.5hm²。思贤公园规划定位为开放式城市休闲绿地。

公园绿地设计知识点分析如下：

（1）入口设置　根据近远期其周边开发目标、道路交通规划及人流主要方向，公园主入口分别设在西侧龙兴路上，以及东侧方松公路与市民广场相邻处。欧式建筑风格的入口广

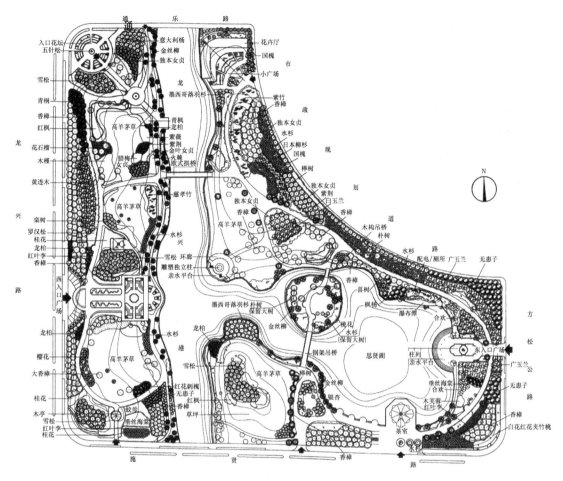

图 8-26　上海松江区思贤公园总平面图

场，尺度宜人、格局精美，设有亲水平台，游客入园就能看见美轮美奂的湖光碧水。

（2）公园特色　思贤公园主要特点：一是"绿"——满目可见大树、灌木及草地构成的生机盎然的仿生丛林苍翠宜人；二是"清"——开阔交织的河湖水体、如茵草坪及葱茏葳蕤的乔灌木区，均是使游人远离尘嚣回归自然清静自然之所；三是"活"——园路曲径通幽、河岸自然曲折，可移步易景，而一泻清流的大型石壁瀑布潭，更造就水的动态美。公园设计手法因地制宜：保留原有大树，借低洼处开湖筑岸；师从自然，但不单纯照搬天然，故避免了荒芜粗糙，精心的布置及宜人的建筑小品体现出城市大庭院的精致秀美；湖岸设计多样性，使游人从不同角度接近水体；湖面设计开阔，波光灵动，水景资源丰富，所有硬质景点如亭廊、茶室、列柱、堆石假山、花卉厅等均依水而设，三座材质造型迥异的拱桥与吊桥点缀水面形成特殊景观聚焦点；水景周围地形平缓适宜，将湖光水色无保留地展示给园内外的游人。

（3）公园植物种植设计　以高大乔木及乡土植物为骨架，如广玉兰、雪松、香樟、银杏、合欢、无患子、桂花及红枫等，按植物生态习性分群落，并根据树形、高低、花期及叶色搭配组景。公园中部疏林草地起伏，种植大片杜鹃花，以期展现滇北地被特征；公园西部片植樱花、紫薇、紫荆、木槿、腊梅等四季花木，以衬托出英姿成片的雪松林；公园东部分布各种秋叶变色树种，如银杏、无患子、黄连木、合欢等，其秋叶色彩绚丽，调节着公园四季季相，使之变幻多姿；大量的香樟与桂花，遍植全园，香樟夏日遮阳、冬日常绿，桂花金秋飘香；沿河湖列植垂柳、水杉、云南黄馨、荷花、睡莲等亲水、水生植物。全园绿化苗木品种多达一百三四十种，形成多彩多姿、多维多层面的柔性景观。

2. 南京市某开发区公园植物种植设计（图8-27）

公园位于南京市某开发区中心地带。公园平面呈三角形，占地面积约 0.6hm²，南临滨江路，西北接张澄路，东面与某工厂相邻。

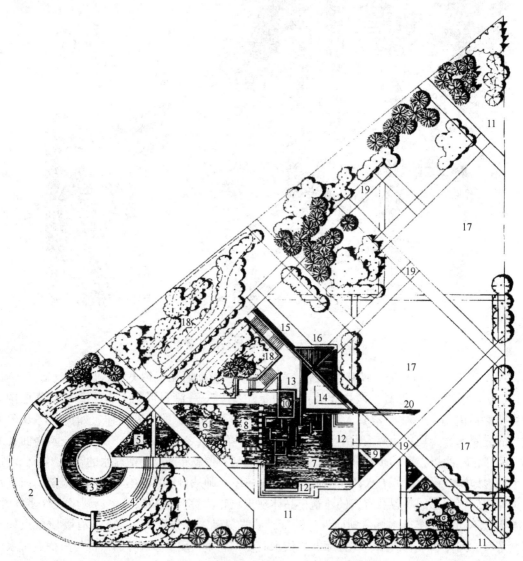

图 8-27　南京市某开发区公园总平面图

1—下沉园　2—面临街面大花坛　3—下沉园环形水池　4—下沉园大台阶　5—小溪跌水　6—小溪　7—大水池
8—带汀步大水池　9—三角小水池　10—大型叠水景　11—铺装地面　12—临水平台　13—上层平台
14—小庭园　15—带状小水池　16—大花架　17—草坪　18—地形　19—道路　20—框景墙

公园绿地设计知识点分析如下：

（1）功能分区　公园分为水景广场、下沉园和草坪休憩区三个部分。水景广场为空敞开放的空间，以明快活跃为主，是全园的核心部分；下沉园为半开敞空间，为主题雕塑创造一种视线相对集中的环境；草坪休憩区空阔宁静，为休憩与观赏植物的场所。

2）植物种植设计　公园植物造景以雪松、广玉兰、香樟、蜀桧等常绿乔木和银杏、鹅掌楸、榉树、晚樱、七叶树等落叶乔木为主，配以笑靥花、金钟、杜鹃、含笑、桂花、腊梅等花灌木。林下成片栽植地被物。

水景广场位于公园中心位置，为空敞空间。植物基本以空旷草坪为主，适当配置低矮花灌木：杜鹃、迎春、金丝桃、麻叶绣球及数株国槐。

下沉园周围用晚樱进行围合，圆弧形列植，形成内向向心空间。

休憩区为休憩漫步的场所，相对安静，是植物种植的主要区域。整个空间以大面积草坪衬底，规整的道路分格，形成整洁明快的园景效果。区内植物基本布置在周边，以减小西北部与东部建筑等杂乱景物的影响。为了不使远处山景全部被树木遮挡，沿西北部选用了相对较小的乔木。园区中间部分以大草坪为主，地形自然起伏，适当配置乔灌木，形成疏林草地景观。植物种植设计图如图8-28所示，相应标注见表8-11。

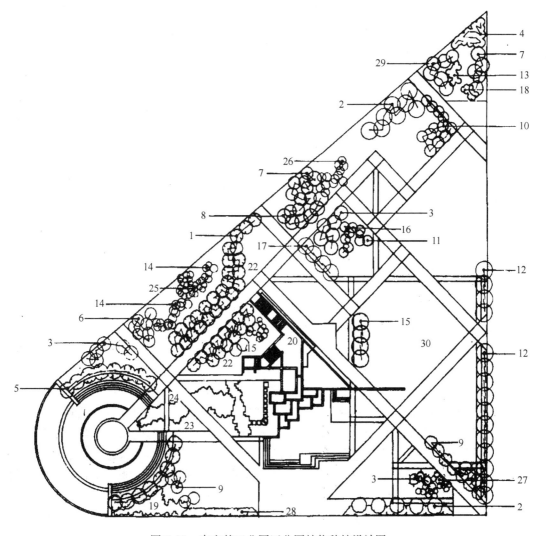

图8-28　南京某工业园区公园植物种植设计图

（3）植物种植名录表（表8-11）

表8-11　公园植物种植名录表

编号	植物名称	规　　格	数　　量	编号	植物名称	规　　格	数　　量
1	樱花	2.5m 高	31 株	16	园柏	3.1m 高	11 株
2	香樟	干径约100cm	26 株	17	七叶树	3.5m 高	7 株
3	雪松	4.0m 高	27 株	18	含笑	1.0m 高，大苗	4 株
4	水杉	2.5m 高	58 株	19	铺地柏		41 株
5	广玉兰	3.0m 高	26 株	20	凤尾兰		50 株
6	晚樱	2.5m 高	11 株	21	毛鹃	30cm 高	250 株
7	柳杉	2.5m 高	12 株	22	杜鹃		130 株
8	榉树	3.9m 高	12 株	23	迎春		85 株
9	白玉兰	2.0m 高	5 株	24	金丝桃		80 株
10	银杏	干径 >80cm	10 株	25	腊梅		8 株
11	红枫	2.0m 高	7 株	26	金钟花		20 株
12	鹅掌楸	3.5m 高	31 株	27	麻叶绣球		30 株
13	桂花	2.0m 高	15 株	28	大叶黄杨	60cm 高	120 株
14	鸡爪槭	2.5m 高	6 株	29	龙柏	3.0m 高以上	16 株
15	国槐	3.0m 高	10 株	30	草坪		2514m²

3. 上海世纪公园

世纪公园位于上海市浦东新区花木行政文化中心，世纪公园占地140.3 公顷，是上海最大的富有自然特征的生态城市公园。公园以大面积的草坪、森林、湖泊为主体，建有乡土田园区、湖滨区、疏林草坪区、鸟类保护区、异国园区和迷你高尔夫球场六个景区，以及世纪花钟、镜天湖、高柱喷泉、南国风情、东方明珠盆景园、绿色世界浮雕、音乐喷泉、音乐广场、缘池、鸟岛、奥尔梅加头像和蒙特利尔园等四十五个景点。

世纪公园主入口以世纪花钟植物造景花坛为主题，高大醒目，引导游人入园（图8-29）。公园主要体现自然生态景观，山水、植物等景观要素自然式布置。有梅园专类观赏园，数量多在早春形成有气势的花海景观（图8-30）。模拟自然鸟类栖息的生态环境营造鸟类生态保护区，营造城市与自然和谐统一的画面（图8-31）。公园在沿湖周围营造地势平坦，视野开阔的疏林草地供人休息远眺，并在疏林草地上布置有植物造型雕塑，丰富植物造景的文化内涵（图8-32）。

图 8-29　世纪公园主入口植物雕塑

图 8-30　世纪公园植物主题园：重庆梅园

图 8-31　世纪公园鸟类观赏区的自然植物群落配置

图 8-32　世纪公园疏林草地上的植物雕塑

三、训练与评价

1. 目的要求

目的：掌握公园不同功能分区的植物种植设计要点。

该公园位于某城市中心，公园用地长 150m，宽平均 50m，面积约为 0.8hm²，周围都是居住小区，公园西面临湖，南面为城市道路，主次入口都布置在东侧沿城市道路一侧。公园内有保留的古建筑物：费君祠，如图 8-33 所示，要求：

1）根据公园总平面图及景点的设置，明确该公园的功能分区，可分为公园出入口、安静游览区、文化娱乐区、公园管理区。

2）对各功能区进行合理的植物种植设计：公园出入口的植物种植设计要能展示公园特色，进行重点彩化和美化；文化娱乐区是进行文化教育和娱乐活动的场所，要求植物种植设计应考虑便于游人集散和活动，且要求能烘托与公园文化背景协调的气氛（即费君祠中国传统文化）；安静游览区要求以植物造景为主，能形成相对安静的自然山林景色；公园管理区要求进行一般绿化，但注意植物配置与整体风格一致。

3）公园东侧为城市干道，要求通过植物配置使公园与道路在空间上有一定分隔，使公园形成相对安静的内向空间。

4）要求公园有明确的植物景观特色，各功能区的植物配置又各有区分，做好植物景观特色的多样统一。

2. 设计内容

对某城市古祠公园进行植物种植设计。掌握公园不同功能分区的植物种植设计要点。能形成一定植物景观特色的公园。

3. 要点提示

（1）公园定位与植物配置的风格　公园为古祠公园，公园主要建筑为保留古建费君祠。公园定位为中国传统文化，建筑以古建砖木结构为主，植物配置以自然式配置，注重挖掘植物文化来烘托公园文化背景。

（2）公园各功能分区的植物种植设计　公园出入口要与公园特色、大门建筑传统牌楼

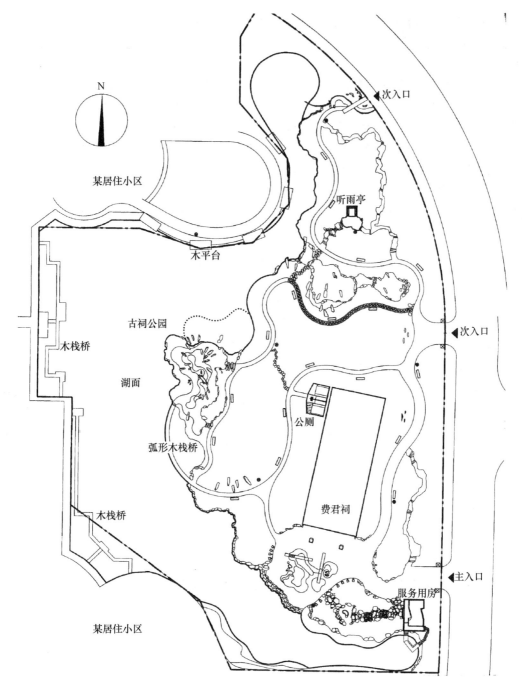

图 8-33 某城市公园总平面图

风格、周围环境等相适应和协调。可通过自然布置的花境进行重点彩化。

文化娱乐区是建筑与设施布置的主要场所，地形平坦，活动场地较多，植物配置应以草坪和疏林草地为主，便于游人集散，其活动场地可设置庭荫树和花坛，烘托出热闹气氛。

安静休息区是供游人休息、散步、欣赏自然风景的场所。地形起伏大，多形成山地丘陵地形，植物配置以片植或群植为主，形成自然山林景色，但注意在林内可布置自然式小空地、林中小草地或疏林草地，给游人提供一定的自由活动空间。

公园管理区应考虑隐蔽和遮挡视线的要求，可选择一些枝叶茂密的常绿高灌木和乔木，使整个区域遮蔽在树丛之中。

（3）植物景观特色　公园整体植物景观特色可从费君祠的文化历史背景出发，挖掘三国文化，如想突出贤士的义，可从典故"桃园三结义"引"桃园"植物景观，确定公园形成春季开花植物为主景，主要以宁波乡土植物碧桃为主，结合其他春天开花的乔灌木。

（4）苗木规格要求　应根据当地苗木造价信息选择适合配置的苗木种类，并根据工程投资要求和景观配置要求选择适合的苗木规格。

4. 自我评价

序号	评价内容	评价标准	自我评定
1	植物的选择	1. 植物选择符合各分区的功能要求（5分） 2. 植物选择符合分区的植物景观特色要求（10分） 3. 不同生境选择配置的植物符合生态习性要求（10分）	
2	植物的配置	1. 植物组合科学和合理，符合各自生态习性要求（10分） 2. 植物配置形式与各功能分区要求一致（10分） 3. 植物配置形式能有助于植物景观特色的形成（10分）	
3	植物景观特色	1. 植物选择与景观主题相符（5分） 2. 植物配置形式能营造出特色鲜明的植物景观（5分）	
4	苗木规格的选择	1. 所列苗木规格符合苗木市场规格要求（10分） 2. 苗木规格的相应价格总和与工程投资基本相符（10分）	
5	工程图样的规范	1. 苗木图例符合其规格要求（5分） 2. 植物配置图样表达美观、正确及完整性（10分）	

四、思考练习

1. 城市公园绿地的主要功能是什么？主要包括哪些类型？

2. 一般综合性公园都有哪些功能分区？简述公园各功能区的植物种植设计要点。

3. 简述《公园设计规范》中，有关植物种植设计的相关规定，并做出解读。

参 考 文 献

[1] 董三孝. 园林工程施工与管理 [M]. 北京：中国林业出版社，2004.

[2] 胡先祥，肖创伟. 园林规划设计 [M]. 北京：机械工业出版社，2007.

[3] 《园林绿化工程》编委会. 定额预算与工程量清单计价对照使用手册：园林绿化工程 [8]. 北京：中国水利水电出版社，2007.

[4] 鲁敏，刘佳，高凯. 园林工程概预算及工程量清单计价 [M]. 北京：化学工业出版社，2008.

[5] 徐辉，潘福荣. 园林工程设计 [M]. 北京：机械工业出版社，2008.

[6] 袁海龙. 园林工程设计 [M]. 北京：化学工业出版社，2005.

[7] 陈祺. 园林工程建设现场施工技术 [M]. 北京：化学工业出版社，2005.

[8] 吴立威. 园林工程施工组织与管理 [M]. 北京：机械工业出版社，2008.

[9] 胡先祥. 景观规划设计 [M]. 北京：机械工业出版社，2008.